KB047219

왜 다윈이 중요한가

WHY DARWIN MATTERS: THE CASE AGAINST INTELLIGENT DESIGN
Copyright © 2006 by Michael Shermer
All rights reserved.
Korean translation copyright © 2021 by BADA Publishing Co., Ltd.
This Korean edition was published by arrangement
with Brockman, Inc., New York.

이 책의 한국어판 저작권은 Brockman, Inc. 사와
직접 계약한 (주)바다출판사에 있습니다.
저작권법에 의하여 한국 내에서 보호를 받는 저작물이므로
무단 전재와 복제를 금합니다.

왜 다윈이 중요한가

창조론과 지적 설계론에 대한 진화론의 대답들

마이클 셔머 지음 류운 옮김

바다출판사

이 책을 프랭크 J. 설로웨이에게 바친다.
“참을성만 있다면 못 견딜 건 아무것도 없다.
참고 견뎌야 이뤄 낼 수 있다.”
다윈의 걸음은 언제나 그랬다.

처음에 생명의 숨이 여러 능력과 함께 몇 가지 꼴 또는 한 가지 꼴에 깃들었으며, 이 행성이 불변의 중력 법칙에 따라 돌고 도는 동안, 그처럼 단순한 시작에서부터 지극히 아름답고 경이롭게 무수한 꼴들로 진화해 왔고 지금도 진화하고 있다는 이 생명관에는 장엄미가 있다.

찰스 다윈, 《종의 기원》(1859) 중에서

차례

일러두기

책 맨 뒤의 미주는 저자 마이클 셔머가 붙인 원 저작의 주석이고, 본문에 ■ 표시와 함께 실려 있는 각주는 내용 이해를 위해 옮긴이가 붙인 것이다. 주석에서 [ ]로 묶은 부분 역시 옮긴이의 주이다.

왜 진화가 중요한가?

이렇게 해서 공간적으로나 시간적으로나 우리는 이 지구상에 새로운 존재의 첫 출현이라는 위대한 사실, 신비 중의 신비에 어느 정도 다가선 것 같다.

찰스 다윈, 《연구 일지》(1845)

⚜

2004년 6월, 나는 과학사학자 프랭크 설로웨이와 함께 찰스 다윈의 발자취를 되짚어가는 한 달 일정의 갈라파고스 제도 탐사에 나섰다. 내 인생에서 육체적으로 가장 고된 경험으로 꼽을 만한 탐사였다. 이제까지 미국 대륙을 자전거로 다섯 번이나 횡단해 본 나였기에, 이 말은 곧 그 젊은 영국인 자연사학자가 1835년에 얼마나 특별한 일을 이뤄 냈는지를 여실히 담아낸 말이다. 찰스 다윈은 명민한 과학자였을 뿐 아니라, 강인한 탐험가이기도 했던 것이다.[1]

산크리스토발 섬의 황량하고 메마른 용암 지대에 맞닥뜨렸을 때, 나는 다윈의 인내심이 얼마나 대단했는지 절절히 느낄 수 있었다. 그 섬은 갈라파고스 제도에서 다윈이 제일 먼저 탐험한 섬이었다. 적도의 태양은 푹푹 쪘고, 마실 물은 거의 없다시피 했다. 물을 채워 넣은 30킬로그램짜리 등짐 때문에 얼마 안 가 다리가 휘청거리고 등에 무리가 오기 시작한다. 빽빽하게 우거져

마구 할퀴어 대는 초목들을 헤치고 매일 몇 시간씩 나아가다 보면 현장 조사의 낭만은 금방 달아나고 만다. 사흘에 걸친 1차 행군이 끝나 갈 무렵, 내가 가진 물이 위태로운 수준으로 바닥났기 때문에, 프랭크와 나는 전날 밤 텐트에 맺혀 고인 이슬을 모아 담았다. 어느 날은 아아용암a' a lava 너설에 왼쪽 정강이가 베였다. 또 어느 날은 벌에 쏘여 얼굴 한쪽이 거의 갑절로 부어올랐다. 다윈이 '분화구 구역' 이라고 불렀던 달 표면 풍경 같은 지역을 질러 등반했던 일은 특히나 고되었다. 다 올라간 뒤, 우리는 완전히 녹초가 되어 뻗고 말았다. 근육은 경련을 일으켰고, 손과 얼굴에선 땀이 줄줄 흘렀다. 우리는 다윈의 일기를 읽어 보았다. 그 자연사학자는 이런 행군을 그냥 '먼 걸음' 으로 묘사해 놓고 있었다.

이 섬들에는 어디나 죽음이 파고들어 있다. 동물 주검이 사방에 흩어져 있다. 초목은 성기고 볼품없다. 말라비틀어진 선인장 줄기들이 황량한 풍경 속에 점점이 박혀 있다. 용암 지대의 바위들은 심하게 깨져 나가 모서리가 면도날처럼 날카롭다 보니, 그곳을 질러가는 행보는 빙하의 진행만큼이나 더디다. 많은 사람들이 죽어 나간 곳이다. 과거 수백 년 동안은 평범한 뱃사람들이, 요즘은 방랑벽 있는 여행객들이 이곳에서 죽어 나갔다. 며칠 가지 않아 나는 깊은 고립감과 무상함을 느꼈다. 문명의 보호막이 사라지면, 죽음을 멀게 느낄 사람은 없다. 약간의 물마저 귀하디 귀하고 먹을 만한 잎사귀는 더욱 찾기 힘든 이곳에서 생명체들이 위태위태한 목숨을 이어 가고 있다. 이런 가혹한 환경에 적응한 그들의 능력은 수백만 년을 거치면서 선택된 것이었다. 진화론

대 창조론 논쟁을 평생 지켜보고 참여해 온 나는 갈라파고스 제도의 섬들을 보고서 지적 설계에 의한 창조라는 게 얼마나 허무맹랑한 소리인지 확연히 깨닫고는 흠칫했다. 그렇다면 대체 다윈은 어찌하여 창조론자 입장을 그대로 갖고 갈라파고스 제도를 떠났던 것일까?

프랭크 설로웨이가 그곳으로 간 까닭이 바로 이 물음의 답을 찾기 위해서였다. 설로웨이는 다윈이 진화론을 맞춰 나간 과정을 재구성하는 일로 평생을 보낸 사람이다. 다윈에 대해 틀에 박힌 신화가 있는데, 바로 다윈이 갈라파고스에서 진화론자가 되었다는 것이다. 말하자면 핀치의 부리와 거북 등딱지를 분류하고, 섬에서 얻을 수 있는 먹이와 생태에 각 종들이 얼마나 독특하게 적응했는지를 관찰하다가 자연선택을 발견한 것으로 알려져 있다. 설로웨이는 그 전설이 계속 이어지는 까닭은 조지프 캠벨 식의 세 단계 영웅 신화에 깔끔하게 들어맞기 때문이라고 지적한다. 말하자면 영웅은 (1) 집을 떠나 위대한 모험에 나선다. (2) 숭고한 진리를 찾아가는 도정에서 깊이를 알 길 없는 고난을 견뎌 낸다. (3) 다시 집으로 돌아와 깊이 있는 메시지—다윈의 경우에는 '진화'—를 전한다. 다윈의 신화는 어디에나 있다. 생물학 교과서에서부터 갈라파고스 여행 책자에 이르기까지 어디서나 그 전설이 등장한다. 그런 여행 책자를 읽은 사람들은 다윈이 보았던 것을 보고픈 유혹을 느끼게 된다.

갈라파고스의 다윈 전설은 더욱 널리 퍼진 신화를 대표하는 상징이다. 곧 과학이란 갑작스러운 혁명적 계시를 받아 나온 '유레카' 발견들을 선택함으로써 전진하며, 낡은 이론이 새로운 사실 앞에서 무너진다는 신화를 말한다. 그러나 실제로는 별로 그렇지 않다. 이론은 인식에 힘을 실어 주는 법이다. 갈라파고스를 떠나고 아홉 달 뒤, 다윈은 흉내지빠귀 표본들을 수집한 조류 목록에 이런 말을 기입했다. "서로 건너다보이는 이 섬들을 살펴보았다. 각 섬들에는 많지는 않지만 동물들이 터를 잡고 살고 있는데, 이 새들도 각 섬에 거주하고 있다. 서로 구조상에 미미한 차이가 있으나 자연에서 동일한 자리를 차지하고 있다. 이 점들을 고려하건대, 나는 이 새들이 변종들에 불과하다고 생각할 수밖에 없다." 그가 본 것은 고정된 종류의 서로 비슷한 '변종들'이었지, 별개 종들의 '진화'가 아니었다. 심지어 다윈은 몇 가지 핀치를 수집했던 섬 위치를 기록할 생각도 하지 않았다(게다가 섬 이름을 잘못 적은 경우도 있었다). 나아가 지금은 유명해진 이 새들이 《종의 기원》에서는 한 번도 명시적으로 언급되지 않았다. 당시 다윈은 여전히 창조론자였던 것이다.[2]

다윈의 공책과 일지를 면밀히 분석한 설로웨이는 다윈이 진화를 받아들인 시점을 1837년 3월 둘째 주로 잡았다. 다윈이 갈라파고스에서 가져온 새 표본들을 저명한 조류학자 존 굴드가 조사하고 있었는데, 설로웨이가 말한 시점은 바로 두 사람이 만난 뒤였다. 다윈이 가 보지 못했던 남아메리카 지역들에서 수집한 새 표본들까지 박물관에서 볼 수 있었던 굴드는, 다윈이 저질렀던 여러 분류학적 오류들—이를테면 두 핀치 종을 '굴뚝새속Wren'과 '찌르레기흉내쟁이속Icterus'으로 분류한 것—을 바로 잡았고, 비록 갈라파고스의 뭍새들이 그 섬들의 고유종이기는 하지만 형질상으로는 남아메리카의 뭍새들이 분명하다는 점을 다윈에게 지적해 주었던 것이다.

설로웨이는 이렇게 결론을 내린다. 굴드를 만난 뒤, 다윈은 "갈라파고스 군도의 각 섬들에 서로 비슷하면서도 구분되는 종들이 있는 까닭이 종간변이transmutation■ 때문임은 의심할 여지가 없다"는 점을 확신하게 되었다. 다윈의 마음속에선, 당시 널리 인정받고 있던 불변하는 '종의 장벽'이라는 생각이 흔들리게 되었다. 바로 그해인 1837년 7월, 다윈은 '종간변이Transmutation of Species'에 관해 첫 번째 노트를 쓰기 시작했다. 1844년에 이르자 다윈은 친구이자 동료인 식물학자 조지프 후커에게 보낸 한 편지에서 충분히 자신감을 실어 이렇게 썼다. "갈라파고스 생물 분포, 아메리카 화석 포유류의 형질에 너무 깜짝 놀란 나는, 종이란 게 무엇인지 조금이라도 알려 줄 만한 모든 종류의 사실들을 닥치는 대로 수집할 결심을 했다네." 바다에서 5년, 집에서 9년 동안 갖가지 '책 더미'를 파고든 결과, 다윈은 결국 이렇게 인정하게 되었다. "마침내 서광이 비쳤다네. (처음에 가졌던 견해와는 사뭇 대조되지만) 종은 결코 불변하는 것이 아님을 거의 확신하게 되었네(꼭 살인죄를 자백하는 것 같군)."[3]

■ 1809년 프랑스의 라마르크가 《동물철학Philosophie Zoologique》에서 소개한 개념으로, 어느 종이 다른 종으로 바뀌는 것을 뜻한다.

✣

살인죄를 자백하는 것 같다. 생물학의 기술적인 문제, 곧 '종의 불변성' 처럼 얼핏 보면 아무런 해도 없을 것 같은 문제에 쓴 말치고는 극적이다. 그러나 자연선택에 의한 종의 기원 이론이 왜 그토록 논란거리가 되었는지 이해하기 위해선 꼭 비상한 머리를 가질 필요는 없다. 영국 출신의 자연사학자가 될 필요도 없다. 자연스럽게 새로운 종이 탄생한다면, 과연 신을 위한 자리는 어디란 말인가? 다윈이 20년이나 기다리고 나서야 그 이론을 발표한 것은 전혀 의아한 일이 아니다.[4]

고대 그리스의 플라톤과 아리스토텔레스의 시대부터 19세기의 다윈과 그의 동료 자연사학자 앨프레드 러셀 윌리스의 시대에 이르기까지 거의 모든 사람들은 종에는 고정불변의 '본질'이 있다고 믿었다. 종은 바로 그 본질, 곧 다른 종이 아니라 바로 그 종이게끔 하는 성질에 따라 정의되었다. 그런데 자연선택에 의한 진화 이론이란 어떻게 어느 종류가 다른 종류가 될 수 있는지를 설명하는 이론이었다. 바로 이 점이 과학이라는 수레뿐만 아니라 그 수레를 끄는 문화라는 말[馬]까지도 당황스럽게 한 것이다. 하버드의 위대한 진화생물학자 에른스트 마이어는 다윈의 이론이 얼마나 급진적이었는지 이렇게 역설했다. "고정된 본질주의적 종 관념은 돌격해서 쳐부숴야 할 요새였다. 일단 이 공격이 성사되자, 둑의 깨진 틈새로 홍수가 밀려들듯, 진화에 의거한 사고가 요새의 부서진 틈을 통해 쇄도해 들어갔다."[5]

하지만 그 둑이 무너지는 과정은 더뎠다. 다윈의 가까운 친구인 지질학자 찰스 라이엘은 꼬박 9년 동안이나 다윈을 지지하는 손길을 거뒀고, 그러고 나서도 전체 기획의 배후에 신의 섭리에 의한 설계가 자리하고 있다는 언질을 주기까지 했다. 천문학자 존 허셜은 자연선택을 '난장亂場의 법칙law of higgledy-piggledy'이라고 불렀다. 지질학자이자 성공회 목사였던 애덤 세지윅은 자연선택이란 도덕적으로 무도한 것이라고 선언했으며, 다윈에게 다음과 같이 멋들어진 설교를 전했다.

> 자연에는 물질적인 면뿐만 아니라 도덕적, 또는 형이상학적인 면도 있습니다. 이를 부정하는 사람은 어리석음의 수렁에 깊이 빠진 사람입니다. 당신은 이 물질과 도덕의 고리를 무시했습니다. 만일 제가 당신 의중을 잘못 알지 않았다면, 당신은 그 고리를 깨기 위해 한두 가지 사례를 놓고 있는 힘을 다했습니다. 그 고리를 깨는 것이 가능하다면(신께서 보살피사 그런 일은 가능하지 않지요), 인간성이 손상을 입어 잔악해진 나머지, 인류는 우리가 기록을 통해 알게 된 인류 역사에서 이제껏 인류를 타락시켰던 그 어떤 것보다도 더욱 저급한 타락의 길로 빠질지도 모른다는 생각이 듭니다.

《맥밀런스 매거진》에 실은 한 논평에서 정치경제학자이자 시사 논평가인 헨리 포셋은, 《종의 기원》을 둘러싸고 큰 분열이 일고 있다고 적었다. "이번 세기에 이제까지 발표된 과학 저서 중에서 그 어떤 것도 다윈 씨의 학술 보고서만큼 대대적인 호기심을 불러일으킨 것은 없었다. 다윈의 학술 보고서 때문에 과학계는 한동안 서로를 적수로 여기는 두 개의 큰 파당으로 분열되었다. 서로 맞서고 있는 두 파당은 현재 다윈파와 반-다윈파라는 명찰을 달고 있다."[6]

♱

다윈파와 반-다윈파. 100년 하고도 50년이 더 지난 지금, 비록 과학계는 진화가 일어났다는 생각에 한뜻으로 통일되어 있지만, 문화계는 여전히 양분되어 있는 형편이다. 퓨 리서치 센터에서 행한 2005년 여론 조사에 따르면, 미국인의 42퍼센트가 "태초 이래 생물들은 지금 모습 그대로 존재해 왔다"는 강경한 창조론적 관점을 고수하고 있으며, 48퍼센트는 인간은 "세월이 흐르면서 진화했다"고 믿는 것으로 나타났다. 이번에도 진화론을 가르치는 문제를 놓고 벌어진 싸움이 법원과 교육 위원회에까지 진출하면서 진화론이 뉴스거리가 되었다. 그런 시점에서 수행된 퓨의 여론 조사에 따르면, 공립학교에서 진화론과 더불어 창조론도 가르쳐야 한다는 생각에 열려 있다고 답한 응답자가 64퍼센트에 이르고, 이 가운데 절반 이상의 사람들은 생물학 교과에서 진화론 대신 창조론을 가르쳐야 한다고 생각하는 것으로 나타났다.[7]

진화론-창조론 논란은 과학의 찻주전자 속에서 이는 문화의 폭풍이다. 말하자면 그 논쟁은 과학적인 것이 아니라 전적으로 문화적인 것이라는 얘기이다. 전문 과학자들은 지적 설계론을 전혀 괘념치 않고 제 할 일을 해 나간다. 지역과 정치의 측면에서 나타난 진화론에 대한 입장 차를 살펴보자. 우선 진화론은 오로지 미국에서만 논쟁 상태에 있다(오스트레일리아, 뉴질랜드, 영국에는 창조론 성향의 소규모 지역이 몇 군데 있다). 미국 내에서도 지역적 분포 차가 있다. 남부인의 51퍼센트는 지금 모습 그대로 인간이 창조되었다는 강경한 창조론적 관점을 받아들이고, 19퍼센트만이 우리가 자연선택을 거쳐 진화해 왔다고 믿고 있다. 반면 북부인의 59퍼센트는 자연선택을 통한 진화를 수용하고, 32퍼센트만이 창조론자들이다.

믿음의 인구 통계 분포가 이렇기 때문에, 2005년 8월, 공립학교 과학 교과에서 지적 설계론(ID)을 가르치는 것을 조지 W. 부시 대통령이 찬성하는 것처럼 보였을 때 보수 진영도, 자유 진영도 전혀 놀라지 않았다. 그런데 그 발언이 있고 두 주에 걸쳐 이야기가 퍼져 나가면서, 창조론자들도 그렇고 우파와 좌파의 언론 매체와 전문가들 중 많은 수도 부시의 발언을 크게 과장했음이 분명해졌다. 백악관에서 텍사스 주 신문 기자들과 가진 인터뷰에서 부시는 텍사스 주지사 시절에 "나는 두 쪽을 적절하게 가르쳐야 할 것 같다는 생각을 했다"고 말했다. 한 기자가 대통령으로서의 지금 입장을 묻자 부시는 이렇게 얼버무렸다. "사람들을 서로 다른 학파의 생각들에 노출시키는 것도 교육의 몫이라고 생각합니다. 당신 물음이 사람들이 서로 다른 생각들에 노출되어야 하느냐는 물음이라면, 대답은 '그렇다' 입니다." 그러나 물론 부시는 다른 질문에 대답한 것이었다.

실은 부시의 과학 자문가인 존 H. 마버거 3세는 뒤이어 가진 《뉴욕 타임스》 지와의 전화 인터뷰에서 이렇게 말했다. "진화론은 현대 생물학의 주춧돌"이며 "지적 설계는 과학적 개념이 아니다." 그는 또한 대통령의 말은 과학 교과에서 지적 설계론이 과학으로서가 아니라 '사회적 맥락'의 일부로서 논의되어도 좋다는 뜻으로 해석해야 하며, 대통령이 공립학교 과학 교과 과정에서 지적 설계론과 진화론이 동등한 대우를 받아야 한다고 믿는 것으로 이해하게 되면 부시의 발언을 '확대 해석'한 것이라고 덧붙였다.[8]

그런데 마버거의 해명은 논란을 종결짓기보다는, 진화론이 "단지 이론에 불과한 것"인지 아닌지, 학교 교실에서 어떤 식으로 제시되어야 하는지를 놓고 새로운 형태의 논쟁에 불을 지피는 결과를 낳았다. 늦은 2005년 캔자스 주 교육 위원회는 6 대 4의 표결로 캔자스 주 과학 표준을 개정해서 진화론에 대한 비판을 포함시켰으며, (과학의 정의에서 '자연적 설명'이라는 말을 삭제함으로써) 지적 설계 창조론을 공립학교 과학 교과 과정에 도입할 것을 허용하는 쪽으로 과학을 재정의했다. 캔자스 주의 결정이 있고 얼마 안 되어, 부시가 임명한 펜실베이니아 주 도버의 보수 성향의 판사가, 크게 떠들썩했던 한 법정 소송에서 지적 설계론에 패소 판결을 내렸다. 이른 2006년에는 오하이오 주 교육 위원회가 과학 교과 과정에 지적 설계론의 도입을 함축하는 말을 포함시키지 않기로 결정했다. 이 외에도 미국 전역에 최소한 열두 건의 분쟁이 더 있어서, 앞으로 정치적 논쟁이나 민주적 투표, 또는 판사의 판결에 의해 판가름이 날 것이다.

그러나 정치적인 색채를 띤 이런 자잘한 접전에서 무슨 일이 일어나건 간에, 과학에서 진리는 여론에 의해서 결정되는 것이 아니다. 어떤 과학 이론을 받아들이는 대중이 (또는 정치인이) 99퍼센트이든 1퍼센트에 불과하든 아무런 상관이 없다. 이론은 증거에 기초해서 서거나 쓰러지기 때문이다. 게다가 과학에는 진화론보다 더욱 튼튼한 이론이 몇 개는 더 있다. 내가 이런 사실을 깨닫기까지는 오랜 시간이 걸렸다. 왜냐하면 처음에 나는 창조론자였기 때문이다. 지금 와서 이 말을 하는 것은 살인죄를 자백하는 것과 거의 다를 바가 없다는 느낌이 든다.

⚜

살인죄를 자백하는 것 같았다. 창조론자로서의 나의 믿음들이 잘못되었으며 진화는 정말로 일어났다는 사실을 깨달았을 때 내가 느꼈던 심정이 정확히 이랬다. 1971년 고등학생 때 거듭난 복음주의 기독교 신자가 되고 얼마 후 나는 창조론자가 되었다. 그리고 1977년 대학원 시절에도 내내 창조론 주장을 펼쳤다.[9] 1970년대 미국에서는 복음주의 운동이 세를 얻어 가고 있었으며, 내가 그 운동에서 취했던 중심 교리 중 하나가 바로 성경의 창조 이야기를 문자 그대로 취해야 한다는 것이었다. 따라서 진화론은 틀린 것이어야 했다.

창조론 문헌을 읽으면서 주워들은 것 외에는 진화론에 대해서 거의 무지했던 나는 진화론을 반대하는 논증들을 내 것으로 흡수해서 학부 과정의 과학 선생들과 철학 선생들을 상대로 써먹었다. 처음 2년 동안 교양 필수 과목을 이수하기 위해 다녔던 글렌데일 칼리지에서 확고한 진화론자의 반대 논증을 만나게 되면서 나는 내 논쟁 기술을 갈고닦았다. 내가 학사 학위를 마쳤던 페퍼다인 대학교—'그리스도의 교회Church of Christ'에서 세운 연구대학 중 하나—시절, 예수를 증언하고 기독교 신앙의 신학적 기초를 공부했던 내게 진화란 존재하지 않는 것이었다. 사실 내가 페퍼다인에 갔을 때에는 신학이 내가 가야 할 길이라 여겼으나, 박사 학위를 받으려면 히브리어, 그리스어, 라틴어, 아람어에 능통해야 함을 알고, 외국어에 소질이 없는 나는(고등학교 때 스페인어를 배우느라 2년 동안 애를 먹었었다) 전공을 심리학으로 바꿨다. 덕분에 과학의 한 언어인 통계를 터득하게 되었다. 실험심리학 대학원 과정을 밟기 위해 풀러턴의 캘리포니아 주립 대학교에 입학했을 당시, 나는 과학의 방법들에 아무런 부담도 느끼지 않았다.

과학에서 문제의 해법은 가설이 옳다고 할 수 있는지 아니면 확실히 틀린 것인지를 규정하는 확립된 매개 변수들을 기초로 한다. 통계를 사용하면 연구자들은 어떤 사건이 주어진 시간의 99.99퍼센트 동안 일어날 가능성이 있는지(다시 말해 귀무가설null hypothesis을 거부하는지), 아니면 무의미한 사건인지 확인할 수 있다. 다시 말해서 통계에는 신학의 수사법과 논법 대신, 과학의 논리와 확률이 있는 것이다. 이렇게 생각에 변화가 생기니, 예전과 얼마나 달라졌는지! 대학원에서 나는 연구방법론과 통계학 과목을 몇 개 들었고, 기분 전환으로 화요일 야간의 진화론 과목을 신청했다. 무엇보다도 대체 무엇이 우리 창조론자들을 들고일어서게 했는지 알고 싶었던 것이다. 담당 교수는 묘한 카리스마를 풍기는 베이어드 브래트스트롬이란 이름의 생물학자였다. 브래트스트롬은 저녁 7시부터 10시까지 진화생물학이라는 과학에서 나온 숨죽일 만큼 놀라운 발견들의 성찬을 학생들에게 베풀어 주었으며, 10시부터는 바로 길가에 있던 301 클럽에서 문 닫는 시간까지 과학과 종교, 다윈과 창세기, 온갖 종류의 관련 화제들에 대해서 열변을 토했다. 물론 적당한 '음복飮福' 도 곁들이면서 말이다.

내 눈에 씌었던 무엇이 확 벗겨지는 느낌이었다! 내가 읽고 있던 창조론 책들이 가위질해서 제시했던 다윈의 생각이란 것이 어린애라도 논파할 수 있는 것임을 알게 되었던 것이다. (예를 들어 보자. 만일 인간이 유인원에서 나왔다면, 왜 아직도 유인원이 존재하는 걸까? 두말할 것도 없이 우리는 오늘날의 유인원에서 진화되어 나온 것이 아니다. 유인원과 인간은 거의 700만 년 전에 살았던 공통 조상에서 진화되어 나왔다.) 하나로 수렴하는 수많은 가닥의 과학적 탐구에서 나온 엄청난 양의 증거를 나는 보게 되었다. 지질학, 고생물학, 동물학, 식물학, 비교해부학, 분자생물학, 집단유전학, 생물지리학, 발생학 등에서 독립적으로 수행된 탐구가 모두 동일한 결론, 곧 진화가 일어났다는 결론으로 수렴되는 것이었다. 《왜 다윈이 중요한가》는 21세기의 창조론자와 지적 설계론자들이 진화론에 가하는 공세를 살피면서, 과연 진화가 일어났음을 우리가 어떻게 알 수 있는지를 다룰 것이다.

⚜

왜 진화가 중요할까? 진화론의 영향은 일반적인 문화에 대단히 널리 퍼져 있어서 단 한마디 말로 그 영향을 요약할 수 있다— **우리는 다윈의 시대에 살고 있다**. 역사상 문화적으로 가장 반발이 심한 이론이라 해도 좋을 자연선택 이론은 다윈 혁명을 불러왔으며, 그 혁명이 과학과 문화에 일으켰던 변화는 측량할 수 없을 정도였다. 과학의 수준에서 보면, 종을 고정된 꼴로 보는 정적인 창조론 모델이 종을 끊임없이 변화하는 존재로 보는 유연한 진화론 모델로 대체되었다. 이 결과가 미친 파장은 과거에도 대단했고, 지금도 마찬가지이다. 또 초자연적인 힘에 의해서 또는 그 힘을 통해서 '위에서 아래로' 모든 생명이 설계되었다는 지적 설계론은 자연의 힘들을 통해서 '아래에서 위로' 모든 생명이 설계되었다는 자연적 설계론으로 대체되었다. 신의 손에 의해 인간이 다른 모든 것들보다 뛰어난 존재로 특수창조되었다는 인간 중심적 관점은 인간 또한 또 하나의 동물 종으로 보는 관점으로 대체되었다. 위에서 점지한 방향과 목적을 가지고 있다는 생명관과 우주관 역시, 세계란 자연의 필연적인 법칙들과 역사의 우연적인 사건들이 낳은 산물이라는 관점으로 대체되었다. 인간 본성은 무한히 뻗어 갈 수 있으며 원래는 선하다는 관점은 우리가 가진 유전자에 의해 유한하게 제약되어 있으며 선하기도 하고 악하기도 하다는 인간 본성관으로 대체되었다.[10]

다윈이 중요한 까닭은 그의 이론이 세계를 변화시켰고 자연 속 인간의 위치를 재조정했기 때문만은 아니다. 바로 다윈 이후의 세대들에게 이바지했던 생물학과 과학에 대한 새롭고도 심대한 이해를 세상에 내놓았기 때문이기도 하다. 그 시대의 위대한 지성계의 거두 세 사람, 즉 다윈, 마르크스, 프로이트 중에서 유일하게 다윈만이 오늘날까지도 건재하다. 이유는 단순하다. 그의 이론이 옳았기 때문이다. 그리고 과학적 증거들이 꾸준히 그 이론을 뒷받침하고 다듬어 가고 있기 때문이다. 유전학자 테오도시우스 도브잔스키는 다음과 같은 인상적인 말을 남겼다. "진화의 빛이 아니고서는 생물학에선 그 어떤 것도 의미를 지니지 못한다."[11]

사실들은 스스로 말한다

같은 강綱에 속하는 모든 생물 간의 유연관계는 한 그루 커다란 나무로 표현될 때도 있다. 나는 이런 나무의 비유가 대체로 진실을 말해 준다고 믿는다……. 눈이 자라면서 새로운 눈을 틔우고, 기운을 얻으면 눈에서 가지가 뻗어 나오고, 가지 끝에선 사방으로 연약한 잔가지들이 무수히 갈라져 나온다. 그렇게 세대에 세대를 이어 오면서 커다란 생명의 나무가 되었으며, 나무의 죽어 부러져 나간 가지들이 지각을 채우고, 쉬지 않고 아름답게 뻗어 나간 가지들이 지면을 뒤덮는다고 나는 믿는다.

찰스 다윈, 《종의 기원》(1859)

⚜

1859년 찰스 다윈이 《종의 기원》을 처음 출간했을 때부터 지금까지 진화론은 계속 공격을 받아 왔다. 처음부터 비판자들은 진화의 '이론'을 물고 늘어지며 진화의 '사실들'을 무너뜨리려고 해 왔다. 그러나 과학의 위대한 저작들은 모두 어떤 특정 관점을 옹호하면서 쓰이는 법이다. 1861년, 새로운 이론을 발표하고 얼마 되지 않은 때, 다윈은 동료 학자인 헨리 포셋에게 편지를 한 통 썼다. 포셋은 마침 영국 과학 진흥 연합 특별 회의에 참석했던 차였는데, 그 자리에서 다윈의 책이 논쟁의 도마에 올랐던 터였다. 한 자연사학자는 《종의 기원》이 지나치게 이론적이기 때문에, 다윈은 "우리 앞에 사실들을 내놓고 잠자코 있어야" 하는 게 마땅하다는 주장을 펼쳤다. 이를 전해 들은 다윈은 과학이 무슨 구실이라도 하기 위해서는 사실들을 나열하는 것 이상이 필요하다는 생각을 밝혔다. 말하자면 데이터 더미들을 조리 있게 설명해 낼 보다 큰 관념들이 필요하다는 것이었다. 그렇지 않으면 지질학자는 "차라리 자갈 채취장으로 나가 자갈 수를 세고 자갈 색깔을 기술하는 게 나을 것"이라고 다윈은 말했다.[1] 일반화가 없는 데이터는 무용지물이다. 설명 원리가 없는 사실들은 무의미하다. '이론'이란 단지 누구의 의견이나 어느 과학자가 내놓은 억측이 아니다. 이론이란 충분히 증거가 뒷받침하고 충분히 시험을 거친 일반화로서, 일련의 관찰들을 설명해 낸다. 이론이 없는 과학은 무용지물이다.

과학의 과정은 내가 '다윈의 언명'이라 부르는 것으로 힘을 얻는다. 이 언명은 포셋에게 보낸 편지에서 다윈 스스로 정의한 것이다. "관찰이 무슨 구실이라도 할 수 있으려면, 모든 관찰은 어떤 관점을 밀어주거나 밀어내야만 한다."

거의 150년 전에 다윈이 무심코 내뱉은 이 말이 과학에서 데이터와 이론, 또는 관찰과 결론의 상대적인 역할에 대한 중요한 논쟁을 요약해 주고 있다.[2] 과거에 대한 추론이 현재의 빈약한 데이터에서 나올 수밖에 없는 진화론 같은 과학에서, 이런 논쟁은 종교와 과학의 싸움으로까지 번져 왔다.

예측과 관찰

가장 본질적인 면에서 보면, **진화론은 역사과학이다**. 다윈은 무엇보다도 예측, 그리고 뒤이은 관찰에 의한 검증에 무게를 두었다. 다윈은 뛰어난 역사과학을 행했다. 예를 들어 생물의 진화 이론을 개발하기 몇 년 전에 산호초의 진화 이론을 올바로 개발하기도 했다. 그 전에 다윈은 산호초를 본 적이 없었다. 그러다가 그 유명한 갈라파고스로 향한 비글호 항해에서 찰스 라이엘이 《지질학 원리》에서 기술했던 산호초의 유형들을 연구했다. 다윈은 이렇게 추리했다. 각기 다른 산호초 견본들은 각각 다른 인과적 설명이 필요한 서로 다른 유형의 산호초를 나타내는 것이 아니다. 그것보다는 산호초의 서로 다른 발생 단계를 나타내며, 이것을 설명하기 위해 필요한 원인은 하나뿐일 것이다. 다윈은 이를 이론의 승리로 여겼다. 말하자면 과학 탐구를 할 때, 이론적 예측이 먼저 있고 나서 관찰에 의해 검증되었다는 것이다. "따라서 내가 해야 할 일은 산호초를 면밀히 조사하여 내 견해를 검증하고 확대하는 것뿐이다."[3] 이 경우는 이론이 먼저 나오고 데이터는 나중에 나온 경우에 해당한다.

《종의 기원》의 출간은 과학에서 데이터와 이론의 상대적 역할에 관한 떠들썩한 논쟁을 촉발시켰다. 다윈의 방어자인 '불독' 토머스 헨리 헉슬리는 직접 과학을 해 본 적이 전혀 없으면서도 과학에 대해 이러쿵저러쿵 거만하게 떠드는 자들에 대해 격분한 어느 글에서 이렇게 말을 토했다. "다윈 씨가 채택한 탐구 방법이 과학적 논리의 규범에 엄격하게 부합할뿐더러, 유일하게 적합한 방법임에는 의심의 여지가 있을 수 없다. 다른 건 안 하고 오로지 고전이나 수학 훈련만 받은 저 비판가들, 평생 단 한 번도 실험이나 관찰에서 출발하는 귀납의 방법을 써서 과학적 사실 하나 규정해 본 적 없는 저 치들이 뭐나 안다는 듯이 다윈 씨의 방법을 놓고 말들이 많다." 헉슬리는 이렇게 호통을 쳤다. "거참, 저들에게는 다윈 씨의 방법이 충분히 귀납적이지도, 충분히 베이컨적Baconian이지도 않나 보다."[4]

다윈은 신의 말씀에서 비롯되었든 과학적 경험주의의 대부인 베이컨의 말에서 비롯되었든, 정치적이거나 철학적 신념에서 이론이 나오는 것이 아니며, 이론이 이를 곳도 나올 곳도 사실들이라고 주장했다. 어느 젊은 과학자에게 주는 훈계의 말에서 다윈이 간결하게 표명했던 것이 바로 이것이다. 사실들은 스스로 말한다고 했던 다윈은 이렇게 충고했다. "지금으로선 자네 논문에 이론을 도입하는 일을 크게 자제하는 게 좋겠다고 말해 주고 싶네. 무슨 말이냐면, 이론이 자네의 관찰을 인도하도록 놔두되, 자네의 명성이 잘 확립되기 전까지는 이론 발표를 자제하라는 것이네. 그러지 않으면 그 이론 때문에 사람들이 자네의 관찰을 의심하게 될 테니까."[5] 다윈은 일단 자기 명성이 잘 확립되자, 책을 출간해서 이론의 위력을 유감없이 과시했다. 다윈은 자서전에서 이렇게 적었다. "일부 비판가들은 이렇게 말했다. '아, 그 사람은 관찰자로선 훌륭하지만, 추리 능력은 없는 사람이야.' 나는 이 말이 맞다고 생각지 않는다. 왜냐하면 《종의 기원》은 처음부터 끝까지 전체가 하나의 긴 논증이며, 이제까지 적잖은 수의 유능한 사람들이 그 논증을 납득했기 때문이다."[6]

페일리의 시계공 논증

다윈의 '하나의 긴 논증'은 신학자 윌리엄 페일리와, 1802년《자연신학, 또는 자연현상들에서 수집한 신의 존재와 속성에 대한 증거들》에서 페일리가 제시한 이론에 비견되었다. 섬뜩할 정도로 귀에 익은 소리 아닌가? 이 최초의 지적 설계론에 담긴 학문적 의제는 신의 작품(자연)을 신의 말씀(성경)과 상관시키는 것이었다. 자연신학의 출발점은 1691년 존 레이의《창조 사역에 나타난 신의 지혜》이다. 이 책 자체는《시편》19장 1절에서 영감을 받았다. "하늘이 주님의 영광을 이야기하고 창공이 주님의 솜씨 널리 알려 줍니다." 아직까지도 창조론에서 일종의 교본 구실을 하는 이 책에서 존 레이는 사람에 의한 창조와 신에 의한 창조 사이의 유비를 설명하고 있다. 만일 "진기한 건축물이나 기계"가 우리로 하여금 "어떤 지적인 건축가나 기술자가 있어서 그것을 만들었음을 추론하게" 한다면, "자연의 작품들, 그 안에서 웅대함과 장엄함을 볼 수 있고, 아름다움, 질서, 쓸모 등에 맞는 기막힌 발명을 볼 수 있는 자연의 작품들, 그만큼 인간 기술의 노력들을 초월해 있으며, 우리 인간의 유한한 힘과 슬기를 능가하는 무한한 힘과 슬기로 이루어진 자연의 작품들"이 우리로 하여금 "전능하고 전지하신 어떤 창조주의 존재와 능력을 추론하게" 하는 것과 같지 않을까?[7]

한 세기에 걸친 과학 탐험을 통해 지식이 축적된 상황에서, 페일리는 레이의 생각을 더욱 끌고 나아갔다. 페일리의《자연신학》 첫 문단은 더없이 이해하기 쉬워 호소력을 가진 '시계공' 논증으로서, 우리 문화 속에 단단히 각인되었다.

> 황야를 가로지르다가 돌멩이가 발에 차였다고 해 보자. 그리고 저 돌이 어떻게 해서 거기에 있게 되었느냐는 물음을 받았다고 해 보자. 내가 아는 바로는 설명할 방도를 찾지 못하겠기에, 아마 나는 그 돌이 언제나 거기 있었다고 대답할 것이다……. 그런데 내가 땅에서 시계를 하나 보았다고 해 보자. 어떻게 해서 그 시계가 거기 있게 되었는지 알려고 할 것이다……. 아마 이렇게 추론하는 것이 지당할 것이다. 시계가 있으려면 분명 제작자가 있어야 할 것이다. 따라서 언제 어딘가에, 우리가 사실상 답이라고 여기는 그 목적을 가지고 시계를 만들어 낸, 말하자면 시계의 구성을 이해하고 그 쓸모를 설계한 한 사람이나 여럿의 장인이 틀림없이 존재할 것이다.

그런데 생명은 시계보다 훨씬 복잡하다. 그래서 설계 추론이 더욱 힘을 발휘한다.

> 설계자 없는 설계는 있을 수 없다. 발명가 없는 발명품은 있을 수 없다……. 설계의 낌새가 너무 강해서 도저히 부정할 수가 없다. 설계가 있으려면 반드시 설계자가 있어야 한다. 그 설계자는 틀림없이 어떤 인격일 것이다. 그 인격은 바로 신이다.[8]

우리 곁에 진화론이 있어 온 세월보다 더 오랫동안 우리 곁에는 지적 설계를 주장하는 신학자들이 있어 왔다.

자연신학에서 자연선택으로

에든버러 대학교에서 의학 공부를 포기한 뒤, 찰스 다윈은 신학을 공부하기 위해 케임브리지 대학교에 들어갔다. 영국 국교회 목사가 될 생각이었다. 자연신학을 공부함으로써, 다윈은 자신이 진정 뜻했던 자연사를 공부할 구실을, 남들이 뭐라 하지 않을 구실을 가질 수 있었다. 또한 자연신학을 공부하면서 페일리를 비롯한 사람들이 널리 알린 설계 논증을 깊이 알게 되었다.[9] 다윈은 자연신학자들의 생각에 조예가 깊었지만, 맞서야 할 것이 아니라 받들어야 할 것으로 여겼다. 예를 들어 보자. 《종의 기원》이 출간된 달인 1859년 11월, 다윈은 친구인 존 러벅에게 이렇게 편지를 썼다. "이제까지 페일리의 《자연신학》보다 더 감명 깊게 읽은 책은 없었다고 생각하네. 바로 얼마 전까지만 해도 그 책을 달달 외울 수 있을 정도였으니까."[10] 페일리와 다윈 모두 자연의 한 가지 문제, 곧 생명 설계의 기원 문제를 다루었다. 페일리의 답은 '위에서 아래로' 설계한 존재, 곧 신을 가정하는 것이었고, 다윈의 답은 '아래에서 위로' 설계한 과정, 곧 자연선택을 가정하는 것이었다. 자연신학자들은 진화가 무엇인지 깊이 생각해 보지도 않은 채, 이 점을 들어 진화론이 신에 대한 공격을 의미한다고 여겼다.

다윈 이후, 진화의 정확한 의미를 다룬 책들이 많이 나왔다. 다윈 이래 최고의 진화 이론가라 할 만한 에른스트 마이어는 약간 전문적으로 진화의 정의를 내렸다. "진화란 유기체들의 적응과 개체군 다양성에서 나타나는 변화이다." 그는 진화가 이중적 본성을 가지고 있다고 적었다. 시간에 따른 종의 환경 대응을 기술하는 "적응적 변화의 '수직적' 현상", 그리고 유전적 분리가 일어나면서 나타나는 적응을 기술하는 "개체군, 초기 종, 새로운 종의 '수평적' 현상"이 그것이다[11]. 나는 종에 대한 마이어의 정의를 결코 잊지 못할 것이다. 내가 진화생물학 강의를 처음 들었을 때 반드시 기억해야 했던 것이다. "종이란 현실적으로나 잠재적으로나 상호 교배할 수 있는 개체군의 자연 집단이며, 그와 마찬가지의 다른 개체군들로부터 생식적으로 격리되어 있는 집단이다."[12]

마이어는 다윈이 혁명적인 책을 출간한 이후 지금까지 발견된 진화론의 다섯 가지 일반 논지를 개괄했다.

1. 진화: 시간이 흐르면서 유기체들은 변화한다. 생명사의 화석 기록과 오늘날의 자연 모두 이런 변화를 기록하고 드러낸다.

2. 변형을 동반한 유래: 진화는 공통조상에서 대를 이어 내려오며 가지를 뻗는 과정을 거치면서 진행된다. 부모와 자식이라면 누구나 알고 있듯이, 자손들은 부모와 비슷하기는 하지만 정확한 복사본은 아니다. 이렇게 대를 이어 가는 과정을 통해 쉬지 않고 변화하는 환경에 적응하는 데 필요한 변이들이 만들어진다.

3. 점진주의: 이 모든 변화는 느리고, 끊김이 없으며, 장중하다. 충분한 시간만 주어지면, 어느 종 내의 작은 변화들이 축적되어 큰 변화를 이끌어 낼 수 있고, 그러면 새로운 종이 만들어질 수 있다. 다시 말해서 대진화는 소진화가 누적된 결과이다.

4. 증식: 진화는 그냥 새로운 종을 낳는 것이 아니라, 점점 많은 수의 새로운 종을 낳는다.

그리고 물론 자연선택이 있다.

5. 자연선택: 진화적 변화는 우발적이지도 무작위적이지도 않다. 진화는 선택의 과정을 따른다. 다윈과 앨프레드 러셀 윌리스가 공동 발견한 자연선택은 다섯 가지 규칙에 따라 작동한다.

A. 2, 4, 8, 16, 32, 64, 128, 256, 512, 1,024…… 이렇게 개체군은 기하급수적으로 무한정 증가하는 경향이 있다.

B. 하지만 자연환경에서 개체군의 수는 일정 수준에서 안정되어야만 한다. 개체군은 무한히 증가할 수 없다. 그럴 만큼 지구가 충분히 크지 않기 때문이다.

C. 따라서 틀림없이 '생존 경쟁'이 있을 것이다. 왜냐하면 생겨난 모든 유기체들이 생존할 수는 없기 때문이다.

D. 어느 종이나 변이가 있다.

E. 따라서 생존 경쟁을 하면서 환경에 더 잘 적응하는 변이를 가진 개체들이 환경에 더 못 적응하는 변이를 가진 개체들보다 더 많은 자손을 남긴다. 이것을 '차별적 번식 성공'이라고

한다.

다윈의 말대로, "생존할 수 있는 수보다 더 많은 개체들이 만들어지기 때문에, 어느 개체가 동일한 종에 속하는 다른 개체들과 경쟁을 하든, 다른 종에 속하는 개체들과 경쟁을 하든, 생명의 물리적 조건들과 경쟁을 하든, 어느 경우에나 생존 경쟁이 있어야만 한다."[13]

자연선택 과정은 무수한 세대를 거치며 수행되면서 서서히 변종들을 새로운 종들로 발생시켜 나간다. 다윈은 이렇게 설명했다.

> 이렇게 말할 수 있을 것이다. 자연선택은 전체 세계를 훑으며 모든 변이를 훑으며 제아무리 사소한 것이라도 날마다 시간마다 면밀히 검토하고 있다. 나쁜 것은 버리고 좋은 것은 모두 거둬서 추가한다. 때와 곳을 가리지 않고 기회만 오면 자연선택은 소리 없이 기척 없이 작용해서, 삶의 유기적 조건과 무기적 조건들과 관련하여 각각의 유기적 존재를 개선시켜 나간다. 시간의 손길이 오랜 세월의 경과를 표시하기 전까지, 우리는 이런 더딘 변화가 진행 중임을 전혀 보지 못한다. 과거의 기나긴 지질 시대를 들여다보는 우리의 시각이 그처럼 불완전하기에, 우리는 그저 지금 있는 생명의 꼴들이 예전의 꼴들과 다르다는 것만을 볼 뿐이다.[14]

시간 틀은 길고, 세대 간의 변화는 미미하다. 아마 이 점이야말로 진화론에서 가장 중요하면서도 가장 파악하기 힘든 것 중의 하나일 것이다. 그래서 오늘날 존재하는 그대로의 종을 진화의 살아 있는 유물로 보고자 하는 마음이, 인간이 침팬지에서 유래했다는 부정확하지만 도발적인 속단—진화의 사실들을 도려내 버리는 속단이다—으로 진화를 압축해 버리고자 하는 마음이 굴뚝같을 것이다.

자연선택은 유기체들이 살아남아 번식하여 자기 유전자를 다음 세대에 퍼뜨리기 위해 투쟁하는 과정이다. 자연선택 자체는 일차적으로 국지적 수준에서 작용한다. 옥스퍼드의 진화생물학자 리처드 도킨스는 그 과정을 "무작위적으로 일어나는 돌연변이 더하기 비-무작위적으로 축적되는 선택"[15]이라고 우아하게 묘사했다. 여기서 강세는 '비-무작위적'에 있다. 창조론자들이 즐겨 논하는 것과는 달리, 진화란 부품들로 가득 찬 창고가 무작위적으로 스스로 짜 맞춰져서 점보제트기를 만드는 것과는 다르다. 만일 진화가 진정 무작위적이라면, 점보제트기에 빗댈 생물은 전혀 존재하지 않을 것이다. 유전적 돌연변이, 그리고 부모의 유전자가 자손에서 뒤섞이는 것은 무작위적일 수 있다. 그러나 유전자의 주인이 생존하는 동안 일어나는 유전자 선택은 결코 무작위적이지 않다. 이처럼 방향성을 가진 자기 조직적인 선택의 과정에서 복잡성과 다양성이 떠오른다.

자연선택이란 말이 기술하는 것은 어떤 힘이 아니라 과정이다. 애견 대회에서 개 사육자들이 마음에 드는 생김새를 고르는 것 같은 우호적 의미에서든, 아우슈비츠-비르케나우 수용소에서 나치들이 수용자들을 고르는 것 같은 악의적인 의미에서든, 생존할 유기체나 멸종할 유기체를 '선택하는' 이는 아무도 없다. 자연선택, 나아가 진화는 의식적이지 않으며, 앞날을 점칠 수 있는 것도 아니다. 다시 말해서 장차 생존에 필요한 변화가 무엇일지 예상하기를 기대할 수 없다. 페일리에게는 미안한 말이지만, 도킨스의 말마따나 진화의 시계공은 눈이 멀었다.

예를 들어 보자면, 한번은 내 어린 딸이 진화가 어떻게 작용하는지 내게 물은 적이 있었다. 그때 나는 육상 포유류와 해양 포유류 사이 '중간 종'의 한 예로서 북극곰을 들었다. 비록 북극곰이 육상 포유류이긴 하지만 상당한 시간을 물속에서 보낸 탓에 수중 생활에 맞는 많은 적응 능력을 획득해 왔기 때문이다. 그러나 이건 올바른 말이 아니다. 이 말은 북극곰이 해양 포유류로 되어 가는 도상에 있다(다시 말해서 중간 단계에 있다)는 뜻을 함축하고 있다. 그러나 그렇지 않다. 북극곰은 아무것도 '되어 가고 있지' 않다. 북극곰은 자기의 생활 방식에 훌륭히 적응했다. 그뿐이다. 지구 온난화가 계속된다면, 어쩌면 북극곰은 완전한 수생 생물로 적응해 갈지도 모른다. 또는 남쪽으로 이동해서 크기가 더 작은 불곰이 될지도 모른다. 또는 멸종해 버릴지도 모른다. 누가 알겠는가? 아무도 모른다.

그 화석들은 모두 어디에 있을까?

진화론은 역사과학이다. 그리고 진화론을 지지하거나 반대하기 위해서 가장 많이 인용하는 증거는 대개 역사적 증거인 화석들이다. 창조론의 교재 《판다와 사람》—2005년 펜실베이니아 주 도버에서 있었던 지적 설계론 공판 '키츠밀러 외外 대 도버 지역 학군'에서 분쟁의 골자가 된 것 중 하나였다—에서 저자들은 이렇게 말하고 있다. "설계론은 생명의 다양한 꼴들이 처음부터 저마다의 특징을 완전히 갖추고 시작되었다고 말한다. 곧 어류에게는 처음부터 지느러미와 비늘이 있었고, 조류에게는 깃털과 날개가, 포유류에게는 털과 젖샘이 있었다는 것이다……. 공백이 없을 수도 있다……. 수많은 중간 형태들이 영문을 알 수 없는 이유로 화석이 되지 못했기 때문이 아니라, 그것들이 전혀 존재한 적이 없었기 때문이다."[16]

다윈은 중간 단계의 화석들이 없다는 점을 언급하면서 이렇게 물었다. "그렇다면 왜 지질 암층과 지층마다 그런 중간고리들로 가득 차 있지 않는 걸까?" 그 대답을 숙고하면서 다윈은 데이터를 들어 이렇게 적었다. "지질학은 그처럼 세밀하게 점진적인 유기체 사슬을 어떤 것도 자신 있게 밝혀내지 못한다. 아마 이 점이야말로 내 이론을 반박할 수 있는 가장 비중 있는 반론일 것이다."[17] 그렇다면 그 화석들은 모두 어디에 있는 걸까?

다윈의 딜레마에 대한 한 가지 대답은, 어떤 동물의 주검이든 포식자, 청소부 동물, 분해 동물의 턱과 위장을 피해 화석화 단계까지 이르고, 지질학적인 힘들과 예측 불가능한 사건들을 통해 어떤 식으론가 지표로 올라와 수백만 년이 흐른 뒤 그 흔적을 뒤쫓는 한 줌의 고생물학자들에게 발견될 확률이 극도로 낮다는 것이다. 이런 현실을 감안하면, 우리가 지금처럼 많은 화석들을 갖고 있다는 게 놀라울 정도이다.

빠진 화석들을 설명할 방도가 또 하나 있다. 에른스트 마이어는 어느 종에서 새로운 종이 나오는 가장 일반적인 방식을 그려냈다. 작은 규모의 생물 집단('시조' 개체군)이 조상 집단으로부터 떨어져 나와 지리적으로—그리고 생식적으로—격리되었을 때 새로운 종이 나오게 된다는 것이다. 규모가 작고 격리된 상태를 유지하는 한, 시조 집단은 (특히 큰 규모의 개체군에 비해) 상당히 급격한 유전적 변화를 겪을 수 있다. 이 유전적 변화는 다양한 상호 교배를 통해 유전적 동질성을 유지하는 경향이 있다. '이소성 종분화allopatric speciation'라고 불리는 마이어의 이 이론은 이런 동물들의 화석이 그토록 드문 까닭을 설명하는 데 도움이 된다.

진화 이론가들인 나일스 엘드리지와 스티븐 제이 굴드는 새로운 종의 출현에 대한 마이어의 생각을 받아들여 화석 기록에 적용해 보고는, 화석 기록상의 공백들이 점진적 변화에서 빠진 증거가 아님을 알아냈다. 그 공백들은 단속적인 변화를 보여 주는 현존하는 증거라는 것이다. 두 사람은 이 이론을 '단속 평형론'이라고 불렀다.[18] 종이 안정 상태에 있을 때에는 종이 대단히 정적이고 오래 생존하기 때문에 지층 속에 풍부한 화석을 남긴다(평형 단계). 반면 보다 규모가 작고 지리적으로 격리된 개체군들에서는 지질 시간의 척도에서 보았을 때 종에서 종으로의 변화가 비교적 빠르게 일어난다(단속 단계). 사실 종의 변화가 대단히 신속하게 일어나기 때문에 '중간 단계의' 생물 주검들이 화석이 되어 그 변화를 기록하는 경우는 드물다. 엘드리지와 굴드는 이렇게 결론을 내렸다. "화석 기록상의 단절은 정말 있으며, 그것은 불완전한 기록의 파편들이 아니라 진화가 일어나는 방식을 표현해 주고 있다."[19] 물론 그 소규모 집단 역시 번식을 할 것이며, 모든 종에서 관찰되는 기하급수적인 증가를 따를 것이다. 그리고 마침내는 비교적 큰 규모의 개체군을 이루어, 각 개체는 상당 기간 동안 자기의 표현형을 유지할 것이다. 그리고 잘 보존된 화석들을 많이 남길 것이다. 수백만 년이 흐른 뒤, 이 과정이 남긴 화석 기록은 대개 평형 단계를 보여 주는 기록이 된다. 화석 기록에서 단속 단계는 공백으로 남을 것이다.

진화는 화석 하나만으로 증명되지 않는다

1996년 8월, 미국 항공 우주국(NASA)은 화성의 생명을 발견했다고 공표했다. 증거는 '앨런 힐스 84001' 암석이었다. 수백만 년 전 운석 충돌로 화성에서 떨어져 나와 지구 궤도로 들어선 것으로 생각되는 암석이었다.[20] 미국 항공 우주국 전문가 감정단 가운데에는 고대 미생물체 전문가인 고생물학자 윌리엄 쇼프가 있었다. 쇼프는 미국 항공 우주국의 주장에 회의적이었다. 왜냐하면 그 발견을 뒷받침한다고 미국 항공 우주국이 주장했던 "네 가닥의 증거"가 단일한 결론으로 수렴되지 않았기 때문이다. 그러기는커녕 각 가닥의 증거는 여러 가능한 결론을 가리켰다.[21]

쇼프의 '증거 가닥' 분석은 19세기의 과학철학자 윌리엄 휴얼이 처음 기술했던 과학의 방법을 반영하고 있다. 휴얼은, 어떤 이론을 증명하려면, 하나 이상의 귀납, 다시 말해서 특수한 사실들로부터 끌어낸 하나 이상의 일반화가 있어야 한다고 생각했다. 서로 독립적이지만 서로 맞물려서 수렴되는 다중 귀납들이 있어야 한다는 얘기이다. 휴얼은, 이 귀납들이 "함께 뛰어오르면" 이론의 개연성이 강화된다고 말했다. "따라서 과학의 역사에서 보는 가장 잘 확립된 이론에 속하는 경우란, 서로 전혀 다른 부류의 사실들에서 나온 귀납적 결론들이 서로 함께 뛰어오르는 경우들이었다. 이론들이 가진 증거에서 나타나는 이런 특별한 특징을 지시할 기회가 내게 있다 생각하기에, 내 뜻대로 특별한 어구를 써서 그 특징을 기술하려 한다. 나는 그것을 귀납의 일치 Consilience of Inductions라고 부를 것이다."[22] 휴얼이 위와 같이 부른 것을 나는 '증거의 수렴'이라고 부른다.

범죄를 저질렀을 가능성이 가장 큰 사람을 추리해 내기 위해 형사들이 증거의 수렴 기법을 사용하는 것처럼, 과학자들도 어떤 특정 현상을 설명해 낼 가능성이 가장 큰 것을 연역해 내기 위해 증거의 수렴을 사용한다. 우주론자들은 천문학, 행성지질학, 물리학에서 나온 증거의 수렴을 통해 우주의 역사를 재구성한다. 지질학자들은 지질학, 물리학, 화학에서 나온 증거의 수렴을 통해 지구의 역사를 재구성한다. 고고학자들은 생물학(꽃가루), 화학(패총), 물리학(토기 파편, 도구), 역사학(예술 작품, 문자 기록), 해당 유적에서 특이하게 발견되는 다른 인공물들에서 나온 증거의 수렴을 통해 문명의 역사를 짜 맞춘다.

역사과학으로서 진화론은 서로 독립적인 수많은 증거 가닥들이 진화라는 단일한 결론으로 수렴된다는 사실에 의해 확증된다. 지질학, 고생물학, 식물학, 동물학, 파충류학, 곤충학, 생물지리학, 비교해부학, 생리학, 유전학, 집단유전학, 다른 수많은 과학 분야에서 도출된 독립적인 데이터 세트들이 각각 생명이 진화했다는 결론을 가리키고 있다. 이것이 바로 증거의 수렴이다. 창조론자들은 진화를 보여 주는 "중간 형태의 화석 하나만"을 요구할 수는 있다. 그러나 진화는 화석 하나만으로는 증명되지 않는다. 진화는 화석들의 수렴과 아울러, 종들 사이 유전자 비교의 수렴, 종들 사이 해부학적 비교와 생리학적 비교의 수렴, 그리고 다른 많은 가닥의 탐구를 통해서 증명된다. 창조론자들이 진화를 논박하기 위해선 이 모든 독립적인 증거 가닥들을 해명할 필요가 있으며, 나아가 진화론보다 그 증거들을 더 잘 설명할 수 있는 경쟁 이론을 구축할 필요가 있다. 그러나 그들은 아직 그러지 않고 있다.

진화를 시험해 볼 수 있을까?

창조론자들은 아무도 과거에 직접 진화를 관찰하지 못했고, 오늘날에도 진화를 시험할 만한 실험이 없기 때문에 진화론은 과학이 아니라고 주장하길 좋아한다. 우주론, 지질학, 고고학 같은 건전한 과학에서는 과거 사건들을 관찰할 수 없다거나 통제된 실험을 설정할 수 없다고 해도 전혀 장애가 되지 않는다. 하물며 진화론 같은 건전한 과학에서 그것이 장애가 될 이유가 무에 있겠는가? 여기서 열쇠는 가설을 시험해 볼 수 있느냐 없느냐의 여부가 될 것이다. 진화를 시험해 볼 방도는 많다. 먼저 가장 포괄적인 방법을 써서 진화가 일어났다는 사실을 어떻게 알 수 있는지 살펴보도록 하자.

우리의 가장 친한 친구 개의 진화를 살펴보자. 지난 수천 년 동안 수많은 개의 품종들이 인기를 끌었기 때문에, 혹자는 중간 화석들이 풍부하게 있어서 고생물학자들이 개의 진화적 계보를 재구성할 만큼 풍부한 데이터가 되어 줄 것이라고 생각할 것이다. 그러나 사실은 다르다. 워싱턴 D. C. 국립 자연사 박물관의 제니퍼 A. 레너드의 말에 따르면, "늑대에서 개에 이르는 과정을 보여 주는 화석 기록은 매우 성기다."[23] 그렇다면 우리는 어떻게 개의 기원을 알 수 있을까? 2002년 《사이언스》 지 어느 호에서 레너드와 동료들은 초기 개 유골에서 추출한 미토콘드리아 DNA(mtDNA) 데이터가 "고대 아메리카와 유라시아의 집개는 모두 구세계 회색늑대에서 공통 기원했다는 가설을 강하게 뒷받침한다"고 보고했다. 《사이언스》 같은 호에서 스톡홀름 왕립 기술 연구소의 피터 사볼라이넨과 동료들은 "작은 늑대와 집개를 구별하기 어려운 난점이 있기 때문에" 화석 기록은 의심스럽다고 적었다. 그러나 그들이 수행한 전 세계 654마리 집개 사이의 미토콘드리아 DNA 염기 서열 변이 조사는 "지금으로부터 15,000년 전 동아시아의 집개"가 늑대의 단일 유전자 풀에서 기원했음을 가리킨다. 마지막으로 하버드 대학교의 브라이언 헤어와 동료들이 기술한 연구 결과를 보면, 숨겨둔 먹이의 위치를 지시하는 사람의 소통 신호를 이용하는 데 있어 집개가 늑대보다 더 뛰어남을 발견했으나, "비사회적인 기억 작업에서는 개와 늑대 모두 다를 바가 없었기 때문에, 사람이 안내하는 모든 작업에서 개가 늑대보다 더 뛰어날 가능성은 배제된다." 따라서 "개가 사람과 사회적으로 소통할 수 있는 능력은 사육 과정에서 획득한 것이었다."[24] 비록 개가 늑대에서 기원했음을 증명하는 단일 화석이 전혀 없음에도 불구하고, 고고학적, 형태학적, 유전학적, 행동학적 '화석들'에서 나온 증거의 수렴은 모든 개의 조상이 동아시아의 늑대일 것임을 드러내고 있다.

생명의 역사에서 모든 조상들이 이와 비슷한 방식으로 밝혀지며, 인류의 진화 이야기도 마찬가지이다(인류의 진화에 관해서는 중간 화석들이 풍부하긴 하지만 말이다). 인류의 진화적 수렴을 가장 멋지게 집대성한 책 중의 하나가 바로 리처드 도킨스의 걸작 《조상 이야기》이다. 673쪽에 걸쳐 도킨스는 문학적으로 우아하게 과학적 증거의 수렴을 세세히 밝히고 있다. 도킨스는 호모 사피엔스에서 시작해, 40억 년 전에 복제하는 분자들이 처음 생겨나면서 진화가 일어나기 시작했던 때로 거슬러 올라가면서, 무수히 많은 '중간 화석들'(도킨스는 이것을 '공조상concestors'이라고 부른다. 말하자면 어떤 종 집합이 공유하는 마지막 공통 조상의 '랑데부 지점' 이다)을 추적한다. 그 어떤 공조상도 하나만으로는 진화가 일어났음을 증명하지 못한다. 그러나 함께 모이면 시간에 따른 장대한 진화 이야기를 드러낸다.[25] 수없이 많은 과학 분야에서 나온 무수히 많은 데이터 조각들이 한데 모여 생명의 편력을 보여 주는 화려한 초상화를 그려 내기 때문에, 우리는 인류의 진화가 일어났음을 알 수 있다.

그러나 증거의 수렴은 시작일 뿐이다. 폭넓고 다양한 분야에서 나온 데이터를 이용하여 '비교의 방법' 을 쓰면 진화적 유연관계들을 추론해 낼 수 있다. 예를 들어 루이기 루카 카발리-스포르차와 동료들은 집단유전학, 지리학, 생태학, 고고학, 체질인류학, 언어학에서 50년 동안 나온 데이터를 비교해서 인종의 진화를 추적했다. 수렴과 비교의 방법을 모두 쓴 그들은 "피부색, 머리털의 색깔과 모양, 얼굴 생김새를 기초로 하는 전형적인 주요 인종 관념들은 피상적인 차이들만 반영할 뿐이다. 그것보다 미더운 유전 형질들을 심도 있게 분석하면 인종의 차이들은 확인되지 않는다"는 결론에 도달했다. 겉으로 드러난 (신체적) 특징들—개인의 표현형—을 유전적 형질들—유전형—과 비교한 그들은 서로 다른 사람 집단들 사이의 유연관계를 밝혀낼 수 있었다. 가장 흥미로운 점은, 유전 형질들이 "주로 기후와 (아마도) 성 선택의 영향을 받으면서 이루어진 최근의 진화"를 드러내고 있음을 발견했다는 것이다. 예를 들어 그들은 유전적으로 볼 때 오스트레일리아 원주민이 아프리카 흑인보다는 동남아시아 사람과 유연관계가 더 가까움을 발견했다. 진화의 시간대에 대어 보면 말이 되는 소리이다. 곧 인류의 이동 패턴을 볼 때, 처음에 아프리카에서 기원한 인류가 먼저 아시아로 갔고 그 다음에 오스트레일리아로 갔을 것이기 때문이다.[26]

'연대 측정법'은 진화의 시간대를 뒷받침하는 증거를 제공한다. 화석의 연대 측정과 아울러, 지구, 달, 태양, 태양계, 우주의 연대 측정은 모두 진화론을 시험하는 시험대이며, 이제까지 모든 시험을 통과했다. 우리는 지구의 나이가 대략 46억 살임을 알고 있다. 우라늄-납, 루비듐-스트론튬, 탄소 14 측정 등 암석 연대를 측정하는 여러 방법을 통해 나온 증거가 수렴된 결과가 바로 46억 년 정도이기 때문이다. 나아가 지구의 나이, 달의 나이, 태양의 나이, 태양계의 나이, 우주의 나이도 일관된다. 다시 말해서 또 하나의 일치를 유지하고 있다. 예를 들어 지구의 나이가 46억 살인데 태양계의 나이가 100만 살이라면 진화론은 문제에 봉착하게 될 것이다. 그러나 우라늄-납, 루비듐-스트론튬, 탄소 14 연대 측정은 이른바 어린지구 창조론자들에겐 아무런 좋은 소식도 내놓지 않았다.

더더군다나 화석과 유기체는 스스로를 얘기해 준다. 비록 드물기는 하지만, **화석들은 정말로 중간 단계들을 보여 준다**. 예를 들어 보자. 고래의 진화에서 확인된 중간 화석 단계는 지금까지 적어도 여덟 단계가 있다. 인류의 진화에서는, 600만 년 전 대大유인원에서 사람과科가 갈라져 나온 이후 최소한 열두 단계의 중간 화석 단계가 알려져 있다. **그리고 지층은 그와 똑같은 화석의 순서**

를 일관되게 드러낸다. 아마 삼엽충이 나타나는 지층에서 말[馬] 화석을 찾아내면, 진화론이 거짓임을 밝히는 빠르고 간단한 길이 될 것이다. 진화론에 따르면 삼엽충과 포유류 사이의 시간 차는 수억 년이나 되기 때문이다. 만일 그런 화석의 병치가 발생한다면, 그리고 어떤 지질학적 이상성의 소산이 아니라면(이를테면 지층이 융기되거나, 단절되거나, 휘거나, 아니면 심지어 뒤집힌 것—이런 일은 모두 일어나기는 하지만 추적해 낼 수 있다—이 아니라면), 진화론에 무언가 심각한 잘못이 있음을 의미할 것이다.

진화론이 가정하는 것 중에는 이런 것도 있다. 곧, **현대의 유기체들은 단순한 구조부터 복잡한 구조까지 다양한 구조를 보여야 마땅하며, 이는 순간적인 창조보다는 진화의 역사를 반영한다.** 예를 들어 사람의 눈은 수억 년 전으로 거슬러 올라가는 오래고 복잡한 경로가 낳은 결과이다. 첫 단계는 소수의 감광세포로 이루어진 '단순 안점'으로, 빛이 있냐 없냐는 정보를 유기체에게 전달했다. 단순 안점은 '오목한 안점'으로 발전되었다. 안으로 굽은 작은 표피가 감광세포로 채워져 있어서 빛의 방향 정보까지 추가로 제공했다. 그 다음 단계는 '깊이 우묵한 안점'이다. 더 깊은 곳까지 감광세포가 있어, 주변 환경에 대해 더욱 정확한 정보를 알려주었다. 그 다음 단계인 '바늘구멍 사진기형 눈'은 깊이 우묵한 감광세포 층의 배면에 상像을 맺을 수 있다. 그 다음 '바늘구멍 렌즈형 눈'은 상의 초점을 맞출 수 있다. 그 다음이 바로 사람 같은 현대 포유류에서 발견되는 '복잡한 눈'이다. 오늘날 존재하는 눈들에서 이 구조들을 모두 볼 수 있다.

나아가 **생물학적 구조들은 자연이 설계했다는 표식을 보여 준다**. 사실상 사람의 눈을 해부해 보면, 그 설계가 결코 '지적이지' 않음을 알 수 있다. 사람의 눈 구조는 위아래가 뒤집혀 있어, 빛 입자들은 각막, 수정체, 수양액水樣液, 혈관, 신경절세포, 무축삭세포, 수평세포, 양극세포를 거쳐야지만 빛을 감지하는 간상세포와 원추세포에 도달할 수 있다. 간상세포와 원추세포는 빛 신호를 신경 자극으로 변환하며, 이 자극은 뇌의 뒷부분에 있는 시각피질로 보내져, 거기서 의미 있는 패턴으로 처리된다. 최적의 시각을 고려해 볼 때, 지적 설계자가 눈을 그처럼 위아래가 거꾸로 된 구조로 만든 까닭이 무엇일까? 주변에서 얻을 수 있는 재료를 이용해서, 조상 생물체가 앞서 가졌던 유기적 구조들의 특수한 배치에 따라 자연선택이 눈을 만들어 냈다고 할 때라야 이런 '설계'를 이해할 수 있다. 눈은 지적 설계가 아니라 진화 역사의 경로들을 보여 준다.

이뿐만이 아니다. **흔적 구조들은 진화의 역사에서 일어난 실수, 잘못된 출발, 특히 찌꺼기 자국을 보여 주는 증거들이다**. 예를 들어 백악기의 뱀 파키라키스 프로블레마티쿠스*Pachyrhachis problematicus*는 이동할 때 작은 뒷다리를 사용했는데, 바로 네발동물 조상에게서 물려받은 것이었다. 그 뒷다리가 오늘날의 뱀에서는 사라졌다. 현대의 고래는 뒷다리용 작은 골반을 간직하고 있다. 고래의 육상 포유류 조상들에선 그 뒷다리가 있었으나, 오늘날엔 사라졌다. 마찬가지로 날지 못하는 새들에게도 날개가 있으며, 사람 또한 쓸모없는 흔적 구조들로 가득 차 있다. 바로 우리의 진화적 조상이 남긴 뚜렷한 표식이다. 사람에게 남아 있는 흔적 구조 중에서 열 가지만 간략하게 아래에 열거해 보았다. 이것들을 보다 보면 이런 생각이 든다. 지적 설계자가 왜 이런 것들을 창조했을까?

1. **남자의 젖꼭지**: 남자에게 젖꼭지가 있는 까닭은 여자에게 젖꼭지가 필요하기 때문이다. 남녀가 단일한 발생적 구조를 가질 때, 자궁 안에서 인체의 전반적인 구성이 더욱 효과적으로 발생된다.

2. **남자의 자궁**: 남자에게는 미발생된 여성 생식 기관의 자취가 있다. 남자의 전립선과 떨어져 있는 이것 역시 남자의 젖꼭지와 같은 이유이다.

3. **열세 번째 갈비뼈**: 대부분의 현대인들에겐 열두 쌍의 갈비뼈가 있지만, 8퍼센트의 사람들에겐 침팬지와 고릴라처럼 갈비뼈 한 쌍이 더 있다. 이것은 우리의 영장류 조상이 남긴 자취이다. 말하자면 우리는 침팬지와 고릴라와 조상이 같다. 열세 번째 쌍의 갈비뼈는 600만 년 전 공통 조상에서 우리 계통이 갈라져 나왔을 때부터 간직해 온 것이다.

4. **미골尾骨**: 사람의 꼬리뼈는 우리의 공통 조상이 가지를 휘감거나 균형을 유지하기 위해 사용했던 꼬리가 흔적으로 남은 것이다.

5. **사랑니**: 석기, 무기, 불을 쓰기 전에 사람과는 주로 채식성이었다. 우리는 많은 양의 식물을 씹었기 때문에, 식물을 가

는 여벌의 어금니가 필요했다. 비록 현대인의 턱이 옛날보다 더 작지만, 지금도 사랑니를 가진 사람들이 많다.

6. **맹장**: 큰창자와 연결되어 있는 이 근육 관은 옛날에 우리가 육식을 하기 전 주로 채식을 했을 때 섬유소를 소화시키기 위해 썼던 것이다.

7. **체모**: 이따금 우리는 스스로를 '털 없는 원숭이'라고 부른다. 하지만 대부분의 사람들에겐 가는 체모 층이 있다. 이것 역시 굵은 털이 있었던 유인원과 사람과로부터 이어진 진화적 계보가 남긴 것이다.

8. **소름**: 우리가 가진 체모의 계보는, 우리 조상들이 단열을 위해서거나 잠재적인 포식자에 대한 위협의 자세로 털을 부풀렸던 능력을 우리가 간직하고 있다는 사실에서도 추론할 수 있다. 곤두서는 털, 곧 '소름'은 우리의 진화적 계보를 알려 주는 부인할 수 없는 표식이다.

9. **바깥귀근육**: 당신이 귀를 움직일 수 있다면, 영장류 조상들 덕분이랄 수 있다. 조상들은 소리가 나는 방향과 위치를 정확히 판별하기 위한 보다 효율적인 수단으로서, 머리와는 독립적으로 귀를 움직일 수 있는 능력을 진화시켰다.

10. **세 번째 눈꺼풀**: 많은 동물들에겐 눈을 보호하는 추가적인 수단으로서 눈을 덮는 순막瞬膜이 있다. 우리 역시 눈의 구석에 미세하게 살이 접힌 형태로 이 '세 번째 눈꺼풀'을 간직하고 있다.

진화학자들은 이 외에도 흔적 구조의 예 수십 개를 더 내놓을 수 있다. 다른 모든 다양한 가닥의 역사적 증거로부터, 진화가 일어났음을 우리가 어떻게 알 수 있는지를 보여 주는 예들도 내놓을 수 있는 건 두말할 나위도 없다. 그러나 과학으로서의 진화론은 1차적으로 가설을 시험하는 능력에 기대고 있다. 우리가 실험실로 가서 자연적으로 새로운 종을 만들어 낼 수 없는데도, 어떻게 우리는 진화론의 가설을 시험할 수 있을까?

예전에 나는 몬태나 주 보즈맨의 로키 산맥 박물관 고생물학 분야 큐레이터인 잭 호너의 공룡 발굴 작업을 거들 기회가 있었다. 《공룡 발굴》에서 호너는 이렇게 설명한다. "고생물학은 실험과학이 아니라 역사과학이다. 다시 말해서 고생물학자들이 실험실에서 자신의 가설을 시험해 보기가 힘들다는 얘기이지만, 그래도 우리는 가설을 시험할 수 있다."[27] 호너는 자신이 북아메리카에서 최초로 공룡 알을 발굴했던 유명한 발굴 사례를 들어 이런 역사과학의 과정을 논의한다. 발굴의 첫 단계는 "화석을 지면에서 떼어 내는 일이다." 뼈를 덮고 있는 주변 암석에서 공룡 뼈를 떼어 내는 첫 번째 단계는 허리가 끊어질 정도로 고된 작업이다. 처음에는 잭해머와 손도끼를 들고 작업하다가 점차 치과 도구와 작은 붓으로 도구가 바뀌어 가면서 뼈가 노출되는 속도가 빨라지면, 역사적 해석 작업에도 속도가 붙는다. 발굴의 두 번째 단계는 "화석을 들여다보고 조사해서, 우리가 관찰한 것을 기초로 가설을 세우고, 그것을 증명하거나 논박하려고 노력하는 것이다."

호너의 발굴 캠프에 도착했을 때, 나는 전액 후원을 받는 발굴 책임자가 이리저리 뛰어다니며 사람들에게 큰 소리로 지시를 내리는 분주한 모습을 볼 것으로 기대했었다. 그런데 1억 4,000만 년 전 아파토사우루스*Apatosaurus*(예전에는 브론토사우루스 *Brontosaurus*라는 이름으로 알려졌다) 경추골 하나를 앞에 놓고 다리를 꼬고 앉아 그 뼈의 원래 위치를 고심하는 끈기 있는 역사학자의 모습을 보게 되자 깜짝 놀랐다. 조금 있다가 지역 신문사에서 기자 하나가 찾아와서, 공룡의 역사에서 이 발견이 의미하는 바가 무엇인지 호너에게 물었다. 이 발견으로 호너 선생님의 이론이 바뀌었습니까? 머리는 어디에 있습니까? 이 유적지에 여러 마리가 묻혀 있습니까? 호너의 대답은 신중한 과학자의 대답과 조금도 다르지 않았다. "아직 모르겠습니다." "글쎄요." "증거가 더 필요합니다." "기다려 볼밖에요." 그 모습은 바로 가장 역사학다운 역사학의 모습이었다.

기나긴 이틀을 보냈지만 내가 파낸 거라곤 딱딱한 암석밖에 없었고, 게다가 돌 속에 든 뼈를 분간하는 데도 서툴렀다. 그러던 중 내가 내던지려던 돌을 본 고생물학자 한 명이 갈비뼈의 일부로 보이는 뼛조각이라고 지적했다. 만일 그것이 갈비뼈라면, 암석을 더 깎아 나가면 갈비뼈 모양이 드러나야 할 것이었다. 30센티미터 정도 깎아 나가자, 갈비뼈 모양으로 드러나던 것이 갑자기 오른쪽으로 확 벌어졌다. 갈비뼈일까? 다른 뼈일까? 호너가 와서 살펴보더니 이렇게 추정했다. "골반의 일부일 수 있겠는데요." 만일 그 뼈가 골반의 일부라면, 암석을 더 벗겨 내면 왼쪽으로도 벌어져야 했다. 과연 그랬다. 발굴 작업을 계속하자 책의 예측이 맞았음을 알 수 있었다.

과학에서는 이런 과정을 '가설연역법'이라고 부른다. 현재 있는 데이터를 기초로 가설을 세운 다음, 가설에서 예측을 연역해 낸다. 그런 다음 더 많은 데이터와 비교해서 예측을 시험하는 것이다. 예를 들어 보자. 1981년에 호너는 몬태나 주에서 줄잡아 1만 마리의 마이아사우르*Maiasaur*가 남긴 3,000만 개의 화석 조각들이 함유된 가로 약 2킬로미터 세로 0.4킬로미터의 유적층을 발견했다. 호너는 다음의 물음을 시작으로 가설을 세워 나갔다. "그런 퇴적층이 무엇을 나타낼 수 있을까?"[28] 포식자가 뼈를 씹은 흔적은 전혀 없었지만, 길게 세로로 쪼개져 반토막난 것들이 많이 있었다. 게다가 뼈들은 모두 동쪽에서 서쪽으로 배열되어 있었다. 말하자면 뼈 퇴적층이 길게 형성되어 있었다는 얘기이다. 작은 뼈들은 큰 뼈들과 분리되어 있었고, 갓난 마이아사우르 뼈는 전혀 없었다. 몸길이가 2.7미터에서 7미터 사이의 마이아사우르뿐이었다. 뼈를 세로로 길게 쪼개지게 한 것이 무엇이었을까? 작은 뼈들과 큰 뼈들이 분리된 까닭이 무엇이었을까? 이 뼈들은 하나의 거대한 마이아사우르 떼였을까? 모두 동시에 죽었을까? 아니면 오랜 세월 동안 마이아사우르가 죽음을 맞은 곳이었을까?

초기의 한 가설은 마이아사우르 떼가 산채로 이류泥流에 묻혔다고 가정했는데, 결국 거부되었다. 왜냐하면 "제아무리 센 이류가 있었다고 해도 뼈를 세로로 쪼갤 수 있으리라고는 생각하기 어려우며…… 게다가 살아 있는 동물 떼가 진흙에 묻힌 뒤 골격들이 모두 해체되었으리라는 것도 말이 안 되기" 때문이었다. 그래서 호너는 또 하나의 가설을 세웠다. "사건이 이중으로 일어났어야 했던 것으로 보였다." 호너는 이렇게 추리해 나갔다. "한 번은 공룡들이 죽어갔고, 또 한 번은 뼈들이 쓸려간 것으로 보인다." 화석층에서 약 0.5미터 위에 화산재 층이 있었기 때문에, 마이아사우르 떼의 죽음에 화산 활동을 관련시켰다. 그다음 호너는 화석 상태의 뼈들만이 세로로 길게 쪼개졌을 것이며, 그렇다면 죽음을 초래한 사건이 일어난 오랜 뒤에 뼈에 손상이 있었다고 연역했다. 호너의 가설과 연역은 다음의 결론으로 귀결되었다. 마이아사우르 떼는 "화산 활동으로 방출된 기체, 연기, 재 때문에 죽었다. 만일 거대한 화산 폭발로 한순간에 마이아사우르 떼가 모두 죽었다면, 주변의 다른 생물도 모두 죽었을 것이다." 그런 다음 아마 호수가 터지면서 홍수가 일어났을 것이다. 부패 중인 주검들은 홍수 때문에 하류로 쓸려 갔고, 그 과정에서 큰 뼈들과 작은 뼈들(가벼운 뼈들)이 서로 분리되었을 테고, 그 결과 균일한 방향성을 띠게 되었을 것이다."[29]

고생물학의 발굴은 가설연역적 추리와 역사과학이 어떻게 초기의 데이터에 기초해서 예측을 하고 그 예측이 어떻게 이후의 역사적 증거에 의해 검증되거나 거부될 수 있는지를 보여 주는 훌륭한 예이다. 진화론은 과거로부터 나온 풍부한 데이터에 뿌리박고 있다. 비록 그 데이터를 실험실에서 재현해 낼 수는 없어도, 특정 사건들을 짜 맞추고 일반적 가설들을 시험하는 데 쓸 수 있는 타당한 정보원이다. 진화는 얼마나 빠르게 일어날까? 종이 변화하도록 하는 것은 무엇일까? 유기체의 어느 수준에서 진화가 일어날까? 진화론에서 이런 구체적인 점들은 아직 연구하고 해명해 나가는 중에 있으나, 일반적인 의미의 진화론은 지난 150년 동안 과학에서 가장 잘 시험되었던 이론이다. 과학자들의 목소리는 하나이다. 진화는 일어났노라고.

진화를 받아들이지 못하는 사람들

이렇게 보일 것입니다. 진화론이 진정으로 공격하는 것은 정통 기독교나 심지어 기독교 전체가 아니라, 바로 종교입니다. 사람의 존재함에서 가장 기본적인 사실이자, 인생에서 가장 실천적인 문제인 종교 말입니다. 진화론을 진지하게 받아들여 삶의 철학의 기초로 삼게 되면, 그것은 사랑을 제거해 버리고 사람들을 다시 이빨과 발톱의 투쟁 속으로 몰아넣고 말 것입니다.

윌리엄 제닝스 브라이언, 1925년 스콥스 공판의 최종 진술

⚜

1925년, 숨이 턱턱 막히는 찜통 같은 어느 여름날, 세기의 공판이 끝날 순간에 윌리엄 제닝스 브라이언이 발언을 하기 위해 일어섰다. 그는 테네시 주 데이턴에서 열리고 있는 그 공판에 걸린 문제가 대부분의 참관자들이 믿는 것처럼 고등학교의 한 과학 교사가 학생들에게 다윈의 진화론을 가르쳤다는 문제가 아니라, 그보다 더욱 깊은 문제, 말하자면 인간의 영혼을 건 싸움에서 누가 승리하게 될 것인지의 문제라고 느끼고, 그것을 표현하기 위해 신중하게 연설문을 작성해 둔 터였다. "영혼은 불멸하며, 종교는 그 영혼을 다룹니다." 경구처럼 통렬하게 작성한 한 진술서에서 그는 이렇게 썼다. "진화 가설의 논리적 결과는 종교의 근간을 무너뜨리며, 따라서 영혼에 그 영향을 미치는 것입니다."

실은 스콥스 '원숭이 공판'에서 브라이언은 그 인상적인 최종 연설문을 읽을 기회를 전혀 갖지 못했다. 판사가 그 연설이 사건과는 무관하다고 재결했기 때문이다. 피고 측에서 진화생물학자를 전문가 증인으로 불렀을 때에도 판사는 그와 똑같은 재결을 했다. 공판이 끝나고 이틀 뒤에 브라이언은 초라하다 싶은 죽음을 맞았다. 그러나 브라이언이 쓴 연설문은 곧이어 《브라이언의 마지막 연설: 진화론에 대한 사상 최고의 강력한 반대 논증》이라는 거창한 제목을 달고 소책자로 간행되었다.[1] 그 연설문은 왜 그처럼 많은 사람들이 진화론에 거부감을 느끼는지 들여다보게 해준다. 바로 진화론을 받아들이면 도덕이 무너지고 인간성의 의미를 상실하게 된다는 믿음과 두려움 때문이다. 브라이언의 연설이 구사하는 논법은 다음과 같다.

> 진화는 신이 존재하지 않음을 함축한다. 따라서……
> 진화론에 대한 믿음은 무신론을 낳는다. 따라서……
> 신에 대한 믿음이 없으면 도덕도 의미도 있을 수 없다. 따라서……
> 도덕과 의미가 없으면 시민 사회의 기초도 없다. 따라서……
> 시민 사회가 없으면 우리는 결국 야생의 동물 같은 삶을 살 수밖에 없을 것이다.

바로 이것이 진화론에 대해서 사람들이 불편해하는 것이다. 진화론의 기술적인 세부 측면들이 사람들을 불편하게 하는 것이 아니다. 대부분의 사람들은 적응 방산, 이소성 종분화, 표현형의 변이, 동류 교배, 상대 성장과 이시성異時性, 적응과 굴절적응, 점진주의와 단속 평형론 같은 것들에 대해서는 조금도 신경 쓰지 않는다. 그들이 정말 걱정하는 것은 진화론을 가르치면 자기 아이들이 신을 거부하게 되고, 범법자들과 죄인들이 자기 행위의 탓을 자기의 유전자에게 돌리고, 일반적으로는 사회를 붕괴시키지 않을까 하는 것이다.

대체 그런 생각을 어디서 가져왔을까?

스콥스 공판의 진짜 유산

린드버그 납치 사건 공판, 맨슨 살인 사건 공판, 심지어 O. J. 심슨 공판까지 다 잊어라. 인간성을 시험하는 시험대로서 진정 스콥스 공판은 그 모든 공판을 무색케 한다. 당면 사안에서 보면, 관련자들에게 그 공판은 목숨보다도 중한 것이었다.[2]

스콥스 공판이 처음에는 홍보성 쇼로 시작되었음을 알면 도움이 될 것이다. 당시 설립된 지 얼마 되지 않았던 미국 시민 자유 연맹(ACLU)이 경제적으로 어려움을 겪고 있던 테네시 주 데이턴 시 지도자들과 머리를 맞대고 생각해 낸 것이었다. 무대 한쪽에는 그 시대의 가장 유명한 피고 측 변호사였던 클래런스 대로가 있었고, 다른 쪽에는 20세기의 걸출한 웅변가이자 신앙의 옹호자였으며 세 번이나 대통령 후보로 올랐던 윌리엄 제닝스 브라이언이 있었다. 그 공판을 취재했던 《볼티모어 선》 지의 기자는 가차 없고 냉소적인 H. L. 멘켄이었다. 멘켄은 이런 가시 돋친 말을 기사 곳곳에 안배했다. "테네시 주의 반-진화론자들이 자기네 종교 외에도 다른 종교가 있음을 알게 된다면, 저들은 원시적 종교 형태에서 고등한 종교 형태로 진화하는 것이 바로 종교 자체의 특성임을 깨달을 것이다. 정신의 발달에서 볼 때 반-진화론 법안의 작성자는 분명 지금 심리 중인 젊은이의 지성보다는 초기 기독교 시대의 유목민들에 더 가까울 것이다."[3]

그 젊은이가 바로 존 토머스 스콥스였다. 스콥스는 이웃한 어느 카운티 출신의 임시 교사로서, 본인의 고백에 따르면 테네시 주의 '반-진화론' 법에 이의를 제기하는 일에 자원했다고 한다. 스스로가 자유사상가이기도 했지만, 여름에 데이턴 시에 더 머무르며 한동안 주목을 받는 것이 애향심을 고취시키고자 하는 뜻에 도움이 될 것이라고 생각했기 때문이다. 미국 시민 자유 연맹은 데이턴 시 공판에서 질 것이라고 확신했다. 그러면 테네시 주 대법원에 항소할 기회가 생길 테고, 마지막에 가서는 미연방 대법원까지 소송을 끌고 갈 수 있을 것이라고 생각했다. 진화론을 가르치는 것에 대한 법정 공방은 처음부터 궁극적으로 과학을 놓고 벌어진 싸움이었다.

대부분의 사람들은 당시 테네시 주에서 과학이 케이오 승을 거두었다고 생각한다. 멘켄의 글을 읽으면 아마 확실히 이런 결론에 도달하게 될 것이다. 멘켄은 브라이언을 이렇게 우롱했다. "한때는 브라이언이 백악관에 한번 행차라도 하면 그의 호령에 온 나라가 벌벌 떨었었다. 그런데 지금은 코카콜라 지구의 싸구려 교황 신세에다가, 철도역 구내 그늘의 함석 장막에서 얼간이들이나 꾸짖는 버림받은 목사들의 형제 신세로 전락했다…….

영웅으로 인생을 시작했다가 광대로 끝을 내다니 참으로 비극이다." 사실 이것은 진화론이나 과학의 승리가 결코 아니었다. 아마 독자들은 스콥스의 유죄 평결이 소송 사건의 시비곡직에 의거해서가 아니라 50달러 이상의 벌금형을 배심이 아닌 판사가 내렸다는 것과 관련된 법률상의 사소한 문제 때문에 뒤집혔음을 안다면 깜짝 놀랄 것이다. 테네시 주의 평이 나빠진 것에 당황한 주 입법자들은 유죄 평결의 법률상 과실을 이용해서 소송이 주 대법원으로까지 가는 것을 막았다. 멘켄의 이런 글을 읽고 난다면, 그 누가 그들을 탓할 수 있겠는가? "이 공판은 현재 이 땅의 버림받은 변두리에서 상식도 양심도 내버린 한 광신자의 인도로 네안데르탈인이 뭉치고 있는 이 나라의 모습을 주목하게 한다." 더욱 안 좋은 것은, 공판으로 인해 불거진 논란 때문에 교과서 출판업자들과 주 교육 위원회가 어떤 식으로든 진화론을 다루길 꺼리게 되었다는 것이다. 공판 이전과 공판 이후의 고등학교 생물학 교과서들을 조사한 결과, 공판 이후의 생물 교과에서 진화라는 주제가 그냥 사라져 버렸으며 수십 년 동안 가르쳐지지 않았음이 나타났다.[4]

브라이언의 이야기는 많은 사람들이 진화론에 대해 품고 있는 공통된 두려움을 드러내고 있다. 다른 많은 문제들에 대해서는 자유사상을 펼쳤던 브라이언이었지만, 제1차 세계대전 이후에는 진화론에 반대하는 입장을 갖게 되었다. 전쟁 때 그는 군국주의, 제국주의, 우생학, 그리고 "스스로를 우월하다고 여기는 소수의 지성인들, 독단적인 사람들이 짝짓기의 방향을 결정하고,

나아가 인간 집단이 나아갈 방향을 결정하도록 하는 과학적 교배" 계획을 통해서 "개혁의 희망을 마비시키는 것"을 정당화하기 위해 사회다윈주의가 이용되는 것을 목격했다. 브라이언이 이런 견해를 발전시킨 계기가 되었던 책은 곤충학자 버논 L. 켈로그가 1917년에 쓴 책《본부의 매일 밤》이었다. 이 책에서 켈로그는 저녁마다 독일군과 지성계의 지도자들이 고전적인 사회다윈주의를 이용해서 군국주의와 제국주의적 팽창 정책을 정당화하는 얘기들—국가적 적자생존, 우월한 독일 혈통의 개선, 부적격 인종들의 제거—을 듣고 기록해 나갔다.[5]

브라이언은 자신의 신앙과 조국을 걱정하게 되었다. 하지만 그가 적으로 인식했던 것은 독일이 아니라 바로 진화론이었다. "진화 가설이 도달했던 논리적 결론은 성경의 극히 중요한 모든 진리를 의심하는 것입니다." 브라이언은 최종 연설문에 이렇게 적었다. "불가피하지는 않다고 해도 그 가설의 경향은 그것을 실제로 받아들인 사람들을 자연스럽게 처음에는 불가지론으로, 그 다음에는 무신론으로 이끌어 갑니다. 진화론자들은 성경의 진리를 공격합니다. 얼른 보면 분명히 드러나지 않지만, 진화 가설은 '시적', '상징적', '우의적' 같은 교묘한 말들로 인간 창조에 대한 성령의 기록이 가진 의미를 구합니다." 스콥스가 저지른 범죄는 바로 이런 독소를 다음 세대에게 전하는 것이었다.

> 테네시 주 주민들은 이제까지 충분히 참았습니다. 주민들은 때맞춰 행동에 나섰습니다. 만일 세금을 써서 고용한 교사들이 이런

> 파괴적인 교리로 젊은이들을 중독시키도록 놔둔다면, 죽음을 부르는 불가지론과 무신론의 영향으로부터 어찌 사회를, 나아가 교회를 보호하기를 기대할 수 있겠습니까? 기억하십시오. 이제까지 법은 독 같은 교리에 대해 '독'이라는 낱말을 쓰도록 요구하지 않았습니다. 우리 사람의 몸은 지극히 소중하기에 약사와 의사들은 신중하게 모든 독을 적절하게 분류해야만 합니다. 하물며 몸이 그럴진대, 영혼을 죽이는 독으로부터 우리들의 영적인 목숨을 보호하기 위해 그만큼 신중해선 안 될 이유가 뭐겠습니까?

사회다윈주의에 대한 브라이언의 두려움은 건너편에 있는 법률가 때문에 더욱 사무쳤다. 브라이언은 사안을 좁혀 대로를 집중 공격했다. 열네 살짜리 바비 프랭크스를 납치해 끌로 쳐서 죽이고는 '완전 범죄'일 것이라고 생각했던 십 대 청소년 네이선 레오폴드와 리처드 러브를 대로가 변호했던 그 유명하고 소문이 자자한 일에 초점을 맞춘 것이다. 소년들이 살인을 자백한 뒤, 대로는 사건을 맡기로 하고, 사형에서 종신형으로 피고의 형량을 낮추도록 끌어갔다. 그때 대로는 인간 행동을 결정론적 시각으로 바라보았다. "사람은 결코 스스로를 만든 자가 아니기에 다른 여느 기계와 마찬가지로 인과 법칙을 벗어날 힘이 없습니다." 이렇게 대로는 소견을 밝혔다. 말하자면 그 소년들은 살인에 대한 궁극적인 책임이 없다는 것이었다. 왜냐하면 인간의 의지는 허구이기 때문이었다. "범죄든 뭐든 각각의 행동은 어떤 원인을 따릅니다. 주어진 조건이 같으면 항상 같은 결과가 나올 것입니다."[6] 대로는 레오폴드와 러브 자신들도 희생자라고 주장했다. 더 나아가 그 공판은 우리의 행동이란 환경적 영향의 산물이라고 주장할 수 있는 발판 구실을 해 주었다.[7] 그런 대로가 이젠 데이턴에서 진화론을 변호하고 있는 것이다. 법률가들이 우리 모두는 그저 "유전의 법칙에 의해 고정된 운명의 강제를 받는" 야만적인 짐승의 혈통을 이어받은 자손들에 불과하며, 따라서 우리의 행동에 대해서 도덕적 책임을 물을 수 없다고 변론을 펼치는 미래의 모습이 브라이언의 머릿속에 그려졌다. 브라이언으로서는 도저히 참을 수가 없었을 것이다. 만일 진화론이 인정받는다면, 그것은 "책임감이란 책임감은 죄다 파괴해 버릴 것이며, 이 세상의 도덕을 위협할 것"이었다.

이 사람이 바로 위대한 대의를 품은 그 '위대한 서민Great Commoner'■이었다. 노동자를 옹호하고 금 본위제를 공격했던 것으로 유명한 사람이었다. 그는 이렇게 선언했다. "여러분은 이 가시 면류관을 노동자의 이마에 눌러 씌워서는 안 됩니다. 여러분은 황금 십자가 위에서 사람을 처형해서는 안 됩니다."[8] 그리고 두말할 나위 없이 브라이언은 진화론을 가르치는 것을 과학 대 종교의 전쟁으로 보았다.

■ 'Great Commoner'는 서민의 선함과 옳음을 굳건히 믿는 정치인을 이르는 말이라고 한다. 보통 정치인에 대해 쓸 때에는 '위대한 하원 의원'으로 번역하지만, 여기서는 '서민'의 뜻을 살려 '위대한 서민'으로 번역했다.

진화론은 지금 종교와 전쟁을 하고 있습니다. 종교는 초자연적이기에, 진화론은 계시 종교인 기독교의 무도한 적입니다. 이제 이 모든 문제의 결론이 무엇일지 들어 보기로 합시다. 과학은 자연의 힘에는 더할 나위 없이 적합하지만, 도덕을 가르치지는 못합니다. 과학은 정교하고 웅장한 선박을 지을 수 있으나, 사람이라는 배를 뒤흔드는 폭풍과 싸울 도덕의 키를 만들어 내지는 못합니다. 더군다나 과학은 필요한 영적인 요소를 내어 놓지도 못할뿐더러, 증명되지 않은 몇 가지 가설들은 선박에서 나침반까지 강탈해 버려, 결국 선박에 실은 화물까지 위태롭게 합니다.

우뚝한 사람이 토해 낸 드높은 언사였으나, 그가 주장한 과학과 종교의 전쟁은 사실이 아니었다. 진화를 받아들인다고 해서 도덕과 윤리를 내팽개쳐야 하는 것도 아니고, 진화를 거부한다고 해서 도덕과 윤리의 가치 불변이 보장되는 것도 아니다. **우리는 이 종교라는 가시 면류관을 교육의 이마에 눌러 씌워서는 안 된다. 우리는 종교라는 황금 십자가 위에서 과학을 처형해서는 안 된다.**

사람들이 진화론을 받아들이지 못하는 다섯 가지 이유들

'다윈의 불독' 토머스 헨리 헉슬리는 이렇게 선언했다. 《종의 기원》은 "뉴턴의 《자연철학의 수학적 원리》 이후, 지식의 영토를 확장하는 도구로서 이제까지 사람이 손에 넣은 것 중 가장 막강한 도구이다." 그리고 이렇게 탄식했다. "여태 그걸 생각 못 했다니 얼마나 어리석기 그지없는가!" 에른스트 마이어는 이렇게 단언했다. "인류 역사상 다윈 혁명이야말로 가장 위대한 지성의 혁명이었다는 주장을 논박하기는 힘들 것이다." 스티븐 제이 굴드는 전체 서구 사상사에서 가장 중요한 여섯 가지 발상 중 하나가 바로 진화론이라고 얘기했다. 리처드 도킨스는 외계의 지적 생명체와 우리가 대화를 나눌 만한 공통된 기반이 무엇일지 모색하다가 '진화'라는 답을 내렸다. 왜냐하면 진화는 우주 전역에서 공통적인 '범우주적인 진리'이기 때문이다.[9]

진화론이 그처럼 심오하며 증명된 이론이라면, 진화론이 참임을 받아들이지 않는 사람들이 왜 있을까? 진화론에 반감을 느끼는 한 가지 원인은 '받아들이다'라는 동사와 '믿다'라는 동사를 혼동하는 데 있다. 나는 '~을 믿다'라는 보다 일반적인 표현 대신에 '받아들이다'는 동사를 사용한다. 왜냐하면 진화는 섬김과 믿음을 맹세하며 신앙의 대상으로 삼는 무슨 종교적 교의가 아니기 때문이다. 진화는 경험 세계의 사실적 참모습이다. "나는 중력을 믿는다"라고 말하는 사람이 없는 것처럼, "나는 진화를 믿는다"라고 선언할 수는 없다. 그런데 신을 '믿는' 것처럼 진화도 '믿어야' 하리라는 생각에 꼭 붙들려 있다는 것은 진화론에 반감을 느끼는 이유 한 가지에 불과하다. 사람들이 진화론이 참임을 거부하는 특별한 이유는 적어도 다섯 가지가 있다.

1. 과학에 대한 일반적인 반감 때문. 만일 여러분이 어느 과학

이론을 '믿어야' 하는 것으로 생각한다면, 과학과 종교 사이에 갈등이 불거지게 된다. 말하자면 과학 아니면 종교, 어느 한쪽을 선택해야만 하는 처지가 될 것이다. 특히 과학적 발견이 종교 교의를 뒷받침하지 않는 것으로 보이면, 대개 종교인들은 종교의 편에 서고, 비종교인들은 과학의 편에 서곤 한다.

2. 진화가 특정 종교의 교의에 위협이 된다는 믿음 때문. 종교를 믿는 신자들은 이따금 과학을 누르고 종교를 선택하기보다는, 과학을 이용해 종교 교의를 증명하려 들기도 한다. 또는 과학적 성과들을 종교적 믿음에 들어맞게끔 뜯어고치려 들기도 한다. 예를 들어 창세기의 창조 이야기가 지질학적 화석 기록에 정확하게 반영되어 있음을 증명하려다 보니, 결국 많은 창조론자들은 지구의 창조 시점이 지난 1만 년 안에 있다는 결론을 내리게 되었다. 이런 결론은 지구의 나이가 46억 년임을 보여 주는 지질학적 증거와 첨예하게 대립된다. 과학의 성과들이 종교 교리들과 어김없이 부합한다고 고집하게 되면, 결국 과학과 종교 사이에 갈등이 생길 수 있다.

3. 진화가 인간의 가치를 훼손시킨다는 두려움 때문. 우주의 중심에 두었던 우리의 권좌를 코페르니쿠스가 끌어내린 뒤, 다윈은 우리 인간이 '그저' 동물일 뿐이며, 따라서 다른 모든 동물들처럼 우리 역시 동일한 자연법칙과 역사적 힘들에 종속돼 있음을 밝힘으로써 최후의 일격을 가했다. 코페르니쿠스는 이젠 더 이상 논란을 낳지 않는다. 왜냐하면 그의 태양 중심설은 우주에 있는 것들의 상대적인 자리와 위치에 관한 것이기 때문이다. 반면 다

윈의 이론은 여전히 논란거리로 남아 있다. 왜냐하면 바로 인간에 대한 이론, 따라서 우리 자신에 관한 것으로 받아들이기 때문이다.

4. 진화를 윤리적 허무주의와 도덕적 타락과 같게 보기 때문. '의미 없는 삶'에서 비롯하는 어쩔 도리 없는 존재의 어두운 구멍을 힐책하는 것은 사회적 설득력을 발휘하는 강력한 도구가 된다. 여기서 '의미'의 정확한 의미는 누구든 비탄의 삶을 살아가는 자의 몫으로 남겨져 있다. 1991년, 신보수주의 사회 평론가 어빙 크리스톨은 이런 정서를 다음과 같이 깔끔하게 표현했다. "인간의 조건에 한 가지 논란의 여지가 없는 사실이 있다면, 구성원들이 의미 없는 우주에서 의미 없는 삶을 살아가고 있다고 설득 당하게 되면—또는 설사 그런 생각만 들어도—어느 공동체도 살아남을 수 없다는 것이다."[10] 이와 비슷한 두려움을 낸시 퍼시도 제시한 적이 있다. 지적 설계론의 온상인 디스커버리 연구소의 특별 연구원인 퍼시는 미 의회 하원 사법 위원회에서 보고하는 자리에서 "이봐, 너와 나는 포유동물에 불과할 뿐이니 디스커버리 채널에서 동물들이 하는 대로 하자"고 촉구하는 어느 대중가요를 인용하면서, 미국의 법체계는 도덕 원리들에 기초하고 있기 때문에 궁극적인 도덕적 기반을 세우기 위한—그리고 '빌보드 탑 40'을 바꾸기 위한—유일한 길은 법이 '심판받지 않는 심판자', '창조되지 않은 창조자'를 가지는 것이라고 주장했다.[11] 말하자면 의회 곳곳에 신과 물신物神을 자리하게 하자는 것이었다.

5. 진화가 인간이 고정된 본성을 지니고 있음을 함축한다는 두려

움 때문. 앞에서 열거한 진화론을 거부하는 네 가지 이유는 대부분 예외 없이 정치적 우파에서 나온 것들이다. 그런데 이 마지막 이유는 원래 정치적 좌파에서 나온 것이다. 말하자면 인간의 사고와 행동에 진화론을 적용하게 되면, 인간성의 구성틀이 국가의 구성틀보다 더 공고하기 때문에 정치적 정책과 경제적 정책이 실패하고 말 것이라는 두려움을 느낀 자유주의자들에게서 나온 것이다. (나는 이것을 보수주의적 창조론의 도플갱어■인 '자유주의적 창조론'이라고 부른다.)[12]

그러나 이런 두려움을 내비치는 사람들은 정작 진화의 증거에 대해서는 한 마디도 하지 않고 있다. 이것들은 단지 진화를 받아들였을 때 인간의 심리와 행동에 미칠 결과들을 추측한 것에 지나지 않는다. 브라이언처럼, 자연 세계에 대한 과학적 견해를 받아들이는 것은 곧 신에 대한 신앙에 도전하는 것이라는 크나큰 두려움을 떨쳐 내지 못할 사람들, 즉 충직한 신도들은 결코 사라지지 않을 것이다.

그러나 유신론자라면, 신이 '언제' 우주를 만들었는지 문제 삼을 필요가 없다. 1만 년 전이든 100억 년 전이든 상관이 없는 것이다. 0 여섯 개가 차이난다 하더라도 전지전능한 존재에게는

■ 대개 불길한 기운을 풍기며 이야기에 등장하는 상상 속 존재로, 거울에 비친 나처럼 생김새도, 하는 짓도 나와 똑같지만, 거울 속이 아니라 현실 속에서 눈앞에 나타나는 남 또는 다른 무엇을 말한다.

아무 의미도 없는 것이며, 창조가 일어난 시점과는 무관하게 신적 창조의 영광은 얼마든지 찬양할 만한 것이다. 마찬가지로 신이 '어떤 방법으로' 생명을 창조했는지도 문제 삼을 필요가 없다. 기적의 말씀을 통해서든, 그분이 창조한 우주의 자연 힘들을 통해서든 상관이 없는 것이다. 그분이 사용했던 과정과는 무관하게 신의 작품이 풍기는 웅장함은 경외감을 자아낼 만한 것이다. 4,000년 동안 우리는 많은 것을 알게 되었으며, 그 지식은 결코 겁내거나 부정할 필요가 없다. 유신론자와 신학자들은 과학, 특히 진화론을 보듬어야 한다. 왜냐하면 이제까지 진화론을 비롯하여 과학이 해 온 일들은 우리의 고대 조상들이 꿈도 못 꿨을 깊이에서 신성의 웅대함을 계시한 것이기 때문이다.

더욱 큰 위협

하지만 오늘날엔 이보다도 더 큰 위협이 진화론에 가해지고 있다. 그 위협은 진화를 거부하는 사람들에게서 나온 것이 아니라, 진화를 오해하는 사람들에게서 나온 것이다. 진화에 대해서 잘 아는 사람은 극히 적다. 그렇기 때문에 진화를 받아들이지 않는 사람들이 다른 사람들로 하여금 진화론을 의심하도록, 심지어 부정까지 하도록 부추기는 일이 더욱 쉬워진다.[13] 예를 들어 보자. 2001년 어느 여론 조사 결과, 조사 대상의 4분의 1은 자기가 진화를 받아들이는지의 여부를 말할 만큼 충분히 진화론을 알지는 못한다고 응답했다. 스스로 진화론을 "아주 잘 알고 있다"고 여기는 사람은 34퍼센트에 불과했다. 진화론을 놓고 논란이 심하기 때문에, 공립학교 과학 교사들은 학생들과 학부모들 사이에 이는 불편함을 감수하기보다 으레 그 주제를 완전히 빼 버린다. 가르치질 않으니 배우는 것도 없다.[14]

진화는 "단지 이론일 뿐"이라는 주장을 비롯하여, 과학적 방법을 단지 실험실에서 하는 실험으로만 국한시키려는 태도, 나아가 자연계에서 출현하는 질서는 어느 것이나 설계와 초자연적 설계자의 존재를 증명한다는 주장에 이르기까지, 현대의 지적 설계론 운동이 붙들어 온 것은 바로 이런 진화에 대한 오해였다. 진화의 정확한 의미에 확신을 못하는 사람들에게 특히 호소력을 가지는 논증이 바로 마지막에 거론한 논증이다. 생명에 대한 지적 설계가 있다고 가르치는 게 무에 그리 잘못된 것인가? 우주에서 지적 설계자를 찾고 싶어 하는 것이 무슨 잘못이란 말인가?

세상을 만든 설계자를 찾아서

32,000년 전부터 사람이 있었다. 사람이 살 세계를 준비하기 위해 1억 년이 걸렸다는 건 세계가 만들어진 목적이 무엇인지를 보여 주는 증거이다. 잘은 몰라도 나는 그렇게 생각한다. 만일 지금 에펠 탑이 세계의 나이를 표상하는 것이라면, 탑 꼭대기에 있는 첨탑 마디 표면의 페인트 껍질은 사람이 있어 온 세월을 표상할 것이다. 그렇다면 누구든지 그 페인트 껍질이 바로 탑이 세워진 목적이었다고 인식할 것이다. 잘은 몰라도, 나는 사람들이 그럴 것이라고 생각한다.

마크 트웨인, 〈세계는 사람을 위해 만들어졌을까?〉(1903)

⚜

당신은 왜 신을 믿습니까?

나는 어른이 되고 대부분의 세월 동안 사람들에게 이 물음을 물어 왔다. 1998년, 프랭크 설로웨이와 나는 만 명의 미국인을 대상으로 수행한 설문 조사에서 좀더 공식적인 형태로 사람들에게 이 물음을 던졌다. 아울러 다른 물음도 함께 던졌다. "당신은 다른 사람들이 왜 신을 믿는다고 생각합니까?" 우리가 받은 응답 중에서 몇 가지를 아래에 간추려 보았다.

> 22세의 남성. 법대생. 보통 수준의 종교적 신념(종교적 신념을 묻는 9점 만점의 자가 진단표에 5점을 매겼다). 종교적으로 매우 독실한 부모의 양육을 받았으며, 지금은 스스로를 이신론자理神論者라고 부른다. 그는 이렇게 적었다. "저는 창조주를 믿습니다. 왜냐하면 우주의 존재를 달리 설명할 방도가 없는 것 같기 때문입니다." 그러나 다른 "사람들은 자신들의 삶에 목적과 의미를 부여하

고자 신을 믿습니다."

43세의 여성. 의사. 종교적 신념의 정도를 묻는 9점 만점의 자가 진단표에 3점을 매겼다. 그녀는 자기가 신을 믿는 이유를 이렇게 말했다. "저는 제 자신과 제 인생에서 평화와 고요를 경험합니다. 그 경험을 하고자 마음먹을 때마다 그것은 언제나 거기 있습니다. 제게 이것은 신적인 지성, 보다 높은 힘, 만물의 하나 됨을 보여주는 증거입니다." 그러나 "제 생각에 사람들이 신을 믿는 까닭은 대부분 신을 믿으라고 배웠기 때문입니다. 사실 그들은 직접 경험을 한다기보다는, 그냥 믿는 것입니다."

43세의 남성. 컴퓨터 과학자. 종교적 신념이 매우 강한 가톨릭 신자(9점 만점에 9점을 매겼다). 그는 이렇게 말했다. "저는 개인적으로 마음이 돌아서는 경험을 했습니다. 그때 저는 신과 직접적으로 접촉했습니다. 이때 마음이 돌아선 경험, 그리고 현재에도 기도할 때 계속되는 신과의 접촉이 제 신앙의 유일한 기초를 형성하고 있습니다." 하지만 다른 사람들이 신을 믿는 까닭은 "(a) 그렇게 훈육을 받았기 때문에, (b) 교회에서 편안함을 느끼기 때문에, (c) 내가 했던 것과 같은 접촉을 원하기 때문입니다."

36세의 남성. 저널리스트. 복음주의 기독교 신자. 스스로의 종교적 신념의 정도에 8점을 매겼다. 그는 이렇게 적었다. "제가 신을 믿는 까닭은 제게는 우주의 지적 설계자가 존재한다는 증거가 풍부하게 있기 때문입니다." 그러나 "다른 사람들이 신을 받아들이는 까닭은 순전히 자기들 인생을 사는 내내 평안을 원하는 정서적 욕구 때문이며, 지적 능력을 써서 자기들이 고수하는 신앙을 검토하는 경우는 거의 없습니다."

40세의 여성. 간호사. 가톨릭 신자. 매우 강한 종교적 신념(9점 만점에 9점을 매겼다). 그녀는 이렇게 말했다. "제가 신을 믿는 까닭은 제 영적인 스승께서 보여 주신 본보기 때문입니다. 신을 믿으셨던 그분은 사람들에 대해 무조건적인 애정을 가지셨으며, 타인의 복을 위해 스스로를 완전히 헌신하셨습니다. 그분이 걸었던 길을 제가 따르면서, 지금 저는 타인들을 훨씬 잘 보살핍니다." 반면 "제 생각에 사람들이 처음에 신을 믿는 까닭은 부모들 때문입니다. 사람들이 자기만의 길을 가기 시작하지 못하면—그 길을 가게 되면 사람들은 인생에서 영적인 부분에 많은 노력을 기울입니다—사람들은 계속해서 두려움 때문에 믿게 됩니다."

당신은 왜 신을 믿습니까?

자기가 신을 믿는 까닭과 다른 사람들이 신을 믿는 까닭이라고 생각하는 것에서 나타난 차이에 주목한 설로웨이와 나는, 설문조사에서 받은 응답지 전부를 광범위하게 분석하기로 결정했다. 나아가 우리는 가족 사항, 종교적 배경, 개인의 성격, 기타 종교적 믿음과 회의懷疑의 정도를 결정하는 다른 인자들에 대해서도 조사를 수행했다. 그 결과 우리는 신에 대한 믿음을 결정하는 가장 강력한 일곱 가지 예측 인자들을 찾아냈다.

1. 종교적 방식의 양육
2. 부모의 신앙심
3. 낮은 교육 수준
4. 여성
5. 대가족
6. 부모와 갈등을 겪지 않음
7. 나이가 어림

요컨대 대가족에서 태어난 여성이 종교적 부모 밑에서 자라면 종교적이 될 가능성이 높고, 교육 수준이 높고 부모와 갈등을 빚는 남성이 나이가 많을수록 종교적이 될 가능성이 줄어드는 것으로 보인다.[1] 나이가 들수록, 교육 수준이 높을수록, 사람들은 다른 믿음 체계들을 접하면서 개인과 사회의 다양한 영향과 종교적 믿음들 사이의 연관성을 보게 된다. 이런 점을 고려하면 우리가 관찰했던, 자기가 믿는 이유와 다른 사람의 믿음에 부여하는 이유 사이의 차이를 설명하는 데 도움이 된다.

예비 조사에서 받았던 응답지들을 토대로, 우리는 자기 믿음의 이유와 다른 사람의 믿음에 부여하는 이유를 열한 가지 범주로 나눈 분류표를 작성했다. "당신은 왜 신을 믿습니까?"라는 물음에서 가장 많이 나온 응답 다섯 가지는 다음과 같다.

1. 세계나 우주의 훌륭한 설계 · 자연적 아름다움 · 완전함 · 복잡성 때문 (28.6%)
2. 일상생활에서 신을 경험한 때문 (20.6%)
3. 신을 믿으면 마음이 편해지고 구원의 느낌이 들고 위안이 되며, 삶의 의미와 목표를 주기 때문 (10.3%)
4. 성경이 그리 말하기 때문 (9.8%)
5. 그냥 믿고 싶어서, 신앙 때문, 무언가를 믿고 싶은 욕구 때문 (8.2%)

"당신은 다른 사람들이 왜 신을 믿는다고 생각합니까?" 라는 물음에 가장 많이 나온 응답 여섯 가지는 다음과 같다.

1. 신을 믿으면 마음이 편해지고 구원의 느낌이 들고 위안이 되며, 삶의 의미와 목표를 주기 때문 (26.3%)
2. 종교적인 사람들은 신을 믿도록 키워졌기 때문 (22.4%)
3. 일상생활에서 신을 경험한 때문 (16.2%)
4. 그냥 믿고 싶어서, 신앙 때문, 무언가를 믿고 싶은 욕구 때문 (13.0%)
5. 죽음과 미지未知가 두렵기 때문 (9.1%)
6. 세계나 우주의 훌륭한 설계 · 자연적 아름다움 · 완전함 · 복잡성 때문 (6.0%)

신을 믿는 까닭으로 제시된 것 중에서 지적인 면에 기초한 이유들—"우주의 훌륭한 설계 때문"과 "일상생활에서 신을 경험한 때문"—이 자기 자신의 믿음을 기술하는 경우에는 1위와 2위를 차지했다가, 다른 사람들의 믿음을 기술하는 경우에는 6위와 3위로 하락했다는 점을 눈여겨보라. 다른 사람들의 믿음을 생각할 경우, 가장 많이 나온 이유 두 가지가 감정에 기초한 (그리고 두려움을 피하기 위해서라는!) 이유들이었다. 즉, 개인적인 위로("마음이 편해지고 구원의 느낌이 들고 위안이 된다.")와 사회적 위로("신을 믿도록 키워졌다.")가 그것이다.

설로웨이와 나는 이 결과들이 '내 생각은 지성적이라고 여기는 성향intellectual attribution bias'을 보여 주는 증거라고 믿는다. 말하자면 자기 믿음은 합리적인 동기를 가지고 있다고 생각하는 반면, 다른 사람들은 감정에 이끌려 신을 믿는다고 생각한다는 뜻이다. 유비되는 예가 있다. 대개의 경우 자기가 어떤 정치적 신념에 마음을 쏟는 까닭은 합리적 판단으로 돌리고("나는 총기 규제에 찬성한다. 왜냐하면 총을 가진 사람이 줄어들면 범죄도 줄어든다는 점을 통계가 보여 주기 때문이다."), 같은 주제에 대한 다른 사람의 의견은 욕구나 감정적 이유로 돌린다("저 사람이 총기 규제에 찬성하는 이유는 자기를 희생자와 동일시하고자 하는 약자 우선의 자유당원이기 때문이다"). '내 생각은 지성적'이라고 여기는 이런 성향은 생각의 주제가 신일 때에도 똑같이 나타나는 것 같다. 눈에 보이는 우주의 훌륭한 설계, 일상 활동에서 지각된 보다 높은 지성의 작용, 이것들은 지적인 면에서 믿음을 강력하게 정당화해 주는 것들이다. 그러면서 우리는 다른 사람들이 신을 믿는 까닭에 대해서는 서슴없이 감정적 욕구와 집안의 양육 탓으로 돌려 버린다.

설계를 찾도록 설계된 것은 아닐까?

'내 생각은 지성적이라고 여기는 성향'은 아마 진화의 소산일 것이다. 세계가 훌륭히 설계되었으며 따라서 세계란 설계자의 작품이라고 지각하는 것, 나아가 일상사에서 신의 섭리를 보는 것마저도 아마 뇌가 자연 속 패턴을 찾아내는 일에 적응한 소산일 수 있다. 우리는 패턴을 좇고 패턴을 찾는 동물이다. 이런 생각을 뒷받침해 주는 조사 결과들은 무수히 많다. 그 가운데 스튜어트 바이스와 루스 헬처가 수행한 실험이 하나 있다. 실험에서 피험자들은 어느 비디오 게임에 참여했다. 게임의 목표는 방향키를 써서 매트릭스 격자 공간에서 커서의 경로를 찾아내는 것이었다. 한쪽의 피험자 집단은 격자 공간의 오른쪽 아래 지점까지 가는 길을 성공적으로 찾아냈을 때 점수를 얻었고, 두 번째 피험자 집단은 무작위적으로 점수를 얻었다. 이어서 두 집단에게 자신들이 어떤 식으로 점수를 받았는지 기술해 줄 것을 부탁했다. 첫 번째 집단의 피험자 대부분은 점수를 매기는 패턴을 찾아내 정확하게 기술했다. 이와 비슷하게 두 번째 집단의 피험자 대부분도 점수를 매기는 '패턴'을 찾아냈다. 그런 패턴이 전혀 없었는데도 말이다.[2]

자연 속에서 패턴 찾기는 진화의 측면에서 설명할 수 있을 것이다. 곧 세계에서 혼돈 대신 질서를 찾아내는 쪽이 생존을 보장받는다는 것이다. 위협 상황(싸울 것인가 도망칠 것인가)과 안심 상황(보듬을 것인가 먹어 버릴 것인가)을 분별하는 능력, 바로 이것 때문에 우리 조상들은 생존해서 번식할 수 있었다. 지금의 우리는 우리 종에서 패턴 찾기에 가장 성공한 성원들의 후손이다. 달리 말하면, 진화에 의해서 우리는 설계를 지각하도록 설계되었다는 것이다. 얼마나 앞뒤가 맞는 설명인가!

1859년 찰스 다윈이 설계의 자연적 기원, 곧 '아래에서-위로' 이루어지는 설계의 기원을 설명해 내기 전까지, 표준이 되는 설명—대부분의 역사에서, 대부분의 문화에서, 대부분의 사람들이 되돌아가고 또 되돌아가곤 했던 설명이다—은 두말할 나위 없이 신이었다. 사람들이 자기가 신을 믿는 까닭으로 제시한 이유 중 가장 많이 나온 것이 세계의 훌륭한 설계였다. 지적 설계 창조론자들은 생명과 우주에 대해서 대부분의 사람들이 가지고 있는 바로 그 직관적인 이해를 활용하고 있는 것이다.

그러나 이 논증에는 논증의 시도 전체를 무너뜨릴 심층적인 결함이 하나 있다. 만일 세계가 복잡하며 난해하게 설계된 것처럼 보인다면, 그래서 어떤 지적 설계자가 있어야 한다는 게 최선의 추론이라면, 지적 설계자 자신도 설계되었다고 추론해야 하지 않을까? 예를 들어서, 만일 설계의 표시가 곧 지적 설계자의 존재를 함축한다면, 지적 설계자의 존재는 반드시 상위의 어떤 설계자, 곧 초 지적 설계자가 있어야 함을 표시할 것이다. 이와 똑같은 추리를 적용하면, 초 지적 설계자를 창조할 수 있는 설계자, 곧 초-초 지적 설계자도 있어야 할 것이다.

한도 끝도 없다. 따라서 우리가 다시 돌아갈 곳은 바로 자연 세계이며, 자연현상을 자연적으로 설명할 길을 찾아내야 한다.

셔머의 마지막 법칙: ID, ET, 신

어느 날, 나는 우리가 지적 설계자를 찾아 나서게 되면 무엇을 발견하게 될까 생각해 보다가, 문득 아서 C. 클라크의 유명한 제3 법칙을 떠올렸다. "기술이 충분히 진보하면 마술과 구분할 수 없다."[3] 그러자 나는 충분히 진보한 외계의 지적 생명체Extra-Terrestrial Intelligence(ETI)라면 그것과 구분하지 못할 것이 무엇일지 생각해 보게 되었고, 그 결과 '셔머의 마지막 법칙'을 정형화하게 되었다. 그 법칙은 다음과 같다. **충분히 진보한 외계의 지적 생명체는 신과 구분할 수 없다.**[4]

대부분의 서양 종교에서는 신을 전지하고 전능하다고 기술한다. 우리로서는 전지전능함이라는 게 어떤 것인지 조금도 알지 못하기 때문에, 절대적인 전지전능함을 가진 신, 우리에 비해 많은 지식과 능력을 가진 외계의 지적 생명체, 이 둘을 과연 어떻게 구분할 수 있을까? 말하자면 우리는 절대적인 전지전능함과 상대적인 전지전능함을 구분하지 못할 것이다. 그런데 만일 신이라는 게 오직 우리보다 상대적으로만 더 지식과 능력이 많을 뿐이라면, 분명 그분은 ETI일 것이다! 이런 생각에서 나는 지적 설계자, 외계의 지적 생명체, 신(최소한 우리 세계의 일부인 어느 신) 사이에는 아무런 차이도 없다는 결론에 도달했다. 이 결론은 다음에 열거한 관찰과 연역으로부터 도출되었다.

관찰: 기술의 진화에 비해 생물의 진화는 빙하의 행보만큼이나 느리다. 왜냐하면 생물의 진화는 다윈식 진화이며, 따라서 세대를 이어 가는 차별적 번식 성공을 이룰 필요가 있는 반면, 기술의 진화는 라마르크식 진화이며, 따라서 같은 세대 내에서 변화가 유전되기 때문이다.

관찰: 우주는 대단히 크고 공간은 거의 비어 있다. 따라서 우리가 외계의 지적 생명체와 접촉할 가능성은 요원하다. 예를 들어 보자. 태양을 기점으로 우리가 가장 멀리 보낸 우주 탐사선 보이저 1호의 속력은 초속 17.246킬로미터이다. 광속은 초속 300,000킬로미터이기 때문에, 보이저 1호의 속력은 광속의 0.0000574퍼센트이다. 우리 태양계와 가장 가까이에 있는 알파 켄타우루스 항성계는 4.3광년 떨어져 있다. 말하자면 설사 시속 약 62,085킬로미터라는 무시무시한 속력으로 여행한다고 해도 보이저 1호가 알파 켄타우루스 항성계에 도달하려면 74,912년이 걸릴 것이라는 뜻이다(게다가 보이저 1호는 그곳을 향해 가고 있지도 않다).[5]

연역: 그러므로 우리보다 약간 더 진보한 외계의 지적 생명체와 접촉할 확률은 사실상 제로이다. 설사 우리가 외계의 지적 생명체와 조우한다고 해도, 그건 100만 년 전의 호모 에렉투스를

맨해튼 한복판에 떨어뜨려 놓고 컴퓨터와 휴대 전화를 주고는 호모 사피엔스 사피엔스와 소통하라고 지시하는 것이나 다를 바가 없을 것이다. 이 초기 인류의 눈에 비친 우리처럼, 우리 눈에는 외계의 지적 생명체가 신처럼 보일 것이다.

관찰: 지난 세기에 과학과 기술이 우리 세계를 변화시킨 정도는 그 이전 100세기 동안의 변화보다 더 컸다. 수레에서 비행기까지 오는 데 1만 년이 걸렸지만, 동력 비행에서 달 착륙까지는 66년밖에 걸리지 않았다. 18개월마다 컴퓨터 성능이 두 배로 높아진다는 무어의 법칙은 지금도 기세가 꺾이지 않았으며, 지금은 오히려 그 간격이 1년 정도로 줄어들고 있다. 레이 커즈와일 같은 컴퓨터 과학자들의 계산에 따르면, 제2차 세계대전 이후 컴퓨터 성능의 배증倍增은 서른두 차례 있었다. 그리고 이르면 2030년에 특이점을 만날 수도 있다고 한다. 특이점이란, 총 연산 능력이 까마득히 높은 수준까지 도달해, 그 능력이 거의 무한에 가깝다고 생각할 만한 정도의 지점을 이르는 말로, 상대적으로 말해서 전지함omniscience과 구분할 수 없는 지점이다(omniscience의 접미사가 '-science'임에 주목하라!).[6] 이 일이 일어나면, 10년 동안 일어날 세계의 변화는 그 이전 1만 년 동안의 변화보다 더 클 것이다.

연역: 이 추세를 멀리 10만 년이나 100만 년 뒤로 외삽해 보면(이 정도 시간은 진화의 시간 척도로 따지면 눈 깜박할 순간이며, 외계의 지적 생명체가 얼마나 큰 진보를 이루었을지 실질적인 잣대가 되어 줄 것이다[7]), 우리에게 외계의 지적 생명체가 얼마나 신에 가깝

게 보일지 생각만 해도 속이 울렁거리고 정신이 아찔해진다.

우리 주변 세계를 극히 단순하게 과학적으로 설명하는 지적 설계의 탐구를 끝까지 밀고 나가게 되면, 자연스럽게 외계의 지적 생명체를 발견하게 될 수밖에 없다. 지적 설계를 옹호하는 자들이 발견하게 될 것은(무얼 발견하기라도 한다면) DNA, 세포, 복잡한 유기체, 행성, 별, 은하계, 그리고 아마 우주까지 주무를 능력을 가진 외계인일 것이다. 오늘날의 우리가 겨우 지난 반세기 동안에 발전되었던 과학기술로 유전자를 처리하고, 포유동물들을 복제하고, 줄기세포를 조작할 수 있음을 염두에 두고, 과학기술에서 우리 인간과 동등한 발전 지수로 10만 년을 앞선 외계의 지적 생명체가 어떤 일을 해낼 수 있을지 생각해 보라. 우리보다 100만 년이 앞선 외계의 지적 생명체라면 행성과 별의 창조를 주무르는 일이 아마 실행 가능할 것이다. 그리고 만일 일부 우주론자들의 생각처럼 붕괴하는 블랙홀들에서 우주들이 탄생한다면, 충분히 진보한 외계의 지적 생명체가 우주까지 창조해 낼 수 있으리라고 생각하지 못할 것도 없다.

우주, 별, 행성, 생명을 주무를 수 있을 지적 존재를 과연 우리는 무엇이라고 부를까? 그런 능력의 밑바탕에 깔린 과학과 기술을 안다면, 그 존재를 외계의 지적 생명체라고 부를 것이지만, 밑바탕에 깔린 과학과 기술을 우리가 모른다면, 그 존재를 지적 설계자라고 부를 것이다. 또한 과학을 떠나 신학적으로만 생각한다면, 우리는 그 존재를 신이라 부를 것이다.

그래서 지적 설계론은 싱거운 과학이며, 형편없는 신학이기도 하다. 지적 설계론은 신을 고작 엔지니어, 정비공, 기술자 정도로 환원시킨다. 말하자면 쓸 수 있는 재료들로 세계와 생물들을 조립하는 자, 그러나 반드시 원래 재료들의 창조자일 필요는 없는 자로 격하시키는 것이다. 이것은 기원후 325년에 개최된 1차 니케아 공의회에서 공식화된 신경信經에서 일깨워진 성령이 결코 아니다. 니케아 신경은 다음과 같은 말로 글을 열고 있다. "우리는 단 한 분의 신을 믿습니다. 하늘과 땅을 지으신 분, 눈에 보이는 것과 보이지 않는 모든 것을 지으신 분, 전능하신 아버지 하느님을 믿습니다."

1981년 아칸소 주의 창조론 공판에 대해 호소력 있는 이야기를 쓰기도 했던[8] 개신교 신학자 랭던 길키는 고전적인 저서 《하늘과 땅을 지으신 분》에서, 윌리엄 페일리가 한창 이름을 날리던 시절부터 줄곧 자연신학자들이 취했던 접근법을 거부한다. 그는 이렇게 적었다. "기독교의 창조 교리에서 신은 만물의 근원이시며 무無에서 창조하신 분이다. 따라서 기독교의 신 관념은, 단순히 사람처럼 생각해 인간의 기술을 우주에 투사하는 원시적 관념과는 거리가 멀며, 인간의 기술을 바탕으로 한 직접적 유비는 모두 철저하게 거부한다." 말하자면 신은 단순한 지적 시계공과는 거리가 멀며, 무로부터 창조하신 "모든 존재의 초월적 근원"이라는 말이다. 길키—나는 이 사람의 신학을 높이 평가한다—에게 신에 대한 인식은 "자연과 유한한 존재의 일반 경험을 조심스레 과학적으로 또는 형이상학적으로 분석하는 데서 나오는 것이 아니라, 신과 특별한 만남을 이루는 계시의 경험에서 비롯한 밝은 깨침에서 나온다."[9]

사람들이 신을 믿는 이유를 물은 우리의 설문 조사에서 자기가 신을 믿는 이유로 제시한 이유 중에서 두 번째로 많은 응답이 일상생활에서 신을 경험하기 때문이었음을 상기해 보자. 지적 설계 창조론이라는 배배 꼬인 논리와 비뚤어진 과학이 아닌 깊이 있고 진실한 신학을 이루는 것이 바로 이 이유이다. 이는 독일의 위대한 신학자 폴 틸리히가 행했던 형태의 신학이다. 틸리히는 한때 이렇게 말했다. "신은 실존하는 분이 아니시다. 신 자체는 본질과 실존을 넘어서 계신 분이다. 그러므로 신이 실존한다고 논하게 되면 그분을 부정하는 것이다."[10]

우리가 신을 어떤 사물, 말하자면 공간과 시간 속에 실존하는 어떤 존재자로 생각한다면, 우리의 세계, 곧 자연법칙과 우연성의 제약을 받는 다른 사물들과 존재자들의 세계로 신을 가두는 것이다. 그러나 신이 하늘과 땅의 눈에 보이거나 보이지 않는 모든 사물들과 모든 존재자들을 지으신 분이라면, 신은 그런 구속을 벗어나 있어야만 한다. 다시 말해서 자연법칙과 우연성을 넘어서 있어야 한다. 틸리히는 이렇게 설명한다. "신이 실존하느냐를 묻는 물음은 물을 수도 답할 수도 없는 물음이다. 묻게 되면, 바로 그 본성상 실존을 넘어서 있는 것을 묻는 것이며, 따라서 부정하든 긍정하든 대답을 하게 되면 필히 신의 본성을 부정하는 것이다. 신이 실존하심을 부정하는 것만큼이나 긍정하는 것도 무신론적이다. 신은 스스로-있음이지, 있는 무엇이 아니다."[11]

신이 계시다면, 그분께로 가는 길은 과학과 이성을 통한 길이 아니라, 신앙과 계시를 통한 길이다. 신이 계시다면, 그분은 과학으로는, 특히 자칭 지적 설계론이라 부르는 과학으로는 결코 도달할 수 없는 완전한 타자他者일 것이다.

지적 설계론자들을 잠재우는 열 가지 논증

사실들에 의해 충분히 뒷받침되지 않는다면서 의기양양하게 진화론을 거부하는 자들은 자기들이 내세우는 이론이 전혀 사실들에 의해 뒷받침되지 못한다는 것을 까맣게 잊고 있는 것 같다.

허버트 스펜서, 《과학, 정치, 사변에 관한 시론》(1891)

♱

신학 대신 지적 설계론의 '과학'에 대해서 창조론자들과 논쟁하는 것은 문제가 많다. 그래서 내가 그 슬기를 더없이 소중히 여기는 스티븐 제이 굴드나 리처드 도킨스 같은 친구와 동료들은 그러지 말라고 나를 만류했다. 그들은 진화의 실재는 논쟁의 여지가 없는 것이라고 주장한다. 맞는 말이다. 그 문제는 한 세기 전에 이미 해결되었다. 그들은 또한 진화가 어떤 식으로 일어나는지를 놓고 벌어지는 무수한 논쟁은 모두 충분히 과학의 정상적인 경계 안에 자리한다고 말한다. 말하자면 어느 경우가 되었든, 공개 토론은 해당 과학 이론의 타당성이 어떻게 결정되는지를 다루는 논쟁이 아니기 때문에, 논쟁에 참여하게 되면 진화가 논쟁의 여지가 있다는 잘못된 메시지를 대중에게 전하는 꼴이 될 수 있다는 것이다.

그러나 공개 토론을 삼가게 되면 지적 설계론 운동을 저지하지 못하며, 더군다나 진화가 논쟁의 여지가 없음을 대중이 스스로 판단하지 못하게 한다. 예를 들어 보자. 2004년 어느 화창한 봄날 저녁의 서던캘리포니아에서, 나는 어빈의 캘리포니아 대학교에 위치한 400석 규모의 물리학 강연장에 들어갔다. 강연장에는 500명의 사람들이 꾸역꾸역 들어차 있었다. 내가 그곳에 간 까닭은 어린지구 창조론자이자, 근본주의 신앙의 옹호자인 구제불능에 무사태평한 인물 켄트 호빈드와 논쟁하기 위해서였다. 그는 내가 그때껏 만나 본 사람 중에서 제일 말을 빨리 하는 사람이었다. 그날 저녁 그 자리의 안건은 이 논란의 문제를 정의하는 것이었다. **곧 창조론 대 진화론: 창조**(초자연적 작용), **진화**(자연의 과정), **이 가운데 어느 쪽이 더 나은 설명인가?** 다른 많은 과학자들과는 달리, 나는 진화론 대 지적 설계론 논쟁에 참여해야 할 합당하고 중요한 이유가 있다고 생각한다.

1. 논쟁은 어떤 식으로든 벌어질 것이다. 따라서 논쟁의 자리엔 과학적 전문 지식과 경험을 갖춘 누군가가 참석하는 편이 바람직하다. 나아가 논쟁의 전문 지식과 경험까지 갖추고 과학적 사실들을 제시하는 데서 그치지 않고, 외교 수완, 재치, 온정까지 발휘할 수 있다면 더욱 좋을 것이다.

2. 지난 세기 동안 진화론과 창조론이 이목을 끌었던 것만큼 매체의 많은 주목을 받게 되는 논란의 경우, 공개적인 담화나 논쟁에 참여하기를 거부하면 그 사람 입장에 약점이 있는 것으로 오해를 받을 수가 있다. 바로 이런 점이 이제껏 지적 설계론 옹호자들이 판을 벌일 빌미가 되어 주었다.

3. 논쟁을 하면 양편은 누구나 볼 수 있게 자기들이 쥔 패를 내놓을 수밖에 없다. 지적 설계 창조론자들에겐 과학이라고 꺼내 놓을 만한 것이 없기 때문에, 논쟁을 하면 깔끔한 파워포인트 슬라이드를 보인다고 과학인 것은 아님을 사람들에게 보여 줄 기회를 갖게 된다. 존 스튜어트 밀은 1859년 고전적인 연구서《자유에 대하여》에서 이렇게 논했다. "의견을 표현하지 못하도록 입을 다물게 하는 것은, 바로 인류에게서, 그리고 지금 세대는 물론 후세대에게서, 그 의견을 지지하는 사람들보다는 반대하는 사람들을 훨씬 더 많이 빼앗아 없애 버리는 특별한 해악을 저지르는 짓이다. 그 의견이 옳다면, 인류는 진리를 위해 오류를 주고받을 기회를 박탈당하는 것이고, 그 의견이 그르다면, 더없이 큰 혜택이라 할 만한, 진리가 오류와 충돌하면서 생겨나는 진리에 대한 보다 명쾌한 지각과 보다 생생한 인상을 잃어버리는 것이다."[1]

4. 논쟁은 사람들에게 과학과 진화를 교육시킬 기회가 된다. 앞에서 논의했던 것처럼, 진화의 과학, 그리고 지적 설계론의 신학에 대한 뒤죽박죽된 오해가 탄탄한 이해를 훨씬 압도하고 있다. 일반적으로 보면 세계는 충직한 신자, 관망하는 자, 회의주의자, 이렇게 세 부류의 사람들로 나눌 수 있을 것이다. 종교적으로 충직한 신자들은 눈앞에 무슨 증거를 갖다 보여 주든 상관없이 결코 마음을 바꾸지 않을 것이며, 과학을 포용하는 회의주의자는 이미 진화를 받아들인 사람이다. 싸움터는 바로 관망하는 자들을 위한 것이다. 그들은 어떤 주장이나 논란에 대해서 들은 바가 있어서 그것을 설명할 방도를 궁금해 하는 사람들이다. 훌륭한 설명이 없

으면, 사람 마음이란 눈앞에 제시된 설명이 얼마나 개연성이 있는지는 상관하지 않고 그 설명을 붙들기 마련이다.

진화론과 지적 설계론의 논쟁에서 특히 의미 있는 것이 바로 넷째 이유이다. 19세기에 진화생물학 이론이 전개되기 전, 지구상의 종의 분포에 대한 기준적인 설명은 신에 의한 독립적인 창조와 노아의 홍수였다. (종교적인 설명에 보다 회의적인 한 줌의 과학자들이 종 분포의 양상을 설명한 방도는 라마르크식 진화, 그리고 대륙과 섬을 연결했던 오래전에 사라진 육교陸橋였다.) 그러나 찰스 다윈과 앨프레드 러셀 월리스가 변종들이 각기 다른 지역들로 이동하면 자연선택에 의해 서로 다른 종으로 변화됨을 입증한 뒤에는, 기존의 초자연적 설명을 포기하고 사실에 근거한 자연적 설명의 편에 설 수 있었다. 논쟁을 벌이면, 우리는 겉보기에는 초자연적인 설계의 현상처럼 보이는 것도 사실상 완벽하게 합리적으로 자연적 설명을 할 수 있음을 관망하는 자들에게 보여 줄 기회를 갖게 된다.[2]

논쟁에 앞서: 회의주의의 여섯 가지 원리

회의주의, 곧 생각이 깊은 탐구는 과학적으로 생각하는 하나의 길이다. 시험 가능한 지식 체계인 과학은 응용 회의주의이다. 과학적 조사의 한복판에는 특정 논증과 증거를 검토하기에 앞서 그 주장의 타당성을 평가하는 데 도움이 되는 수많은 회의주의 원리들이 자리하고 있다. 앞으로 지적 설계론의 다양한 논증들을 샅샅이 훑어 나갈 때 아래에 열거한 여섯 가지 회의주의 원리들이 도움이 될 것이다.

흄의 공리: 어느 쪽이 더 가능성이 큰가?

1758년 스코틀랜드의 철학자 데이비드 흄은 그의 가장 영향력 있는 저서인 《인간 오성에 관한 연구》를 출간했다. 흄은 너무 개연성이 떨어지고 비정상적이어서 기적이라 할 만한 사건을 내세우는 주장을 만났을 때, 다음 중에서 어느 쪽이 더 가능성이 클지 살필 것을 요구한다. 곧 자연법칙을 거슬러 어떤 초자연적인 작용이 일어났다는 것, 또는 그런 작용을 기술하는 사람들이 그 사건의 초자연적인 본성을 평가할 때 실수를 했다는 것, 이 둘 가운데 어느 쪽이 더 가능성이 큰가? '흄의 공리'는 흄 자신의 말로 가장 잘 정의할 수 있다. "명백한 결론은 다음과 같다(그리고 이는 우리가 주목할 만한 일반적 공리이다). '증언이 거짓일 가능성이 그 증언이 입증하고자 하는 사실보다 더 기적적이라고 할 수 있는 경우가 아니라면, 그 어떤 증언도 기적을 입증하기에는 충분치 못하다.'"

이렇게 말한 다음, 흄은 어느 쪽이 더 가능성이 큰지 헤아린다. "누가 와서 자기는 죽은 사람이 다시 살아난 것을 보았다고 내게 말한다면, 나는 즉시 어느 쪽이 더 가능성이 있을지 곰곰 생각할 것이다. 곧, 이 사람이 나를 속이려거나 다른 사람에게 속은 것은 아닌지, 또는 그 사람이 말한 사실이 정말로 일어났던 것인지를 따져 볼 것이다. 나는 하나의 기적을 다른 기적과 견주어 보다가 기적의 성격이 더 큰 것을 찾아내고 나서야 내 판정을 말할 것이다. 나는 언제나 기적의 성격이 큰 것을 거부할 것이다. 만일 그 사람의 증언이 거짓일 가능성이 그 사람이 말한 사건보다 더 기적적이라면 바로 그럴 경우에만 그 사람은 나의 믿음이나 의견이 잘못이라고 주장할 수 있다."[3]

진화론-지적 설계론 논쟁은 결국 다음 중 어느 쪽이 더 가능성이 있는지를 묻는 흄의 물음으로 귀결된다. 우리가 주변에서 보는 생명의 다양성과 복잡성은 우리가 관찰할 수 있는 자연법칙에 의해 생겨난 것인가, 아니면 우리가 관찰할 수 없는 어떤 지적 설계자에 의해 초자연적으로 생겨난 것인가? 19세기의 사회다윈주의자 허버트 스펜서는 이 물음에 대해 다음과 같이 수사학적으로 대답했다. "이 천만 가지 종을 가장 합리적으로 설명하는 이론이 무엇일까? 천만 가지 종이 특수창조되었다는 것일까? 아니면 주변 환경의 변화로 변형이 연속적으로 일어나면서 천만 가지 변종들이 생겨났으며, 지금도 변종들이 계속해서 생기고 있다는 것일까?"[4] 좋은 물음이다.

아는 것과 모르는 것: 무엇이 이 세상 밖에 있다고 말하기 전에, 먼저 그것이 이 세상에 없는 것임을 확실히 하라.

창조론자들과 지적 설계론자들은 이것저것 따지지 않고 이 세계 밖에서 작용하는 초자연적인 힘들로 자연현상을 설명한다. 이런 생각을 따른다면, 자연 세계 안에선 의학적 치료법을 찾을 도리가 전혀 없다. 말하자면 우리가 가진 의학 지식을 깡그리 내팽개치고 그 어떤 치료법도 쓰지 않은 채 순수하게 기도에만 매달려야 하는 것이다. 그러나 의학은 진화론을 비롯한 다른 과학과 마찬가지로 자연현상에 대한 자연적인 설명을 다루는 학문이며, 그 자연 세계에 대한 이해가 미숙하다고 해도, 우리는 먼저 우리가 아는 것, 곧 자연 세계에서 답을 찾아야만 한다. 우리가 모르는 어떤 것만이 유일하게 생명의 복잡성과 다양성을 설명해 줄 수 있다고 가정하기 전, 먼저 우리가 알고 있는 힘들과 과정들로는 생명의 복잡성과 다양성을 설명해 낼 수 없음을 입증해 보여야만 한다.

증명의 부담: 상궤를 벗어난 주장일수록 상궤를 벗어날 정도의 증거가 필요하다.

다윈이 처음에 자연선택에 의한 진화를 주장했을 당시, 그 주장은 상궤를 벗어난 주장이었기 때문에, 다윈은 그것을 뒷받침할 상궤를 벗어날 정도로 훌륭한 증거를 내놓아야 할 필요가 있었다. 다윈은 그리 했고, 그 이후 계속해서 증거는 쌓여 왔다. 오늘날에는 증명의 부담이 창조론자들과 지적 설계론 옹호자들에게 있다. 곧 위대한 권능과 지능을 가진 초자연적 존재가 자연법칙 대신에 또는 자연법칙을 거슬러서 어떤 초자연적인 일을 수행했다는 상궤를 벗어난 주장에 대해 상궤를 벗어날 정도로 훌륭한 증거를 제시해야 하는 몫이 그들에게 있다는 것이다. 그러나 아직까지 그들은 그리 하지 않고 있다.

이것 아니면 저것, 양자택일의 오류: A를 논박한다고 해서 B를 증명하는 것은 아니다.

양자택일의 오류는 A와 B, 이렇게 두 입장만이 있기 때문에 A가 그르면 B가 옳아야 한다고 잘못 가정하는 것이다. 여기서 오류는 A의 신뢰를 해친다고 해서 B가 입증되는 건 아니라는 것이다. A와 B가 모두 그르고, 제3의 대안이 옳을 수도 있다. 창조론자들이 생명은 신에 의해 창조되었거나 자연적으로 진화했다고 주장할 때 바로 양자택일의 오류를 저지르는 것이다. 그들은 창조론이 참이라는 결론을 도출하기를 바라는 마음으로 진화론의 신뢰를 무너뜨리려고 애를 쓰고 있다. 하지만 과학에서는 인정받은 이론이 그릇되었음을 밝히는 것만으로는 충분하지 않다. 옛 이론으로 설명되었던 '정상' 데이터는 물론 옛 이론으로는 설명되지 못했던 일부 '이상' 데이터까지도 설명하는 이론으로 그 이론을 대체해야만 한다. 예를 들어, 나와 켄트 호빈드의 논쟁이 끝날 즈음, 한 청중이 호빈드에게 이렇게 물었다. "창조를 뒷받침하는 최고의 증거가 무엇입니까?" 호빈드는 이렇게 대답했다. "그 반대(진화)가 불가능하다는 것입니다." 그 간단한 진술에서 호빈드는 창조론과 지적 설계론이 저지른 과학적 죄를 자백한 것이었다. 진화론을 논박한다고 해서 창조론이 증명되는 것은 아니라는 것임을.

화석의 오류: 데이터 하나만으로는 과학이 되지 못한다.

창조론자들과 논쟁을 하다 보면, 진화를 증명하는 "중간 화석 하나만"을 요구하는 말을 자주 듣는다. 말하자면 화석 기록상의 공백을 공략하는 것이다. 그런데 내가 중간 화석을 제시해 공백을 채우면—예를 들어 고대의 육상 포유류와 현대의 고래 사이의 중간 화석인 암불로케투스 나탄스*Ambulocetus natans*를 답으로 제시하면—그들은 이제 화석 기록상에 공백이 두 개가 있다고 응수한다! 영리하긴 하지만, 인식론적으로 내가 '화석의 오류'라고 부르는 깊은 오류를 드러내고 있다. 곧, '화석 하나'나 데이터 한 조각이 어떤 다종다양한 과정이나 역사적 과정의 증명을 구성한다는 믿음이 그것이다.[5]

증명은 단 한 조각 증거를 통해 나오는 것이 아니라, 수많은 가닥의 탐구에서 나온 증거들이 수렴하면서 모든 증거가 확고한 하나의 결론을 가리키는 데서 나오는 것이다. 진화가 일어났음을 우리가 아는 근거는 암불로케투스 나탄스 같은 중간 화석 하나 때문이 아니라, 지질학, 고생물학, 생물지리학, 비교해부학과 생리학, 분자생물학, 유전학 따위의 다양한 과학 분야에서 나온 증거가 수렴하기 때문이다. 예를 들어 고생물학자 도널드 프로시로는 수렴 기법을 적용해서, 육상 포유류와 고래 사이에 최소한 여덟 단계의 중간 화석이 있다는 것 외에, 살아 있는 표본들에서 추출한 DNA를 조사한 결과 현대의 고래가 '우제류偶蹄類'라고 부르는 발굽이 짝수인 포유류에서 유래했음을 보여 주었다. 그 결과 고래는 하마와 유연관계가 가장 가까운 것으로 밝혀졌다.[6]

어느 한 분야에서 이룬 발견 하나만으로 진화를 증명해 내지도 못한다. 많은 데이터가 함께 모여, 생명이 어떤 특정 과정으로 특정 순서대로 진화했다는 결론으로 수렴하기 때문에, 세계에 대한 우리의 이해에서 진화론은 남다른 경계표가 되어 준다.

방법론적 자연주의: 어떤 기적도 허용하지 않는다.

시드니 해리스가 그린 몹시 신랄한 만평 하나를 보자. 두 명의 과학자가 방정식이 가득 쓰인 칠판 앞에 서 있다. 칠판 한복판에 "그런 다음 기적이 일어난다"는 말이 보인다. 그림 아래 적힌 글에서 한 과학자가 다른 과학자에게 이렇게 말하고 있다. "여기 2단계를 좀 더 명확히 해야 할 것 같은데요." 이것이 바로 우리가 '공백의 신 논증'이라고 부르는 것이다. 곧, 과학 지식에 공백이 있는 것처럼 보이는 곳은 모두 신이 기적을 끼워 넣은 곳이라는 뜻이다. 지적 설계론자들의 논증은 다음과 같은 모습을 띤다.

· X는 설계된 것처럼 보인다.
· 나는 X가 자연스럽게 설계될 만한 것인지 알 수가 없다.
· 따라서 X는 초자연적으로 설계된 것이 틀림없다.

이는 아이작 뉴턴 시대의 '평면의 문제'와 비견될 만한 것이다. 모든 행성들이 평면(황도면)에 놓여 있고, 같은 방향으로 태양 둘레를 공전한다. 뉴턴은 이런 배열이 너무 믿기지 않는다고 생각하여 권위서 《자연철학의 수학적 원리》의 끝머리에서 이를 설명할 한 가지 방도로 신에게 호소했다. "태양, 행성들, 혜성들로 이루어진 이 극히 아름다운 계는 지력과 능력을 갖춘 어떤 존재의 말과 손의 보살핌을 받아야만 운행할 수 있을 것이다."[7] 그런데 지금은 창조론자들이 이 논증을 더 이상 사용하지 않는 까닭이 무엇일까? 왜냐하면 천문학자들이 자연적 설명으로 그 공백을 메웠기 때문이다.

이 과정을 일컫는 전문 용어가 '방법론적 자연주의'이다. 지적 설계론자들은 이 용어를 줄기차게 입에 올린다. 방법론적 자연주의는 생명이란 초자연적인 힘의 도입을 허용하지 않는, 또는 필요로 하지 않는 물질적 인과 관계의 계에서 자연적 과정에 의해 생겨난 결과라고 본다. 지적 설계론 운동의 창시자인 버클리의 캘리포니아 대학교 법학 교수 필립 존슨은《심판대의 다윈》에서, 과학자들이 오로지 자연적 원인만을 찾으면서 신을 부당하게 전체 그림 밖으로 밀어내 버린다고 비난하고, 자연 세계에서 초자연적인 힘이 작용하거나 초자연적인 존재가 개입하고 있다고 가정하는 과학자들은 게임의 기본 규칙에 지나지 않는 것을 어겼답시고 과학의 경기장 밖으로 쫓겨나고 있다고 주장했다. 존슨은 게임의 규칙을 바꿔 '방법론적 초자연주의'가 허용되기를 원하고 있다.

좋다. 그렇게 규칙을 바꿔서 과학에서 방법론적 초자연주의를 허용해 보도록 하자. 그렇다면 과학이 어떤 모습을 띨까? 과학은 어떻게 이루어지게 될까? 초자연주의로 무엇을 하게 될까? 논증을 위해 이렇게 가정해 보자. 지적 설계론자들이 갑자기 지적 설계자가 정확히 어떤 식으로 활동하는지 궁금해한다고 해 보자. 원래의 경기 규칙에 초자연주의를 허용하는 추가 규칙이 만들어지자 이제 과학의 경기장에 입장이 허락된 연구자들은 경기 중에 타임아웃을 부르고 이렇게 외친다. "그런 다음 기적이 일어납니다." 이제 우린 무엇을 해야 할까? 앞으로의 실험들을 모두 중단해야 할까? 과학자가 하는 일을 과학이라 이른다면, 그런 초자연적인 설명으로 과학자들은 무엇을 해야 할까? 공백의 신 논증에 대해 나는 이렇게 응수한다. "여기 2단계를 좀 더 명확히 해야 할 것 같은데요."

설사 지적 설계론 옹호자들이 기꺼이 설계자 찾기를 계속한다손 치더라도, 만일 설계를 설명해 줄 새로운 자연의 힘을 발견한다면 어떻게 될까? 그들은 그 힘을 무엇으로 볼까? 자연의 힘으로 여길까, 아니면 초자연적인 힘으로 여길까? 19세기에 전자기력이 발견되고, 20세기에 약한 핵력과 강한 핵력이 발견되었을 때, 과학자들은 그 힘들을 초자연적인 힘들로 보지 않았다. 그냥 기존에 알려진 자연의 힘들에 보태 넣었을 뿐이다. 만일 지적 설계론자들이 생명에 대한 자연적 설명을 제공하려는 어떤 시도도 하지 않을 생각이라면, 그들은 과학까지도 버리는 것이다.[8]

초자연적인 것이나 초상적인 것 따위는 없다. 있는 것은 오직 자연적인 것, 정상적인 것, 그리고 우리가 아직 설명 못하는 수수께끼들뿐이다.

지적 설계론 최고의 논증들에 대한 진화론의 대답

이제까지 봐 온 것처럼, 창조론자들과 지적 설계론자들은 진화를 논박하려고 수십 가지 논증을 만들어 냈다. 대부분의 논증은 공백을 메워 줄, 그야말로 무의미하기 이를 데 없는 한 조각 데이터 찾기에 기대고 있다. 그런데 최근에 그들이 학교 교실과 교육 위원회에서 성공을 거둔 데는 과학의 언어를 사용해서 데이터가 진화론보다는 지적 설계론을 뒷받침한다고 주장한 것이 컸다. 이 자리에서 나는 그들이 내놓은 논증 가운데 가장 설득력이 있고, 또 가장 많이 사용하는 논증 열 가지를 제시하겠다. 각각의 논증을 소개한 다음, 우주와 생명의 기원과 진화에 관한 최신 과학 이론들을 근거로 한 진화론의 대답을 뒤이어 제시했다.[9]

1. 인간 원리: 우주는 생명에 맞게끔 미세 조정되어 있다.

먼저 창조론자들과 지적 설계론자들이 갈무리해 둔 논증 가운데 내가 가장 훌륭한 과학적 논증이라 여기는 것부터 시작하기로 하자. 그 논증은 다음과 같다. 우주는 생명을 떠받치기 위해 미세하게 조정되어 정교하게 균형을 이루고 있다. 우주의 물리적 매개변수 수치나 초기 조건들을 아주 조금만 바꿔도 생명은 불가능해질 것이다. 미세 조정되어 있음은 곧 미세 조정자, 다시 말해서 지적 설계자, 신이 있음을 함축한다.

일류 과학자들도 우주의 이런 조건에 대해서 많은 말을 남겼다. 스티븐 호킹 같은 저명한 과학자도 이런 말을 했다.

> 우주가 재붕괴와 무한한 팽창 사이의 경계선에 그처럼 가까이 있는 이유가 무엇일까? 지금의 우리 우주처럼 그 경계선 가까이에 있기 위해선, 애당초 팽창률이 환상적으로 정확하게 선택되었어야만 했다. 대폭발이 있고 1초 뒤의 팽창률이 10^{10}분의 1이라도 작았다면, 몇 백만 년 뒤에 우주는 붕괴하고 말았을 것이다. 또 대폭발이 있고 1초 뒤의 팽창률이 10^{10}분의 1이라도 컸다면, 몇 백만 년 뒤에 우주는 그야말로 텅 빈 우주가 되었을 것이다. 둘 중 어느 쪽도 아니라야, 우주는 생명이 발생할 때까지 충분히 오래 지속되었을 것이다. 따라서 과학자는 인간 원리에 호소하거나, 아니면 왜 우주가 지금의 모습대로 있는지 특별한 물리적 설명을 찾아내야만 한다.[10]

초자연적인 것에 호소하는 '인간 원리'라는 게 무엇일까? 《우주의 인간 원리》에서 물리학자 존 배로와 프랭크 티플러는 인간 원리를 이렇게 정의한다. "사람이 우주에 적응한 것만은 아니다. 우주 또한 사람에 적응한다. 기본적인 무차원 물리 상수들 중 어느 것이 몇 퍼센트만이라도 크거나 작게 변경된 우주를 상상해 보자. 그런 우주에서 사람은 결코 생겨날 수 없을 것이다. 바로 이것이 인간 원리의 핵심이다. 이 원리에 따르면, 세계의 전체적 구조와 설계의 중심에 생명을 낳는 인자가 자리하고 있다."[11] 물론 과학에서는 사람이 우주의 중심이라는 생각이 별 실적을 못 거뒀다. 그러나 이 자리에선 코페르니쿠스의 조건은 제쳐 놓고, 오늘날의 천문학을 살펴보기로 하겠다.

영국의 왕립 천문학자인 마틴 리스 경은 이렇게 논한다. "단순한 대폭발로부터 우리가 출현한 것은 여섯 가지 '우주 수들'과 민감하게 관련되어 있었다. 이 수들이 '잘 조정되지' 않았다면, 점진적으로 커져이 복잡성이 펼쳐지는 과정은 힘을 잃고 말았을 것이다."[12] 그 여섯 가지 우주 수는 다음과 같다.

Ω(오메가)=1. 우주에 있는 물질의 양. 만일 오메가가 1보다 컸다면 오래전에 우주는 붕괴했을 것이고, 오메가가 1보다 작았다면 어떤 은하계도 형성되지 못했을 것이다.

ε(엡실론)=0.007. 원자핵을 단단히 묶어두고 있는 정도. 만일 엡실론이 0.006이나 0.008이었다면, 지금 모습대로 물질이 존재할 수는 없었을 것이다.

D=3. 우리가 사는 차원의 수. 만일 D가 2나 4였다면, 생명은 존재할 수 없었을 것이다.

N=10^{36}. 중력의 세기 대 전자기력의 세기 비율. 0 몇 개만이라도 적었다면, 우주는 생명이 진화하기에 너무 어리거나 너무 작았을 것이다.

Q=1/100,000. 우주의 짜임새. 만일 Q가 이보다 작았다면 우주는 특징이 없었을 것이며, Q가 이보다 컸다면, 우주는 거대한 블랙홀로 점령되었을 것이다.

λ(람다)=0.7. 우주 상수, 또는 '반중력'. 우주가 어느 정도의 가속도로 팽창하도록 하는 힘. 만일 람다가 이보다 컸다면, 별도 은하계도 형성되지 못했을 것이다.

이 관계를 바꿔 버리면, 별, 행성, 생명은 존재할 수 없을 것이다. 따라서 이 세계는 그냥 모든 가능한 세계 중에서 최선의 세계인 것이 아니라, 유일하게 가능한 세계이다. 게다가 기막힌 수학 실력으로 빚어진 세계이기도 하다. 지적 설계론자들은 이 수들을 '복잡하고 특수한' 수로 여긴다. 따라서 미세 조정된 인간 원리는 설계의 증거이다.[13]

진화론의 대답: 먼저, 우주는 그렇게 생명에 맞게끔 미세 조정되지 않았다. 우주의 대부분은 텅 빈 공간이고, 우주에 존재하는 적은 물질마저도 대부분은 대개의 행성을 비롯하여 생명에도 전혀 호의적이지 않다. 우주의 137억 년 역사에서 수십억 년 동안 생명을 위한 인간 원리는 존재하지 않았다. 우주가 생명에 맞게끔 미세 조정된 것은 최근에서도 극히 짧은 시간대에서나 이루어졌다. 게다가 우주의 극히 작은 부분만이 생명에 호의적이다. 존 배로와 동료 존 웹도 이른바 자연의 '상수들'—광속, 중력 상수, 전자의 질량—이 항상 같은 값을 가지지 않을지도 모른다고 지적한다. 말하자면 대폭발 이후 현재까지 변화를 거듭하다가 바로 지금에 와서야 우주가 미세 조정되었다는 것이다.[14]

둘째, 우리 우주가 우리에 맞게 미세 조정된 것(강한 인간 원리)이 아니라, 우리가 우주에 맞게끔 미세 조정되어 있다(약한 인간 원리). 다른 형태의 물리에 기초해서 우리와는 전혀 다른 생명체가 있을 가능성은 얼마든지 있다. 칼 세이건이 즐겨 지적했다시피, 우리는 배타적 탄소애자들carbon chauvinists이다. 다시 말해서 다른 원소들(이를테면 실리콘)에 기초한 생명이 전적으로 가능하다고는 해도, 우리가 아는 것은 오직 한 가지 유형, 즉 탄소에 기초한 생명뿐이기 때문에, 우리로선 화학적으로 달리 생각하기가 어렵다는 것이다.

셋째, 우리 우주는 생각처럼 예외적인 우주가 아닐 수도 있다. 예를 들어 끈 이론은 10^{500} 가지 가능한 세계를 허용한다. 그 세계들은 모두 나름의 일관된 법칙과 상수들을 가지고 있다.[15] 1 다음에 0이 500개나 붙은 가짓수의 가능한 우주가 있다는 소리이다(1다음에 0이 12개가 있으면 1조임을 생각해 보라!). 만일 그렇다면, 그처럼 많은 우주에 지적 생명체가 없다면, 그것이야말로 기적일 것이다. 물리학자이자 천문학자인 빅터 스텐저는 컴퓨터 모델을 하나 만들어서, 서로 다른 100개의 우주만 놓고 우리 우주와는 다른 상수 조건—우리 우주의 상수 값들보다 위로는 50배 더 큰 값에서 아래로는 50배 더 작은 값까지—일 때 어떤 모습을 보일지 분석했다. 그 결과 빅터는 모델 속 우주들의 최소한 절반에서(매개 변수의 폭은 넓었다) 생명을 낳는 무거운 원소들을 만들어 내는 데 필수적인 최소한 10억 살은 되는 별들이 출현할 것임을 발견했다.[16]

넷째, 앞으로 대통일 물리 이론이 발견되면 나올 모든 미세-조정 방정식들과 관계식들의 바탕에는 하나의 기본 원리가 있을 수 있다. 대통일 이론에서는 여섯 가지 수수께끼의 수가 아니라 오직 한 가지 수만 있을 것이다. 여기서 회의주의의 두 번째 원리를 기억하는 게 좋을 것이다. **무엇이 이 세상 밖에 있다고 말하기 전에, 먼저 그것이 이 세상에 없는 것임을 확실히 하라.** 아원자 입자들의 양자 세계와 일반상대성의 우주 세계를 연결하는 물리학의 통일 이론이 나오기 전까지는, 인간 원리를 설명하기 위해 자연을 초월한 무언가가 있다고 결론을 내릴 수는 없다.

다섯째, 우리가 사는 곳은 '다중 우주multiverse'일 수 있다. 다중 우주에서 우리 우주는 각각 자연법칙이 다른 수많은 거품 우주 가운데 하나에 불과하다. 우리 우주와 같은 물리적 매개 변수들을 가진 우주들에서는 생명이 발생할 가능성이 높다. 우주론자들은 수많은 거품 우주들 사이에서 일종의 자연선택이 작용하고 있을 거라는 생각까지 한다. 말하자면 우리 우주와 같은 매개 변수들을 가진 우주가 생존할 가능성이 더 높다는 것이다. 인플레이션 우주론에 따르면, 블랙홀은 붕괴할 때마다 특이점으로 붕괴한다. 바로 이런 특이점에서 우리 우주가 생겨났을 것이다. 우리 우주에서 별이 블랙홀로 붕괴할 때마다, 블랙홀의 '저편'에서는 새로운 아기 우주가 탄생할 것이다. 이제까지 붕괴된 블랙홀이 족히 수십억 개는 되기 때문에, 거품 우주도 수십억 개가 있을 수 있다. 초기 조건과 물리 법칙이 우리 우주에 있는 것 같은 별들을 만들어 내지 못하는 우주들은 블랙홀을 가지지 못할 것이며, 따라서 생명을 낳는 우주들을 더는 번식시키지 못할 것이다. 매개 변수들이 우리 우주와 같은 거품 우주들은 생명을 가진 우주를, 그리고 아마 신과 진화를 인식할 만큼 충분히 큰 뇌를 가진 복잡한 생명체까지 가진 우주들을 탄생시킬 가능성이 높다.[17] 이 얼마나 우아하게 앞뒤가 맞는 생각인가!

이와는 약간 다른 시나리오를 살펴보자. 여기서 우주는 공간의 양자 거품 속 요동에서 탄생한다(밝혀진 바에 따르면 양자 수준에서 우주 공간은 텅 비어 있는 것이 아니며, 순수한 에너지가 물질을 낳을 수 있다). 스티븐 호킹은 인간 원리 문제의 답으로 새로운 아기 우주도 이와 똑같은 방식으로 태어날 수 있다고 추측했다. "양자 요동은 꼬마 우주들의 자발적인 탄생으로 이어진다. 바로 무無로부터 탄생하는 것이다. 대부분의 우주들은 무로 붕괴한다. 그러나 임계 크기에 도달한 일부는 인플레이션 방식으로 팽창할 것이며, 은하계와 별들, 그리고 아마 우리 같은 존재를 빚어낼 것이다."[18] 사실 우주에 대한 우리의 지식이 확장되면서 자연스럽게 도달한 다음 단계의 우주관이 바로 다중 우주이다. 지구에서 태양계로, 태양계에서 은하계로, 은하계에서 우주로, 그리고 우주에서 다중 우주로 이어지는 것이다. 말하자면 지구가 중심에 있고, 별과 행성들은 수정 천구에 바짝 붙어 지구를 공전하고 있으며, 이 모두가 창조된 시점은 지난 만 년 이내라는 중세적 세계관을 뒤엎은 코페르니쿠스의 혁명으로부터, 은하수 은하계가 우리가 아는 전체 우주이며, 이것이 탄생된 시점은 지난 수백만 년 이내라는 이른 현대의 세계관으로, 거기서 다시 약 137억 년 전에 탄생한 우주가 가속 팽창하고 있다는 현대의 세계관으로, 그리고 나이가 무한할 것이며, 아마 무한한 수의 우주가 담겨 있을 다중 우주의 세계관으로 이어져 온 것이다.

마지막으로, 우주에 대해서 지금 우리가 알고 있는 것에 비추어 볼 때, 웅대한 다중 우주 내에서 둥지를 틀고 있는 무한하다고 할 가짓수의 우주 가운데 하나의 우주에서, 또 그 안에 자리한 수천억 개의 은하계 가운데 하나의 은하계에서, 또 그 안에 자리한 약 2,000억 개의 별 가운데 하나의 별 주위를 돌고 있는 하나의 행성에서, 또 그 행성에 살고 있는 수천만 종의 생물 가운데에서 오로지 하나의 종만을 위해 이 모든 것이 탄생했다고 생각한다면, 그것은 옹졸할 정도로 편협하고 인간 중심적이랄 정도로 눈이 먼 생각이다. 다음 중 어느 것이 더 가능성이 있겠는가? 우주가 오직 우리들을 위해서 설계되었다는 것, 아니면 우리가 우주를 볼 때 우리만을 위해 설계된 것으로 볼 뿐이라는 것 중에서.

2. 설계 추론: 자연적으로 설계된 것과 지적으로 설계된 것 사이에는 뚜렷한 차이가 있다.

러시모어 산은 전체가 자연 물질(암석)로 이루어져 있다. 그러나 러시모어 산 화강암에 새겨진 네 명의 미국 대통령 얼굴 상이 자연의 힘으로 침식되어 설계되었다고 추론하는 사람은 아무도 없을 것이다. 이것이 바로 지적 설계론자들이 '설계 추론'이라고 부르는 또 하나의 주요 논증을 보여 주는 예이다. 이 논증의 뿌리는 류트 제작자,■ 그리고 윌리엄 페일리의 시계공 논증이다. 물론 설계된 것처럼 보이는 것들을 자연의 힘으로 설명할 수 있는 예는 많이 있다. 이를테면 하와이 마우이의 이아오밸리 주립 공

■ 류트는 기타를 닮은 현악기. 4세기의 교부 나지안주스의 그레고리 Gregory of Nazianzus가 신과 류트 제작자(또는 류트 연주자), 세계와 류트의 유비를 써서 신 존재를 논증한 것을 말한다.

원의 암층은 존 F. 케네디 대통령의 옆모습을 놀라울 정도로 빼다 박았으며, 화성 표면의 침식된 산을 조잡한 저해상도로 보면 사람 얼굴처럼 보인다. 서던캘리포니아의 134번 고속도로 외곽, 이글록 시를 내려다보는 지점에 있는 독수리바위가 그렇고, 테네시 주의 빵 굽는 사람이 발견한 테레사 성녀를 닮은 '수녀의 빵 Nun Bun', 플로리다 주 클리어워터의 한 은행 건물 옆면과 시카고의 어느 고속도로 지하도 벽면, 또는 라스베이거스의 어느 카지노의 치즈 샌드위치 위에 나타난 성모 마리아 모양의 얼룩들이 바로 그렇다. 그것들은 전적으로 자연의 힘으로만 만들어졌지만, 그 배후에 어떤 지적 설계자가 있다고 추론하는 사람을 찾아보기는 힘들다(성모 마리아 얼룩은 예외가 될 수 있다. 일부 독실한 신자들은 기적에 의한 성모 마리아의 현현顯現으로 여긴다). 자연적인 설계와 인위적인 설계를 우리는 어떻게 구분할 수 있을까?

"설계론자들은 인과 관계에 대한 현재의 지식을 기초로 해서 선행하는 지적 원인을 추론한다." 과학사학자이자 지적 설계 옹호자인 스티븐 메이어는 이렇게 적고 있다. "따라서 설계 추론은 모든 역사과학에서 사용하는 표준적인 동일과정론적 추리 방법을 쓰며, 그 결과 많은 추론에서 예사롭게 지적 원인을 포착해 낸다." 예를 들어 고고학자들은 통계와 물리적 기준들을 동원해서 자연물과 인공물을 판별한다. 따라서 충분히 이렇게도 말할 수 있다. "지적 작용자들은 자연이 갖지 못한 고유한 인과력을 가지고 있다. 오직 작용자들만이 만들어 낼 수 있다고 우리가 알고 있는 결과들을 관찰할 때, 설사 그 결과를 초래한 특정 작용자의 행위를 우리가 관찰하지 못한다 하더라도, 선행하는 어떤 지성이 존재한다고 생각한다면 그건 올바른 추론이다."[19] 지적 설계론자들은 DNA의 우아함, 균일함, 정교함을 지적한다. 곧 피라미드처럼 DNA 또한 자연적으로 설계된 것이 아니라는 얘기이다. 지적으로 설계된 것으로 보이면, 지적으로 설계되었다는 소리이다.

진화론의 대답: 그러나 설계 추론은 주관적이다. 어떤 때는 명백하지만, 어떤 때는 그렇지 않다. 돌과 시계의 차이는 명백하다. 반면 300만 년 전에 오스트랄로피테쿠스가 만든 깬석기와 그냥 돌의 차이는 명백하지 않다. 또한 설계 추론은 주장에 따라 특수한 의미를 갖는다. 예를 들어 깬석기의 경우, 돌의 양면이 대칭적으로 쪼개졌다면, 그것은 자연적으로 쪼개졌다기보다는 지적으로 설계되었을 가능성이 더 크다. 그럼에도 불구하고 고고학자들은 잘못된 긍정을 내릴 가능성이 있음을 인정한다. 모든 고고학적 문제에 적용할 확실한 설계 추론 알고리듬은 없다. 하물며 모든 과학 분야에 적용할 설계 추론 알고리듬이 있을 턱이 없다. 어떤 돌이 우연히 쪼개진 것인지 지적으로 설계된 것인지 결정할 때 고고학자들이 사용하는 기준들은 우주에서 날아온 신호가 자연적인지 인위적인지 결정할 때 천문학자들이 사용하는 기준들과 완전히 다르다.

둘째, 우리는 사람이 만든 인공물을 접한 경험을 기초로 자연도 지적으로 설계된 것으로 지각한다. 우리는 사람이 만든 인공물이 지적으로 설계되었음을 안다. 왜냐하면 그것들이 만들어지는 과정을 관찰하고, 널리 제작자들과 접한 경험이 있기 때문이다. 반면 우리는 사람이 아닌 지적 설계자와 접한 경험이 전혀 없고, 초자연적인 작용자를 접한 경험도 없다. 다만 설계된 것처럼 보이는 대상들에 대한 우리의 현재 지식에 공백이 있다는 이유로 어떤 초자연적인 존재를 추론할 뿐이다. 회의주의의 원리, 곧 **어떤 기적도 허용하지 않는 방법론적 자연주의**는 이런 초자연적 지적 설계 추론을 논박한다. 무엇이 어떻게 자연적으로 만들어졌는지 아직 이해하지 못한다고 해서 초자연적으로 창조되었다는 뜻은 아니다.

마지막으로, 우리는 설계를 추론할 때 신중을 기해야 한다. 왜냐하면 우리 문화에서 지적으로 설계된 인공물을 접한다는 것은, 지적 설계가 존재하지 않는 것에서도 지적 설계를 보게끔 우리 눈이 치우칠 수 있음을 뜻하기 때문이다(예를 들어 성모 마리아의 현현이라고 여기는 것들). 다윈이 시계공 논증의 잘못을 폭로하기 오래전, 계몽 철학자 볼테르는 고전 소설 《캉디드》에서 이 문제를 "형이상학-신학적 우주론" 교수인 팡글로스 박사의 입을 빌어 이렇게 풍자했다. "이는 사물들이 다른 식으로 있을 수 없음을 입증했다. 세상 만물은 어떤 목적을 위해 만들어졌기 때문에, 필연적으로 최선의 목적을 위해 있는 것이다. 안경을 쓸 수 있게끔 만들어진 코를 보라. 그래서 우리에게 안경이 있는 것이다. 다리는 반바지를 입기에 시각적으로 알맞게 만들어졌다. 그래서 우리에게 반바지가 있는 것이다."[20]

3. 설명의 거르개: 자연적 설계와 지적 설계를 판별하기 위한 도구로

서, 복잡한 특수 정보와 설계는 오직 지적 설계자로만 설명할 수 있음을 보여 준다.

이것은 수학자 윌리엄 뎀스키가 고안해 낸 것으로, '설명의 거르개'를 통해 지적 설계와 자연적 설계를 구별할 수 있다고 주장한다. 뎀스키는 이렇게 물었다. "어떤 사건, 물체, 또는 구조를 설명해 달라는 요청을 받았을 때, 우리가 내려야 할 결정이 하나 있다. 과연 우리는 그것을 필연이나 우연, 또는 설계 중 어느 것에 귀속시킬 것인가?"[21] 만일 필연(자연법칙)과 우연(무작위성)으로 현상을 설명할 수 없다면, 지정된 답은 설계(지성)가 된다. 설명의 거르개는 세 단계를 거쳐 작동한다.

1. **그 설계를 자연법칙으로 설명할 수 있는가?** 만일 사건 E가 일어날 확률이 높다면, '필연성'을 설명으로 채택하라. 그렇지 않을 경우 다음 단계로 넘어가라.
2. **그 설계를 우연성으로 설명할 수 있는가?** 만일 사건 E가 일어날 확률이 중간 정도거나 특수한 것이 아니라면, '우연성'을 설명으로 채택하라. 그렇지 않을 경우 다음 단계로 넘어가라.
3. **그 설계를 지적 설계로 설명할 수 있는가?** 고도로 특수하지만 일어날 확률이 낮은 사건에 대해서 필연성과 우연성 설명이 제거되면, '설계'를 설명으로 채택하라.[22]

설명의 거르개를 사용하면 자연적으로 설계된 JFK 암층과 지적으로 설계된 러시모어 산 암층의 차이를 구분해 낼 수 있다.

"나는 설명의 거르개가 설계를 포착해 낼 만한 미더운 기준이라고 주장한다." 뎀스키는 이렇게 설명한다. "달리 말해서 나는 설명의 거르개가 잘못된 긍정을 훌륭하게 피해 간다고 주장한다. 따라서 설명의 거르개를 적용한 결과가 설계라고 나오면, 틀림없이 그것은 설계된 것이다."[23]

진화론의 대답: 그러나 설명의 거르개는 현실에서 결정할 수 없는 확률을 가정한다. 그것은 사고 실험에 불과하며, 현실적으로 과학에서 쓸 수 있는 것이 아니다. 사실상 모든 필연성과 우연성 설명을 제거하려면, 이 설명들을 구성해 내는 모든 것들을 우리가 안다고 가정해야 하는데, 당연히 우리는 그렇지 못하다. 설사 우리가 전부 알아서 필연성과 우연성 설명을 거부한다고 해도, 설계 추론은 도출되지 않는다. 지적 설계 운동에서 흔히 정의하는 바에 따르면, 설계는 '목적을 가진 지적 창조'를 뜻한다. 단순히 필연성과 우연성을 제거하는 것이 아니다. 달리 말하면 설계란 다른 모든 결론이 설명에 실패했을 때 남는 지정된 결론이 아니다. 설계론에는 부정적 증거의 거부가 아니라, 긍정적 증거가 필요하다. '증명의 부담'과 '양자택일의 오류', 이 두 가지 회의주의의 원리를 면밀히 적용하면 설명의 거르개는 살아남지 못한다.

나아가 설사 설계론을 뒷받침하는 긍정적 증거가 제시된다고 해도, 설명의 거르개 논리에 따라 우리는 그 거르개를 설계의 설계자에게도 적용할 수 있어야 한다. 설계의 설계자에 대해 필연성과 우연성이 (도덕적이 아니더라도) 수학적으로 거부된다고 가정하면, 그 논리적 결론은 설계의 설계자도 설계되었으며, 또 그 설계의 설계자의 설계자 또한 설계되었으며, 이렇게 무한히 이어진다. 만일 설명의 거르개에서 설계가 지적 설계를 설명하지 못하면, 설명의 거르개 논리에 따라 우리는 필연이나 우연에 의해 지적 설계자가 탄생했다고 추론해야만 한다. 앞장에서 살펴보았던 셔머의 마지막 법칙에 따라, 설명의 거르개는 지적 설계자와 외계의 지적 생명체는 구분할 수 없다고 단언한다.

궁극적으로 설계 추론에 답을 하려면, 우주와 생명의 복잡성을 설명할 수 있는 설득력 있는 자연적 설계론을 내놓아야 한다. 우리는 복잡성 과학을 통해 자연적 설계론을 내놓았다. 복잡성 과학에서 우리는 '복잡 적응계'에서 생겨나는 '자기 조직'과 '떠오름' 성질을 인식한다. '자기 조직'이란 계에 에너지만 유입되면 어떤 작용이 발생하고, 그 작용은 계 자체 내에서 비롯한다는 뜻이다. '떠오름 성질'이란 부분들의 합 이상인 성질을 말한다.■ '복잡 적응계'는 변화하면서 성장하고 학습하는 계를 말하는데, 이런 계들은 '자가 촉매적'이다. 다시 말해서 계 안에 스스로를 돌고 돌리는 되먹임 고리들이 있다는 뜻이다. 예를 들어 보자.

■ 복잡성 이론에서 'emergence'는 흔히 '창발創發'로 번역된다. 계의 성분들이 자기 조직하면서, 그 전에는 없었던 무언가가—부분의 합으로는 설명할 수 없는 무언가가—저절로 발생하는 현상을 뜻하는 말이다. 그러나 우리말로 달리 옮겨 쓴 예를 따라, 여기서는 '창발' 대신 '떠오름'으로 옮겼다.

'물' 은 수소와 산소 분자들이 특정 방식으로 배열되면서 나타난 자기 조직적 떠오름 성질이다.
'의식' 은 뇌에서 수십억 개의 뉴런들이 패턴에 따라 발화하면서 나타난 자기 조직적 떠오름 성질이다.
'언어' 는 언어 사용자들이 수천 개의 낱말들을 소리 내어 서로 의사소통을 하면서 나타난 자기 조직적 떠오름 성질이다.
'법' 은 시간이 흘러 사회의 규모가 커지고 복잡해짐에 따라 수천 가지 비공식적 관습과 제약들이 공식적 규칙과 규제로 성문화되면서 나타난 자기 조직적 떠오름 성질이다.
'경제' 는 수많은 사람들이 자기들이 속해 일하는 보다 큰 계를 자각하지 못한 채 저마다 자기 이익을 추구하면서 나타난 자기 조직적 떠오름 성질이다.
'생명' 은 생명 이전의 화학 물질들이 가진 자기 조직적 떠오름 성질이다. 복잡한 생명은 단순한 생명이 가진 자기 조직적 떠오름 성질이다. 이때 단순한 원핵세포들이 자기 조직해서 더 복잡한 진핵세포들이 된다(세포 속에 자리한 세포 소기관들은 모두 한때 그 자체로 독립된 세포들이었다). 다세포 생명은 단세포 생명이 가진 자기 조직적 떠오름 성질이다. 군체, 사회 단위, 사회, 의식, 언어, 법, 경제 등 복잡성의 사슬 윗단계들 역시 자기 조직적 떠오름 성질이다.

자기 조직은 그 자체로 일종의 떠오름 성질이며, 떠오름은 일종의 자기 조직이다. 계는 자기 반복하기 때문에, 여기선 지적 설계자를 불러올 필요가 전혀 없다.

설계 추론은 자연스럽게 나온다. 사람들이 어떤 설계자가 세상을 창조했다고 생각하는 까닭은 세상이 설계된 것처럼 '보이기' 때문이다. 그러니 이런 추론 주위를 살금살금 맴도는 짓은 그만두고, 생명이 설계된 것처럼 보이는 이유는 바로 생명이 정말로 설계되었기 때문임을, 다시 말해서 진화에 의해 아래에서 위로 설계되었음을 인정해야 한다고 생각한다. 우리 눈에 설계가 작위적으로 보이는 까닭은 진화에 의한 설계가 기능적 적응에 기초하기 때문이다. 꼴은 기능을 뒤따르고, 기능은 설계를 뒤따르고, 자연선택은 가장 기능적인 설계들, 다시 말해서 유기체가 생존하고 번식할 수 있게 해 주는 설계들 가운데에서 선택을 한다. '설계', '꼴', '기능' 같은 말을 사용할 때 목적의 어감이 느껴지는 까닭은 이런 용어들로 사람의 행위를 기술하는 데 익숙하기 때문이다. 우리는 사람의 행위를 목적과 지성과 같게 본다. 그러나 사실 복잡성 과학은 설계, 꼴, 기능이 모두 복잡계의 자기 조직적 떠오름 성질에서 비롯한 것들임을 보여 준다.

4. 환원 불가능한 복잡성: 진화는 복잡계에서 차근차근 단계를 밟아 나가는 복잡성의 점진적 증가를 설명해 내지 못한다.

다윈은 《종의 기원》에서 이렇게 썼다. "수없이 많은 연속적이고 미묘한 변형들에 의해 빚어지는 게 불가능했을 복잡한 기관이 하나라도 있음을 증명할 수 있다면, 내 이론은 완전히 무너지게 될 것이다."[24] 그 이후 창조론자들은 다윈이 제기한 이 예외를 찾으려고 부심했다. 리하이 대학교의 생화학자인 마이클 베히는 자기가 "환원 불가능하게 복잡하다"고 말한 생명의 속성을 보여 주는 예를 여럿 찾아냈다고 생각했다.

> 내가 말하는 '환원 불가능하게 복잡하다'는 것은 기본 기능을 수행하게끔 잘 어울려 상호 작용하는 여러 부분들로 구성된 어떤 단일 계 내에서 어느 한 부분이라도 제거하면 결과적으로 계의 기능이 정지하게 된다는 것을 뜻한다. 환원 불가능하게 복잡한 계는 선행하는 계의 미묘하고 연속적인 변형에 의해 직접적으로 (다시 말해서 동일한 메커니즘으로 계속 작동하는 초기 기능을 끊임없이 개선해 나감으로써) 산출될 수 없다. 왜냐하면 환원 불가능하게 복잡한 계에 선행하는 어떤 계도 한 부분이 빠지면 그 정의상 비기능적이기 때문이다. 자연선택은 오로지 이미 작동하는 계들만을 선택할 수 있기 때문에, 만일 생물학적 계가 점진적으로 산출될 수 없다면, 자연선택이 무엇이라도 선택의 대상으로 삼을 수 있도록, 완전한 꼴을 갖춘 단위가 단번에 생겨나야만 할 것이다.[25]

지적 설계 창조론자들이 환원 불가능한 복잡성을 보여 준다면서 즐겨 드는 예가 사람의 눈이다. 눈에서 어느 한 부분이라도 떼어 내면 시력을 잃고 만다는 것이다. 눈을 이루는 개개의 부분들 자체가 아무런 적응적 의미도 갖지 못한다면, 어떻게 자연선택이 사람의 눈을 만들어 낼 수 있었을까? 세균의 편모鞭毛도 살펴보자. 이것은 베히가 환원 불가능한 복잡성과 지적 설계를 보여 주는 것으로 드는 기준 표본이다. 세포를 추진시키는 이 작은 꼬리는 수많은 부분들로 복잡하게 이루어져 있어서, 어느 하나라도 제거하면 작동이 멈출 것이라는 얘기이다. 세균의 편모는 기계 같은 것이 아니라 바로 기계이며, 자연에는 다윈식 진화의 방식에 따라 차근차근 진화되어 나왔을 세균 편모의 선행 구조가 아무것도 없다는 것이다.

환원 불가능한 복잡성은 지적 설계 추론으로 이어진다. 베히는 다음과 같이 뻔뻔하게 주장한다. 이 추론은 "너무나 명약관화하고 중요하기 때문에 과학의 역사에서 가장 위대한 업적의 하나로 평가되어야 한다." 그는 지적 설계 추론을 "뉴턴과 아인슈타인, 라부아지에와 슈뢰딩거, 파스퇴르와 다윈"[26]의 발견과 동등하게 여긴다. 설계의 근거를 속 편하게 다윈식 진화로 돌리는 대신 자기네 과학적 탐구를 인정받고자 투쟁하는 지적 설계론자들을 위해 감정적 호소까지 한다. "20세기에 과학에서 해 온 관찰로부터 생명의 근본적인 메커니즘들의 원인을 자연선택으로 돌릴 수 없으며, 따라서 설계된 것임을 발견한 것은 우리로선 충격이다. 그러나 우리는 최선을 다해 우리가 받은 충격에 대처하면서 계속 나아가야만 한다." 베히는 이렇게 항변한다. "방향을 가지지 않은 진화론은 죽었다. 그러나 과학의 일은 계속된다."[27]

진화론의 대답: 그렇다. 과학의 일은 계속되고 있다. 그리고 베히가 몸담은 생화학과 미생물학 분야의 과학자들은 그의 주장에 응대를 해 왔다.

첫째, "환원 불가능하게 복잡한 계에 선행하는 어떤 계도 한 부분을 떼어 내면 그 정의상 비기능적이다"라는 베히의 말은 '미끼를 던져 놓고 바꿔치기'■ 논리의 오류를 저지르고 있다고 과학철학자 로버트 펜녹은 말한다. 베히는 '정의상' 참인 것에서 시작해 경험적 증거를 통해 증명되는 것으로 추론해 가고 있다. 베히가 가능하다고 말했던 것보다 더 단순한 사례를 누군가 자연 속에서 찾아내면, 베히는 그렇게 발견된 더 낮은 수준의 복잡성에 맞추어 환원 불가능한 복잡성을 다시 정의하는 것이다.[28] 달리 말하면, 손에 쥔 사례가 무엇이냐에 따라, 베히는 환원 불가능한 복잡성이 무엇인지를 다르게 말한다는 것이다.

둘째, 베히에 직접적으로 대응하여 진화생물학자 제리 코인은 지적 설계자가 없이는 설명 불가능하다고 베히가 주장해 온 여러 가지 생화학적 경로들을 확인해 보았다. 그런데 사실 그 경로들은 "다른 경로들, 복제된 유전자들, 다기능 초기 배아에서 차출된 조각들로 기워진 것들이었다." 예를 들어 베히는 혈액 응고 과정이 점진적인 진화를 거쳐 생겨날 수 없었다고 주장한다. 코인은 트롬빈이 사실상 "혈액 응고 과정에서 핵심적인 단백질 중 하나이지만, 세포 분열 과정에서도 활동하고, 소화 효소인 트립신과도 관련이 있음"[29]을 보여 준다. 달리 말해서 트롬빈은 한 가지 목적을 위해 진화되었다가, 나중에 다른 목적을 위해 차출

■ bait-and-switch. 터무니없이 싼 가격의 상품으로 손님을 유인한 다음, 더 이상 구입할 수 없다고 하며 그것보다 높은 가격의 대체 상품을 사도록 꼬드기는 사기 상술을 일컫는 말.

되었다는 말이다.

셋째, 베히의 환원 불가능한 복잡성은 19세기에 다윈에 맞서기 위해 만들어졌던 '발생 초기 단계의 문제'로 알려진 논증을 더욱 정교하게 다듬은 것이다. 완전한 꼴을 갖춘 날개는 비행에 탁월하게 적응한 사례임이 분명하며, 비행은 날개를 가진 동물들에게 갖가지 이점을 제공한다. 그럴진대 반쪽짜리 날개가 무슨 쓸모가 있겠는가? 다윈식의 점진적 진화가 작동하기 위해서는 날개 발생의 연속적인 각 단계마다 비행 기능을 갖출 필요가 있었을 텐데, 뭉툭하니 작은 토막 날개는 공기 역학적으로 비행에 적합하지 않다. 다윈은 비판자들에게 이렇게 대답했다.

> 비록 어떤 기관이 처음부터 특별한 목적에 맞게 빚어지지 않았을 수 있지만, 만일 지금 그 기관이 이런 용도로 쓰인다면, 그 기관은 그 용도에 맞게 특별히 고안되었다고 말해도 무방하다. 이와 똑같은 원리로 볼 때, 만일 어떤 사람이 특별한 목적을 위해 기계를 하나 만드는데, 낡은 바퀴, 스프링, 도르래를 아주 약간만 손질을 해서 쓴다면, 부분들을 온전히 갖춘 그 전체 기계는 아마 그 목적을 위해 특별히 고안된 것이라고 말할 수 있을 것이다. 따라서 자연 어디에서나 각각의 생물을 이루는 거의 모든 부분이 약간만 변경된 조건에서 다양한 목적을 위해 쓰여 왔을 것이며, 오래되었으면서도 색다르고 특수한 꼴을 가진 수많은 생물 기계들에서 작용해 왔을 것이다.[30]

이런 해법을 일러 '굴절적응exaptation' 이라고 한다. 굴절적응이란 애초에 어떤 목적을 위해 진화되었던 특징이 다른 목적을 위해 차출되는 것을 말한다.[31] 날개 진화의 발생 초기 단계들은 공기 역학적 비행 외의 쓸모를 가졌다. 그래서 반쪽짜리 날개라 해도 부실하게 발생된 것이 아니라, 잘 발생된 다른 어떤 것이었다. 아마 체온 조절 장치였을 것이다. 예를 들어 화석 기록에서 보이는 최초의 깃털은 털처럼 생겼고, 현대의 새 새끼들 몸에 난 단열 솜털과 닮았다.[32] 현대의 새들은 아마 두발 보행하는 수각류獸脚類 공룡의 후예일 것이기 때문에, 깃털 달린 날개는 체온을 조절하는 용도로 쓰였을 수 있다. 말하자면 날개를 몸에 바짝 붙이면 열이 보존되고, 날개를 활짝 펼치면 열이 방출되었을 것이다.[33] 갈라파고스 제도에 갔을 때, 바다에서 잠수를 하며 먹이를 먹은 뒤 해변으로 돌아오는 날지 못하는 가마우지들을 보았다. 녀석들은 깃털이 뒤엉킨 몽당 날개를 펼쳐 물기를 말리고 태양으로부터 온기를 모은다. 이 경우의 날개는 비행 도구에서 체온 조절 장치로 진화한 것이다. 진화에서 구조는 한 가지 기능을 위해 적응될 수도 있고, 다른 기능을 위해 쓰이도록 진화될 수도 있고, 어쩌면 한 번에 여러 기능을 가질 수도 있다.

최근에 발견된 날개와 깃털의 또 다른 기능은 달리기 보조 기능이다. 현대 조류 중 일부는 가파른 비탈을 달려 올라갈 때 끄는 힘을 얻기 위해 날개를 퍼덕거린다. 이렇게 하면 90도 각도의 수직으로 뻗은 구조물까지 오를 수 있다.[34] 두발 보행 공룡들에서 발생 초기 단계의 날개가 가진 또 다른 기능은 쥐기였다. 진화의 역사에서 가장 유명한 중간 화석인 시조새*Archaeopteryx*의 날개는 비행 중에 몸을 지탱할 수 있을 만큼 충분히 표면적이 넓으며, 비대칭형 깃털은 양력을 얻을 수 있고, 비행 시에 필수적인 적절한 위아래 날개 젓기를 할 만큼 충분히 유연성을 발휘하는 날갯죽지가 있다. 그럼에도 불구하고 시조새는 공룡이 가진 특징들도 많이 간직하고 있다. 여기에는 쥐는 손 기능이 있다. 아마 애초에 '날개'가 적응한 목적은 쥐는 손 기능이었을 것이며, 나중에 가서야 비행에 굴절적응했을 것이다.[35]

이 같은 추리로 눈과 세균 편모 모터를 비롯하여 지적 설계 옹호자들이 진화론으로는 설명할 수 없다고 주장했던 다른 구조들의 진화적 발생 초기 단계들을 설명할 수 있다. 사람 눈의 경우, 어느 한 부분만 제거해도 실명될 정도로 환원 불가능하게 복잡하다는 주장은 참이 아니다. 어떤 형태로 빛을 감지하든 아예 없는 것보다는 낫다. 여러 다양한 질병과 상해로 많은 사람들이 시각에 손상을 입지만, 제한된 시력이라도 어느 정도 활용할 수 있다. 게다가 사람들은 실명되기보다는 분명 제한된 시력이라도 갖기를 원할 것이다. 자연선택은 서로 아무런 관련도 없이 주변에 널려 있는 중고 부품들을 이용해서 사람 눈을 만들지 않았다. 라이트 형제가 최초의 동력 비행에 성공했을 때부터 수천만 번의 어이없는 실수와 잘못된 출발을 거치지 않고 바로 보잉 777기가 만들어진 것이 아닌 것과 마찬가지이다.

세균의 편모를 보더라도, 비록 경이로운 구조이긴 해도, 복잡성과 기능성 면에서 각양각색을 띠고 있다. 세균 일반은 진정세균eubacteria과 고세균archaebacteria으로 하위 분류될 수 있다. 이 가운데에서 더 복잡한 세균인 진정세균은 더 복합적인 편모를 가지고 있다. 반면 더 단순한 세균인 고세균은 더 단순한 편모를 가지고 있다. 진정세균의 편모는 모터, 굴대, 추진기, 이렇게 세 부분으로 된 체계여서, 모터와 미분리 상태의 굴대-추진기 체계를 가진 고세균 편모보다 더 복잡한 변형판임이 분명하다. 세 부분 편모를 환원 불가능하게 복잡하다고 기술하는 것은 단연 잘못이며(이것은 두 부분으로 환원될 수 있다) 부정직한 짓이다. 더욱이 진정세균 편모는 세균이 주변을 이동하는 다양한 방법 가운데 하나임이 밝혀졌다.[36] 많은 유형의 세균에게 편모의 1차적 기능은 추진이 아니라 분비이다. 다른 유형에선 표면이나 다른 세포에 부착하는 용도로 편모가 쓰인다.[37]

편모가 진화의 소산인지 아닌지 알아보자. 진정세균 편모와 고세균 편모는 서로 계보가 비슷하기 때문에 비슷한 구조를 나눠 갖고 있다('상동 기관'으로 알려졌다). 편모 단백질과 다른 체계에도 상동성이 있으며, 진정세균 편모와 고세균 편모가 가진 분비 체계와 추진 체계에도 기능적 유사성이 있다. 유사성이 있음은 진화적으로 발생했음을 가리킨다. 또 우리가 알고 있기로, 더 단순한 쪽인 두 부분 편모의 발생에 관여하는 유전자는 18개에서 20개, 약간 더 복잡한 캄필로박테르 제주니*Campylobacter jejuni* 편모를 구성하는 유전자는 27개, 그보다 훨씬 복잡한 대장균 편모를 구성하는 유전자는 44개가 있다. 최종 산물의 복잡성이 증가함에 따라 유전자 복잡성도 고르게 증가했음을 보여 준다. 마지막으로, 편모의 계통 발생 연구에 따르면, 현대적이고 복잡한 쪽의 체계들과 단순한 쪽의 체계들이 공통 조상에서 갈라져 나왔음을 보여 준다.[38] 이렇게 해서 진화의 시나리오가 드러난다. 고세균 편모는 일차적으로 분비에 쓰였으며, 일부 꼴들은 부착이나 추진 용도로 굴절적응했다. 보다 복잡한 진정세균이 진화하면서 편모도 더욱 복잡해졌다. 예를 들어 모터와 굴대-추진기로 이루어진 두 부분 체계가 모터, 굴대, 추진기, 이렇게 세 부분 체계로 다듬어졌으며, 나중에는 보다 효율적인 추진 용도로 굴절적응했다. 복잡성 과학은 진화를 뒷받침하는 증거로 환원된다.

5. 정보 보존: 진화는 유기체들의 특수 정보 내용과 복잡성을 증가시킬 수 없다. 다시 말해서 공짜는 없다.

지적 설계론에서 과학적으로 가장 야심찬 주장 가운데 하나는 바로 윌리엄 뎀스키의 '정보 보존의 법칙Law of Conservation of Information(LCI)'이다. 이 법칙은 뎀스키의 '복잡한 특수 정보complex specified information(CSI)'와 관련되며, 위의 네 가지 논증 속에 함축되어 있는 성분이다. 정보 보존의 법칙은 이렇게 진술된다. "자연적 원인들은 복잡한 특수 정보를 산출할 수 없으며", 그리고 "자연적 인과의 닫힌계에서 복잡한 특수 정보는 불변하거나 감소한다." 뎀스키는 법칙과 우연에 의해 산출되는 특수한 복잡성의 상한선을 설정해서 '보편 확률 경계Universal Probability Bound(UPB)'라고 부른다. 그가 설정한 보편 확률 경계는 $1/2 \times 10^{-150}$, 즉 약 500비트의 정보이다. 어떤 특수한 사건이 일어날 확률이 보편 확률 경계보다 낮다면, 다시 말해서 정보가 500비트 이상이라면, 그 사건이 일어난 원인을 법칙이나 우연으로 돌릴 수 없다. 설명의 거르개 논리에 따라, 지적 설계가 바로 최선의 추론이 된다.[39]

머리가 꽤 복잡해진다. 그래서 바꿔 말해 보겠다. 정보 보존의 법칙에 따르면, 우연과 진화 같은 자연적 원인들은 유기체의 복잡한 특수 정보 내용을 500비트 이상으로 높일 수 없다는 것이다. 거의 모든 생물에는 보편 확률 경계가 허용하는 것보다 많은 양의 정보가 담겨 있기 때문에, 지적 설계자가 생물체에게 복잡한 특수 정보를 주입하지 않고서는 복잡한 생명의 진화가 불가능하다는 것이다.

뎀스키의 원리들은 그가 '공짜 없음의 정리'라고 부른 일련의 더욱 포괄적인 정리 속에 안배되어 있다. 이 정리는 마치 진화론이란 것이 아무런 비용도 지불하지 않고 세계로부터 부수입을 챙기려는 시도인 것처럼 말하고 있다. "공짜 없음의 정리는, 어떤 프로그래머에 의한 세심한 미세 조정이 없으면, 진화의 알고리듬이 눈먼 탐색보다 나을 게 전혀 없으며, 따라서 순수한 우연보다도 나을 것이 없음을 보여 준다." 그리고 "공짜 없음의 정리는, 진화의 알고리듬이 복잡한 특수 정보를 출력하기 위해선" 지적 설계자로부터 "먼저 복잡한 특수 정보의 선행적 입력을 받아야만 했음을 보여 준다."[40] 뎀스키는 자신이 만든 정보 보존의 법칙에 대단한 자신감을 가진 나머지 열역학 제4법칙의 후보로 제안하기까지 한다.[41]

진화론의 대답: 뎀스키의 정보 보존의 법칙은 운동량 보존의 법칙이나 열역학 법칙 같은 물리 법칙과 닮아 보이게끔 의도적으로 구성해 낸 것이다. 그러나 뎀스키의 법칙과는 달리 이 물리 법칙들은 논리적 논증으로부터만 도출된 것이 아니라, 실제 세계에서 나온 풍부한 경험적 데이터와 실험적 결과들을 기초로 했다. 나아가 공인된 다른 정보 이론들—수학자이며 정보 이론의 선구자인 클로드 섀넌이 제안했던 것 같은 이론들—중 어느 것도 보존의 법칙이나 원리를 포함하지 않으며, 오늘날 정보학 분야에서 연구하는 사람 어느 누구도 (설계 추론과는 상관없이) 뎀스키의 법칙을 사용하거나 과학적으로 쓸모 있는 법칙으로 인정하지 않는다.

설령 뎀스키의 정보 보존의 법칙이 타당하다고 해도, 진화론과는 관련이 없다. 왜냐하면 자연 세계의 정보, 이를테면 DNA를 통해 전해지는 정보가 자연적 과정에 의해 전달되고 증가한다는 것은 명약관화하기 때문이다. 예를 들어 미생물학자 린 마굴리스는 우리 몸을 구성하는 것 같은 복잡한 진핵세포가 보다 단순한 원핵세포에서 진화되었음을 입증했다. 보다 단순한 원핵세포의 유전체를 자기 것으로 통합하면서 진핵세포의 유전체 규모가 커졌던 것이다.[42] 따라서 복잡한 특수 정보도 증가했던 것이다. 이에 대해서 지적 설계론자들은 지적 설계자가 복잡한 진핵세포를 창조했다고 응수한다. 만일 그렇다면, 지적 설계자가 선캄브리아 시대의 원시 수프 주변에 널린 부분들로 이 세포들을 짜깁기한 것처럼 보이는 이유가 뭐란 말인가? 사실 복잡한 진핵세포는, 저마다 나름의 유전체를 가진 원핵세포 세계—미토콘드리아도 포함된다—의 보물이 담긴 뽑기 주머니 같은 것이다. 미토콘드리아 DNA를 들어 본 적 있는가(이 미토콘드리아 DNA를 통해 여성 쪽 인간의 계보를 추적할 수 있다)? 우리 몸의 세포들은 이미 완전한 유전체를 담고 있는 핵을 가지고 있다. 그렇다면 따로 미토콘드리아에 있는 유전체는 무슨 소용이 있는 걸까? 진화가 한 가지 답을 준다. 곧, 미토콘드리아는 진핵세포가 원핵세포에서 진화했음을 보여 주는 흔적 특징이다. 반면 지적 설계론은 겨우 "그 다음에는 기적이 일어난다"라는 답이나 내놓고 있다.

리처드 도킨스는 산소를 나르는 혈액 속 단백질인 헤모글로빈의 진화를 재구성함으로써 정보에 관한 문제 제기에 대해 설득력 있게 답을 한다. 사람의 헤모글로빈에는 글로빈이라고 부르는 단백질 사슬 네 가닥이 들어 있다. 이 단백질 사슬들은 서로 비슷하게 보이지만 똑같지는 않다. 알파 글로빈에는 각각 141개의 아미노산으로 이루어진 사슬 하나씩이 들어 있고, 이것은 11번 염색체에 있는 일곱 개의 유전자에 의해 암호화되어 있다. 이 중 네 개의 유전자는 단백질을 만들어 내지 않는 유사 유전자이고, 두 개는 성체 헤모글로빈을, 나머지 하나는 배아 헤모글로빈을 만들어 낸다. 마찬가지로 베타 글로빈에는 각각 146개의 아미노산으로 이루어진 사슬이 하나씩 들어 있고, 16번 염색체에 있는 여섯 개의 유전자에 의해 암호화되어 있다. 이 가운데 일부는 불능 상태의 유전자들이고, 하나는 오직 배아에서만 쓰인다. 헤모글로빈을 암호화하는 유전자를 하나하나 분석하면, 11번 염색체와 16

번 염색체에 있는 두 벌의 유전자가 먼 유연관계가 있으며, 5억 년 전 공통 조상이 가졌던 공통 글로빈 유전자를 공유하고 있음이 드러난다. 그 유전자가 복제된 뒤, 5억 년 동안 두 쪽의 복사본들이 후대로 전달되었다. 한쪽은 11번 염색체 상의 알파 유전자 다발로 진화했고, 다른 한쪽은 16번 염색체 상의 베타 유전자 다발로 진화했다. 유전자 복제는 유전자 다발의 복잡성 증가로 이어졌으며, 결국 오늘날의 비기능적 유사 유전자가 있게 되었다. 이런 알파-베타의 분리가 5억 년 전에 일어났기 때문에, 지난 5억 년 동안에 진화되었던 모든 동물들에서 이와 똑같은 알파-베타 분리를 찾아낼 것이라고 예측할 수 있다. 아니나 다를까, 우리가 발견한 것이 바로 그것이다. 최종 시험으로, 알파-베타 분리 이전의 어류로 유일하게 생존해 있는 척추동물인 턱 없는 어류 칠성장어에게는 이런 유전자 분리가 없어야 한다. 살펴보니 과연 그러했다. 혈액 헤모글로빈은 지적 설계론이 아니라 진화로 설명된다. 증명 완료.[43]

일반적으로 DNA에는 설계가 아니라 역사적 우연성과 진화사의 요소들이 담겨 있다. DNA는 정보이다. 따라서 만일 정보 보존의 법칙에 따라, 유전체의 특수한 복잡성을 증가시키기 위해 지적 설계자로부터 정보가 유입될 필요가 있다면, 지적 설계자가 우리의 유전체에 정크 DNA, 쓸모없는 DNA의 반복된 복사본, 고아 유전자, 유전자 파편, 연쇄 반복, 유사 유전자를 보태 넣은 까닭이 대체 무엇인지 궁금할 수밖에 없다. 이것들은 어느 것도 사람 몸을 구성하는 데 직접적으로 관여하지 않는 것들이다. 사실 사람 유전체 전체를 놓고 보면, 유용한 단백질 생산에 능동적으로 관여하는 유전자는 아주 적은 비율에 불과한 것 같다. 사람 유전체는 지적으로 설계되었다기보다는, 돌연변이, 조각난 복사본, 빌려 온 염기 서열, 그리고 오랜 세월의 진화를 거치면서 여기저기 땜질된 DNA의 폐기된 가닥들로 짜 맞춘 모자이크를 더욱 닮았다."[44]

6. 진화를 관찰할 수 없다: 실험실 실험이나 현장 관찰로는 진화가 작용 중임을 보여 줄 수 없다.

지적 설계론이 요구하는 또 하나의 단골 메뉴는 "진화가 작용 중임"을 찾아내라는 것이다. 이제까지 과학자들은 실제로 진화가 일어나고 있음을 보여 주는 사례들을 지적 설계 창조론자들의 입맛에 맞게끔 제공하지 못했고, 아마 앞으로도 절대 하지 못할 것이다. 새로운 해부학적 구조가 탄생했다거나 새로운 종이 출현했음을 화석 기록에서 추론하는 것과, 실험실에서 그 순간을 목격하는 것은 전혀 다른 문제이다. 게다가 진화가 작용 중임을 실험실에서 보인 사례들을 갖고 있어도, 창조론자들은 그건 진화가 아니라고 주장한다.

진화론의 대답: 그러나 과학은 믿기지 않을 정도로 풍부한 화석 기록을 갖고 있을 뿐 아니라, 진화가 일어나는 과정을 여러 수준에서 보일 수도 있다. 우리가 목격할 수 있는 시간대에서 자연선택과 진화가 몹시 고통스럽게 진행되고 있음을 보여 주는 으뜸가는 예는 바로 질병이다. 예를 들어 에이즈 바이러스는 바이러

스와 싸우기 위해 쓰는 약물에 대응해서 부단히 진화해 나간다. 말하자면 약물 처치 뒤에도 몇 가지 계통의 바이러스가 살아남아 증식을 계속해서 약물 저항성 유전자를 후대에 전달하는 것이다. 창조론자들은 이건 소진화의 예일 뿐, 대진화를 보여 주지는 않는다고 응수한다. 괜찮은 지적이다.

그렇다면 대진화의 예를 살펴보자. 2004년 2월 20일자 《사이언스》 지에 미시간 대학교의 생물학자 제임스 바드웰이 보고한 논문은 대장균이 적응 아니면 죽음의 상황에 처했을 때 새로운 분자 도구를 즉석에서 고안해 냄을 보여 주었다. "그 세균은 자기가 갖고 있던 것을 써서 평상시와는 다른 일을 하도록 만들었다. 우리는 진화가 큰 걸음을 떼는 현장을 포착한 것이었다." 그 큰 걸음이란 이황화물 결합disulfide bond이라고 불리는 분자 볼트를 새로운 방법으로 만드는 것을 말했다. 이황화물 결합은 단백질 내의 지지 구조를 단단하게 해 주어, 단백질 고유의 기능적인 3차원 꼴로 접히게끔 도와주기도 한다. 새로운 방법으로 이황화물 결합이 만들어지자 세균의 모터가 재가동했고, 굶어 죽기 전에 먹이를 향해 이동할 수 있었다.

이건 특히 중요한 실험이다. 바드웰은 이황화물 결합 능력을 없앤 돌연변이체 세균 계통을 개발했는데, 이 결합은 세균 편모의 작동 능력에 결정적인 것이다. 지적 설계론자들이 환원 불가능한 복잡성의 예로 들먹이기 좋아하는 바로 그 편모 말이다. 연구자들은 운동성을 잃은 이 세균을 먹이 접시에 놓고 시험을 했다. 세균이 일단 닿을 수 있는 먹이를 모두 먹어 치우면 고장 난 모터를 수리하거나 굶어야 한다. 실험에 쓰인 세균은 티오레독신이라는 단백질을 쓸 수밖에 없도록 처리되었다. 평상시에 이 단백질은 이황화물 결합을 깨뜨리는 구실을 하는데, 이번에는 결합을 만들어 내도록 했던 것이다. 연구자는 이 세균에게 자연선택과 비슷한 상황을 가했다. 수천 마리의 세균에서 티오레독신을 암호화한 DNA 염기 서열을 무작위적으로 변경시킨 다음, 이동하지 않으면 굶어 죽는 상황을 만들어 시험을 했다. 그런 어쩔 수 없는 상황에서 변경된 티오레독신이 과연 다른 단백질을 위해 이황화물을 만들어 낼 수 있을지 보고 싶었던 것이다. 놀랍게도 두 개의 아미노산이 변화된—티오레독신의 전체 아미노산 수의 2퍼센트도 안 되는 수치이다—한 돌연변이체가 이동 능력을 복구했다. 변경된 티오레독신은 자연적인 이황화물 결합 경로를 이루는 어느 성분에도 의존하지 않은 채 저 스스로 다른 무수한 세균 단백질에서 이황화물 결합을 형성해 낼 수 있었다. 돌연변이 세균은 가까스로 때에 맞춰 문제를 해결하고 이동해서 굶어 죽지 않고 증식했다.

물론 지적 설계론자들은 그 연구자가 한 일이 바로 지적 설계자가 자연에서 했을 일이기에 이 실험은 자기들 생각을 뒷받침한다고 대응할 것이다. 그러나 사실 그 연구자가 한 역할은 자연선택의 힘이었으며, 이것은 진화가 작용 중임을 보여 주는 증거이다. 바드웰은 이렇게 결론을 내렸다. "이황화물 결합 형성에 관여하는 것들로서 자연스럽게 생기는 효소들은 일종의 생물학적 경로이며, 중심 특징은 세균부터 사람까지 다 똑같다. 사람들이 흔히 말하는 컴퓨터 보조 설계Computer Assisted Design(CAD)에서는 무엇을 제작하기 전에 컴퓨터 스크린 상에서 먼저 시험해 본다. 우리가 실험했던 세균은 강력한 유전자 선택 상황에 처한 것으로, 진화에서 일어날 수 있는 상황과 비슷하다. 그리고 그 세균은 이황화물 결합을 형성할 방법을 찾는 문제에 대해서 완전히 새로운 해법을 찾아냈다. 이제 우리는 유전자 보조 설계Genetic Assisted Design(GAD)를 말할 수 있다고 생각한다."

아마 우리는 이제 신(GOD) 대신 유전자 보조 설계(GAD)를 얘기해야 할 것이다.

7. 소진화와 대진화: 생명은 지적 설계가 간헐적으로 개입했다는 표시를 보여 주며, 이는 큰 규모의 변화를 설명해 준다.

다윈 이후 창조론자들은 자연선택이 종 내의 작은 변화들은 설명해 낼 수 있지만, 새로운 종, 새로운 신체의 꼴, 또는 새로운 계통을 산출할 수는 없다고 줄기차게 주장했다. 오늘날 제시된 논증은 그보다 더 정교하다. 일부 이론가들(전부는 아니다)에 따르면, 수십억 년 전에 지적 설계자가 우리가 오늘날 보는 환원 불가능하게 복잡한 계를 모두 만들어 내는 데 필요한 유전자 정보를 가진 최초의 세포를 창조했으며, 그 뒤 자연법칙과 진화가 바통을 넘겨받아 각 종 내의 다양성을 만들어 냈다. 화석 기록에서 완전히 새롭고 더욱 복잡한 종, 신체의 꼴, 계통이 나타날 때, 이는 지적 설계자가 끼어들어 새로운 설계 요소를 끼워 넣었다는 표시들이다. 소진화는 자연선택에 의해 진행되지만, 대진화는 설계자의 손으로 진행된다는 것이다.

진화론의 대답: 첫째, 소진화의 과정(종 수준 또는 그 아래 수준에서 일어나는 진화)과 대진화의 과정(종 수준 위에서 일어나는 진화)을 어떻게 구분할까? 진화생물학에서는 개체군 내의 개체들에게 작용하는 소진화적 자연선택의 과정이 그 자체로 다양한 대진화적 생명의 꼴들을 설명해 낼 수 있는지의 여부를 놓고 상당한 논쟁이 있어 왔다. 오늘날의 새로운 과학인 진화발생생물학evolutionary developmental biology—줄여서 '에보데보evo-devo'라고 부른다—은 꼴의 배아 발생과 이 꼴들을 가지치기하는 자연선택의 상호 작용을 통해 널리 다양한 꼴들이 진화했음을 보여 준다.

예를 들어 보자. 척추동물의 신체 구조는 혹스Hox라는 청사진 유전자의 소산임이 밝혀졌다. 이 유전자는 갈비뼈와 척추골 같은 반복되는 부분들의 구성을 지휘하는 유전자이다. 배아 발생에서는 혹스 유전자의 발현 여부에 따라 다양한 구조들이 형성되거나 형성되지 않는다. 자연선택은 오로지 발현된 꼴들에만 작용한다. 왜냐하면 발현된 꼴들은 결국 충분히 오래 살아남은 유기체들이 유전자를 전달하여 앞으로도 이 꼴들이 발현되도록 하기 때문이다. 이와 마찬가지로, 파리의 겹눈부터 척추동물의 사진기형 눈까지 동물계 전역에서 널리 발견되는 다양한 눈들은, 공통으로 가진 팍스Pax-6 유전자의 조절을 받으며 진화했다. 이 유전자는 빛을 수용하는 세포와 빛을 감지하는 단백질 생성을 지휘한다. 우리가 오늘날 보는 복잡한 꼴의 눈들은 각각 절지동물, 두족류, 척추동물의 먼 공통 조상이 가졌던 보다 단순한 광수용 구조에서 진화했다. 진화발생생물학자 션 캐럴은 이렇게 설명한다.

> 그 공통 조상은 두 종류의 감광 기관들을 가졌다. 각각의 기관에는 별개 유형의 광수용체와 더불어 각각 R-옵신과 C-옵신이라고 부르는 감광 단백질도 주어졌다. 한 기관은 단순한 두 세포짜리 원시형 눈이었고, 뇌의 빛시계라고 불리는 다른 한 기관은 뇌의 일부로서 동물의 생체 시계를 돌리는 구실을 했다. 절지동물과 오징어의 망막은 단순한 원시형 눈의 광수용체와 합쳐졌던 반면, 척추동물의 눈은 두 종류의 광수용체가 모두 망막으로 합쳐졌다.[45]

진화의 역사에서 눈이 마흔 차례 이상 다른 때에 진화했다기보다는, 단순한 유전자 복합체가 두 부분 체계의 배아 발생으로 이어졌고, 진화에 의해 마름질된 것으로 보인다. 일부 종에서는 한 부분이 합쳐졌고, 다른 종에서는 두 부분이 모두 합쳐졌다.

더 일반적으로 보면, 진화발생생물학은 신체의 모든 각각의 구조를 구성하는 유전자들이 담긴 무슨 확장형 유전자 공구 상자가 있다기보다는, 혹스 유전자와 팍스-6 유전자 같은 작은 유전자 복합체가 새로운 방식으로 발현되어 큰 규모의 변화를 이끌어 낼 수 있음을 보여 준다(이때의 큰 규모의 변화란 변화가 누적되어 커지는 식으로 일어나는 것이 아니다). 또한 사람 유전체와 생쥐 유전체가 별로 다르지 않은 이유도 설명해 준다. 중요한 것은 유전자의 수라기보다는 유전자들이 켜지고 꺼지는 방식이다. 진화는 낡은 유전자를 끌어들여 새로운 묘수를 개발해 낸다.

둘째, 종이란 현실적으로나 잠재적으로나 상호 교배할 수 있는 개체군의 자연 집단이며, 그와 마찬가지의 다른 개체군들로부터 생식적으로 격리되어 있는 집단이다. 오늘날 우리는 자연에서 진화가 작용하고 있음을 볼 수 있다. 말하자면 개체군이 격리되어 새로운 종, 즉 다른 개체군들과 생식적으로 격리된 새로운 개체군이 탄생하는 모습을 보는 것이다. 새로 격리된 개체군이 어미 개체군과 유전적으로 멀어지면서, 결국 더 이상 상호 교배를 할 수 없어 새로운 종이 된다.[46] 이렇게 진화가 새로운 종을 만들 수 있다면, 종보다 상위 범주를 만들어 내지 못할 까닭이 무엇이란 말인가?

셋째, 색다른 환경에 적응한 형질 때문에 종분화가 촉진될 수도 있다. 그 형질을 가진 개체군이 생식적으로 격리되면, 결국 새로운 종의 탄생으로 이어지는 것이다. 마찬가지로 암컷이 수컷을 고르는 성 선택도 개체군을 다른 종으로 갈라지게 할 수 있다. 한 개체군 내에서 몸 색깔 같은 수컷의 어느 특색을 암컷이 선호하면, 수컷들이 극적으로 변화되어 다른 개체군의 암컷에게는 더 이상 매력을 주지 못하고, 결국 두 개체군이 생식적으로 격리될 수 있다. 연구에 따르면, 단혼單婚을 하는 종보다는 복혼複婚을 하는 종에서 종분화가 더 자주 일어난다. 이는 성 선택이 새로운 종의 기원과 결부되어 있음을 보여 주는 또 하나의 증거이다.[47]

넷째, 지적 설계론자들에게 화살을 돌려 보자. 지적 설계론은 미시적인 꼴과 거시적인 꼴을 어떤 식으로 설명하는가? 지적 설계자가 몸소 개체군 내의 모든 개개 유기체의 DNA를 손보았는가? 아니면 그냥 단 하나의 유기체 DNA를 개조한 다음 격리시켜서 새로운 개체군의 시조로 삼았는가? 생명의 역사에서 지적 설계자는 언제 어디에서 개입했는가? 지적 설계자가 각각의 속을 창조한 다음, 진화가 각 종을 탄생시켰는가? 또는 지적 설계자가 각각의 종을 창조하고, 진화가 각각의 아종을 탄생시켰는가? 대부분의 지적 설계론자들은 핀치의 부리, 기린의 목, 지구상에서 발견되는 각양각색의 아종 같은 소진화를 자연선택으로 설명할 수 있다고 인정한다. 그런데 자연선택이 아종을 탄생시킬 수 있다면, 종, 속, 과 등등 더욱 큰 분류군을 거쳐 계까지 탄생시키지 못할 까닭이 무엇이란 말인가?

마지막으로, 지적 설계론자들이 자연이 진화를 통해서 무엇을 만들어 낼 수 있으리라고는 생각할 수 없다고 해서, 그것이 곧 과학자들도 그리 생각할 수 없을 것이라는 뜻은 아니다. 지적 설계론은 참으로 창의성이 없는 이론이다. 가장 이해가 필요한 지점에서 이해를 찾는 일을 포기해 버린다. 만일 지적 설계론이 참된 과학이라면, 지적 설계자가 사용했던 메커니즘들을 찾아낼 부담은 바로 지적 설계론자들에게 있다. 그리고 만일 그런 메커니즘들이 자연의 힘으로 밝혀지면 초자연적인 힘은 전혀 불필요해지기 때문에, 그들은 자기들 이름을 진화과학자로 바꿔서 그냥 계속 연구해 나가면 되는 것이다.

8. 열역학 제2법칙에 따르면 진화는 불가능하다.

물리 법칙에 따르면, 엔트로피는 증가한다. 다시 말해서 뜨거운 상태에서 차가운 상태로, 질서 상태에서 무질서 상태로, 복잡한 상태에서 단순한 상태로 계가 변화하는 것이다. 그런데 진화론자들의 말에 따르면, 우주와 생명은 혼돈에서 질서로, 단순한 상태에서 복잡한 상태로 진행한다고 하는데, 이는 열역학 제2법칙에서 예측한 엔트로피와는 정반대의 현상이다. 창조론자 헨리 모리스는 그 논증을 이렇게 펼쳤다. "진화론자들은 만물의 행보가 진보의 과정에 있다는 믿음, 다시 말해 수십억 년 전 혼돈 상태의 입자들이 오늘날의 복잡한 사람으로 쭉 뻗어 왔다는 괴상한 믿음을 조장해 왔다. 그러나 사실 가장 확실한 과학 법칙들에 따르면, 사물들을 끌고 가는 자연의 참된 길은 오르막이 아니라 내리막이다. 진화는 불가능하다."[48]

진화론의 대답: 그러나 가장 큰 규모—30억 년에 걸친 지구 생명의 역사—를 제외하고 어느 규모에서 보더라도 종은 단순한 것에서 복잡한 것으로 진화한 것이 아니며, 자연은 단순하게 혼돈에서 질서로 진행한 것이 아니다. 생명의 역사는 잘못된 출발, 실패한 실험, 소멸종과 대멸종, 혼돈 속의 재출발로 얼룩져 있다. 단세포에서 사람으로 펼쳐지는 교과서 속의 연표와는 전혀 다른 모습이다.

나아가 열역학 제2법칙은 닫혀 있고 고립된 계에 적용된다. 지구는 태양으로부터 쉬지 않고 에너지를 받기 때문에, 지구는 열려 있고 흩어지는 계이며, 엔트로피는 감소하고 질서는 증가한다(비록 그 과정에서 태양은 쇠해 가겠지만). 엄밀히 말하면 지구는 닫힌계가 아니기 때문에, 생명은 자연법칙을 거스르지 않고 진화할 수 있다. 태양이 타고 있는 한, 자동차가 녹이 슬지 않고 오븐에서 햄버거가 구워지는 것처럼, 생명은 쉬지 않고 번성하고 진화할 것이다. 모든 종류의 것들이 엔트로피에 관한 열역학 제2법칙을 위반하는 모습을 띠면서 끊임없이 지속될 것이다. 그러나 태양이 다 타버리면, 즉시 엔트로피가 주도권을 쥐게 되고, 그러면 지구상의 생명도 끝이 날 것이다.[49]

더 나아가, 우리가 지구상에서 발견하는 것 같은 열려 있고 흩어지는 계는 열역학적 평형 상태를 위태롭게 넘나든다. 비선형 동역학과 혼돈과학, 복잡성 이론은, 계가 열역학적 비평형 상태에 있으면 자발적으로 더 복잡한 계로 자기-조직할 수 있음을 보여 준다. 계가 균형을 잃으면, 계를 들고나는 에너지는 계를 이루는 부분들이 서로 국소적으로 상호 작용하도록 유도하며, 이렇게 맞물린 상호 작용들이 계 전체로 퍼져나가 계를 지탱한다. 자가 촉매—계 내부의 되먹임 고리—는 계의 복잡성을 증가시킬 수 있다. 이런 자기 조직적 자가 촉매의 상호 작용들에서 복잡성과 질서가 떠오른다.[50] 위에서 아래로의 입력이 없이도 이 모든 일들이 일어난다. 펄쩍 뛰었다고 중력 법칙을 거스르는 것이 아닌 것처럼, 진화 또한 열역학 제2법칙을 거스르는 것이 아니다.

9. 진화는 무작위적이며, 무작위성은 복잡하고 특수한 설계를 산출할 수 없다.

제아무리 단순한 생명체라 해도 무작위적인 우연으로 조합되기에는 너무 복잡하다는 것은 두말할 필요가 없는 것 같다. 100개

(10^2)의 부분들로만 이루어진 단순한 유기체를 생각해 보자. 수학적으로 볼 때, 부분들이 서로 연결될 수 있는 가능한 방법은 10^{158} 가지가 있다. 사람은 말할 것도 없고, 이런 단순한 생명체조차 가능한 방법으로 부분들이 조합되어 만들어지기에는, 이 우주에 그만한 수의 분자들도 없고, 대폭발 이래 그만한 시간도 없다. 이건 마치 원숭이가 무작위적으로 자판을 두들겨 'Hamlet' 이라는 글자를 치거나, 아예 "To be or not to be(죽느냐, 사느냐)"라는 문장을 치는 것이나 다를 바가 없을 것이다. 우연으로는 일어날 수 없는 일이다.

진화론의 대답: 하지만 진화론을 이해하면 자연선택이 '무작위적' 이지도, '우연' 에 의해 작동하지도 않는다는 점을 명확하게 알 수 있다. 자연선택은 이득은 보존하고 실수는 제거한다. 눈이 단일한 감광세포에서 현대의 복잡한 눈으로 진화하기까지 수천 번의 중간 단계를 거쳤으며, 이 가운데 많은 단계들은 아직도 자연에 존재한다. 사실 말이지, 원숭이가 햄릿의 독백 처음에 나오는 알파벳 열세 자를 우연히 치려면 26^{13}번(약 10^{18} 곱하기 2번)의 시행착오를 거쳐야 성공을 보장할 수 있을 것이다. 이는 태양계의 나이를 초로 환산한 것보다 무려 열여섯 배나 큰 수이다. 그러나 자연선택의 경우처럼, 올바른 글자를 칠 때마다 보존하고 틀린 글자를 칠 때마다 제거한다면, 그 과정은 훨씬 빨라질 것이다. 얼마나 빨라질까? 내 친구이며 동료인 리처드 하디슨은 컴퓨터 프로그램을 하나 작성해서, 맞거나 틀린 글자를 '선택하도록' 했다. TOBEORNOTTOBE라는 글자 순서가 나오기까지 평균

335.2번의 시행착오를 거쳤다. 하디슨의 컴퓨터로는 90초도 안 걸렸으며, 희곡 전체는 약 4.5일 만에 해낼 수 있다.[51]

10. 진화의 우상은 오류, 위조, 사기이다.

옛적의 창조론자들은 진화과학의 역사란 잘못된 이론과 전복된 관념들을 나열한 것과 다를 바 없다고 양냥거리곤 했다. 네브래스카인, 필트다운인, 캘러베라스인, 헤스페로피테쿠스—한때 과학자들이 인류의 진화를 보여 주는 증거라고 주장했던 것들이다—는 모두 잘못과 사기의 예로 거론된 것들이었다. 따라서 분명히 과학은 신뢰할 수 없는 것이었다.

지적 설계론자들은 조너선 웰스의 책《진화의 우상: 과학인가 신화인가? 왜 우리가 가르친 진화론의 상당 부분이 틀렸는가?》를 통해 이 논증을 현대화했다.[52] 웰스는 교과서에 으레 실리는 진화론의 열 가지 '우상'을 짚어 낸 다음, 그것들이 잘못이나 신화, 또는 사기라고 말한다.

1. **밀러-유리 실험**: 생명 구성 단위들의 화학적 기원을 입증한다.
2. **다윈의 생명나무**: 살아 있는 모든 유기체들이 하나의 공통 조상에서 나왔음을 보여 준다.
3. **척추동물 사지四肢의 상동**: 사람의 팔, 박쥐의 날개, 고래의 가슴지느러미처럼 서로 유사한 골격 구조를 이르는 것으로, 공통 조상에서 나왔음을 보여 주는 사례이자, 신체의 기본 청

사진의 변형을 동반한 유래를 보여 주는 사례이다.

4. **헤켈의 배아 발생도**: "개체 발생은 계통 발생을 되풀이한다"는 것을 그려 낸 이 그림들은 유기체가 배아 발생(개체 발생) 중에 진화적 발생(계통 발생)과 유사한 단계들을 거침을 보여 준다.

5. **시조새**: 공룡에서 현대의 조류로 넘어가는 단계를 보여 주는 최고의 중간 화석 중 하나이며, 비행의 진화를 입증한다.

6. **회색가지나방**: 얼룩덜룩한 나무껍질에 앉았을 때 눈에 잘 띄는 순색 나방들이 자연선택에 의해 제거됨을 보여 준 사례이다. 자연선택은 보호색을 띤 회색가지나방이 생존해서 번식하도록 했다.

7. **다윈의 핀치새**: 자연에서 어떻게 종분화가 일어나는지 보여 주는 사례가 된다.

8. **네 날개 초파리**: 유전자 하나만 바뀌어도 얼마나 극적인 형태적 및 신체적 변화를 만들어 낼 수 있는지를 입증해 준다.

9. **말 화석과 방향을 가진 진화**: 말 화석은 단순한 것에서 복잡한 것으로 진행하는 진화 경로를 잘 기록한 사례이다.

10. **유인원에서 사람으로**: 유인원과 사람 사이의 '빠진 고리들'을 입증해 준다.

웰스는 진화를 보여 준다며 제시한 이런 사례들 때문에 "학생과 대중은 현재 진화의 증거에 대해서 체계적으로 잘못된 정보를 얻고 있다"고 주장한다. 웰스는 이것들 중 어느 것도 진실이 아니라고 말하고, 지적 설계 창조론자들은 이것들을 간단하게 논박해서 전체 진화론의 체계를 무너뜨릴 기대를 하고 있다.

진화론의 대답: 첫째, 과학에서 일어난 실수들을 과학의 약점을 보여 주는 표시로 본 옛 창조론자들의 관점은 과학의 본성을 크게 오해한 것이다. 과학은 과거의 실수와 성공을 토대로 쉬지 않고 쌓아 올린 학문이다. 과학은 그냥 변화하는 것이 아니라, 과거를 기초로 누적적으로 구축된다. 과학자들은 실수를 잔뜩 저지르지만, 사실 이것이 바로 과학이 나아가는 방법이다. 과학적 방법이 가진 자기 교정의 특징은 과학이 가진 가장 강력한 자산에 속한다. 필트다운인 같은 날조 사건도, 네브래스카인, 캘러베라스인, 헤스페로피테쿠스 같은 우직한 실수도 모두 때가 되면 밝혀진다. 사실 이런 잘못을 밝혀낸 사람은 창조론자들이 아니라 과학자들이었다. 창조론자들은 그저 이런 잘못을 폭로한 과학 기사를 읽고는, 뻔뻔스럽게도 마치 자기들이 밝혀낸 것인 양 내놓았다.

오늘날의 지적 설계론자들이 하는 일도 옛날의 창조론자들과 똑같다. 과학 학술지와 책을 훑고 다니다가 과학자들이 저지른 잘못을 다른 과학자들이 밝혀낸 사례들을 찾아내서는, 마치 지적 설계론 연구의 결과인 것처럼 주장하는 것이다. 웰스가 진화론의 우상이라며 '방점을 찍었던' 것 가운데 회색가지나방과 헤켈의 배아 발생도가 바로 그런 경우에 해당했다. 1950년대, 영국의 진화생물학자 버나드 케틀웰은 잉글랜드에 서식하는 일부 나방들이 어두운 색으로 진화한 것과 공해를 서로 관련지었다. 말하자면 공해 때문에 색이 어두워진 나무에서 몸 색깔이 어두운 나방일수록 더 잘 위장했다는 말이다. 케틀웰은 반대의 경우도 지적했다. 공기 청정법이 통과된 뒤 나무 색이 밝아지면서 밝은 색의 나방이 더 잘 위장했다는 것이다. 그러나 나중에 과학자들이 지적했듯이, 회색가지나방은 나무에 의존해서 살지 않는다. 회색가지나방의 색깔 변화에 대한 케틀웰의 기록은 정확했지만, 나무에 나방이 앉아 있는 모습은 사진을 찍기 위해 꾸며 낸 것이었고, 그것 때문에 나중에 다른 과학자들로부터 비난을 샀다. 헤켈의 배아 발생도의 경우, 그 그림이 사기임을 처음 밝힌 것은 저명한 학술지 《네이처》에 실린 어느 전문 과학 논문이었고, 그 뒤에 스티븐 제이 굴드가 인기 있는 《내추럴 히스토리》 지의 칼럼에서 널리 알렸다.[53]

진화론의 다른 아홉 가지 우상들을 살펴보자. 웰스가 맨 먼저 제시한 우상은 생명의 화학적 기원에 관한 것이다. 일반적으로는 진화론에 속하지 않는 것으로 여긴다. 어쨌든 1950년대 밀러와 유리의 실험이 있은 이후에 생명의 기원을 연구하는 과학은 오랜 길을 걸어왔다. 따라서 초기의 원시적인 실험에만 초점을 맞추는 것은 갑절로 음흉한 짓이다.

화석을 발견할 확률이 매우 낮음에도 불구하고, 우리는 38억 년 전의 가장 이른 세균 화석부터 해서, 35억 년 전 단순한 단세포 세균 화석, 29억 년 전 화석 고세균, 25억 년 전 최초의 진핵세포, 17억 년 전 다세포 진핵생물 화석, 12억 년 전 더욱 고등한 조류藻類 화석, 6억 5,000만 년 전 에디아카라 동물상에 이르기까지 상당히 풍부한 생명 역사의 기록을 갖고 있다. 이 모두는 약 5억 5,000만 년에서 5억 년 전에 있었던 이른바 캄브리아기 '생명 대폭발'로 이어졌다. 지적 설계론자들은 이 '폭발'을 아무런 조상의 역사도 없는 현상이라고 부각시키면서 (따라서 지적 설계자가 기적으로 생명 창조의 불꽃을 일으켰다는 증거라고 주장하면서) 30억 년에 걸친 생명의 점진적 진화의 증거를 간단하게 무시해 버린다.

각각의 우상에 대해 지적 설계론자들은 데이터를 설명할 대안적인 이론을 내놓지도 못한다. 예를 들어 척추동물 사지의 상동은 진화론으로 더할 나위 없이 훌륭하게 설명할 수 있다. 사람, 박쥐, 고래의 골격 구조가 비슷한 까닭은 바로 계보가 비슷했기 때문이다. 진화가 기본적인 골격을 설계했고, 자연선택은 그것을 가지고 다양한 유형의 꼴들을 빚어냈다. 그러나 설사 웰스의 말마따나 이런 설명이 틀렸다 하더라도, 상동에 대해서 지적 설계론이 내놓은 설명이 무엇인가? 지적 설계자는 왜 고래의 가슴지느러미 뼈를 사람의 팔과 박쥐의 날개 뼈와 정확히 똑같게 설계했을까? 지적 설계자가 새의 날개, 곤충의 날개와는 다르게 박쥐의 날개를 만든 까닭은 무엇인가? 진화론이 내놓은 대답은, 박쥐가 새와 곤충과는 다른 진화의 계통을 가진 포유류이기 때문이라는 것이다. 웰스와 지적 설계 옹호자들이 제시한 답이 무엇인가?

마지막으로, 웰스와 지적 설계론자들은 진화론이 이 열 가지 우상을 토대로 서 있으며, 따라서 이것들의 오류를 폭로하면 충분히 진화론을 논박할 수 있다는 가정을 밑에 깔고 있다. 그러나 그렇지 않다. 진화론은 이 우상 목록과는 사뭇 거리가 있는 다양한 분야에서 수많은 가닥의 탐구를 통해 수집한 증거들이 수렴하면서 증명된 이론이다. 진화를 뒷받침하는 방대한 양의 데이터에 견주면 이 열 가지 예들은 초라하기 그지없다.

♰

지적 설계론 운동이 내놓은 것 중 최고의 과학이란 게 이런 것이다. 수많은 가닥의 강력한 탐구에 맞서서 내놓은 것이라는 게 허다한 기적들, 한 줌의 방정식, 열 개의 조잡한 예들뿐이다. 그런데 넓게 보면 과학은 논쟁 중에 있는 것이 아니라, 공격을 당하고 있다. 예를 들어, 어빈의 캘리포니아 대학교에서 어린지구 창조론자 켄트 호빈드와 논쟁할 때, 그는 여는 말에서 이렇게 선언했다. "저는 여러분을 예수님께 끌고 가기 위해 이 자리에 섰습니다. 그리고 마이클 셔머를 예수님께 끌고 가기 위해 여기에 섰습니다."

이런 말을 한 것으로 호빈드는 논쟁에서 진 것이었다. 그가 그 자리에 선 까닭은 진화 대 창조, 또는 자연적 설계 대 초자연적 설계를 논쟁하기 위해서가 아니었다. 그는 주님을 증언하기 위해 거기 선 것이었다. 그때부터 호빈드는 엉뚱하고 잘못된 말들만 늘어놓았다. 개는 오로지 개에서 나왔다. 변이는 새로운 종의 탄생으로 이어지지 않는다. 설계는 설계자의 존재를 함축한다. 사후 세계가 있다. 성경 말씀은 모두 글자 그대로 참이다. 한때 사람은 900살까지 살았다. 신이 없으면 옳고 그름도 없다. 노아의 홍수가 지질층과 종의 분포를 설명해 준다. 공룡과 사람은 같은 시기에 살았다. 아주 어리고 작은 공룡들은 방주에 태웠고, 몸집이 큰 공룡들(성경에 나오는 '베헤못'과 '레비아탄')은 홍수에 빠져 죽었다. 방사성 연대 측정은 믿을 게 못 된다. 예수님께서는 우주가 어리다고 말씀하셨다. 진화론은 무신론, 낙태, 공산주의로 인도하는 종교이다. 진화론자들은 거짓말쟁이들이다. 과학자들은 오만하다(스스로 "총아!"라고 부르기 때문에). 과학 학술지들은 창조론자들이 논문을 못 싣게 한다. 공립학교에서 창조론이 검열을 당한다. 소진화는 참일지도 모르지만, 대진화, 유기체의 진화, 별의 진화, 화학적 진화, 우주의 진화는 모두 거짓 종교 진화교에서 예배하는 거짓말쟁이들이 지껄인 거짓말이다. 물론 예수님께서 우리 죄를 대신해 돌아가셨다는 말도 빼놓지 않았다.

이것이 바로 진화론 대 창조론 논쟁의 진짜 모습이다. 과학이 아니라 종교에 관한 것이다. 따라서 지적 설계론자들을 지적 설계 창조론자들이라고 불러서 원래의 논점인 종교로 돌리는 게 마땅하다. 과학은 과학자들이 하는 일이다. 지적 설계 창조론자들이 하는 것은 과학이 아니다. 그들은 종교의 일을 하고 있다. 거의 모든 지적 설계 창조론자들이 기독교 신자인 건 우연의 일치가 아니다. 그러나 나는 그들에게 이런 말을 선사하고 싶다. 당신이 이미 신자라면 지적 설계 논증이 믿음의 근거가 될 것이며, 당신이 충직한 신자가 아니고 회의하는 자거나 관망하는 자라면 창조론과 지적 설계론은 전혀 이치에 닿지 않는 소리일 것이다.

그런 논쟁에서 조금이라도 좋은 것이 나올 수 있을까? 나올 수 있다고 나는 생각한다. 외부의 이교도들은 우리를 자극시켜 논증을 다듬고 설명을 개선하도록 해 줄 수 있다. 한때 아이작 아시모프는, '바깥의 이교도들exoheresies' 이라고 불렀던 자들, 곧 현재의 생각을 걸고넘어지는 외부의 도전자들(이 경우에는 임마누엘 벨리코프스키의 급진적인 생각들)과 대면했을 때 이렇게 말했다.

> 바깥의 이교도 한 명이라도 과학자들로 하여금 자기들이 가진 믿음의 기초를 재검토하도록 분발하게 할 수 있을 것이다. 설사 바깥의 이교도를 반박할 확고하고 논리적인 근거만을 모으는 일일 뿐일지라도, 그것만으로도 좋은 일이다.[54]

그러나 아시모프의 등골을 오싹하게 할 마지막 물음이 남아 있다. 진화를 받아들인 사람들은 과연 진화를 받아들이지 않는 사람들이 과학이 무엇인지 결정하도록 놔둘 것인가?

과학은 왜 공격을 받는가

우리는 새로운 법칙을 어떻게 찾아낼까요? 먼저 추측을 합니다. 웃지 마세요. 정말입니다. 그런 다음 그 추측이 무엇을 함축하는지 보기 위해 추측한 결론을 계산합니다. 그런 다음 그 계산 결과를 자연 — 또는 실험, 또는 경험, 또는 관찰 — 과 비교해서 정말 그러한지 살핍니다. 실험과 부합하지 않으면, 잘못된 것입니다. 이 간단한 진술에 과학의 열쇠가 들어 있습니다. 여러분의 추측이 얼마나 아름다운지, 여러분이 얼마나 똑똑한지, 추측을 한 사람이 누구인지, 또는 그 사람 이름이 무엇인지는 아무런 상관이 없습니다. 실험과 부합하지 않으면, 추측은 틀린 것입니다. 이것이 전부입니다.

리처드 파인먼, 코넬 대학교에서 행한 과학의 본성에 대한 강연(1964)

⚜

어디까지나 필연과 우연의 문제로 귀결된다.

1990년대에 나는 혼돈 이론과 복잡성 이론을 인류 역사에 적용시킨 일련의 논문들을 상호 심사가 이루어지는 이름 있는 학술지들에 발표했다.[1] 그 연구를 하면서 나는 역사에서 필연(법칙)과 우연(운)의 상대적인 역할을 보여 주고, 대갈 하나가 없어서 왕국이 멸망할 때도 있는 반면,* 대갈 100만 개가 있어도 왕국의 흥망에 아무런 차이가 없을 때도 있는 이유가 무엇인지를 설명하는 데 이 두 가지 인자들의 관계가 어떤 도움이 되는지를 보여 주는 이론적 모델을 하나 구성했다. '위인들'이 역사를 만들 때도 있다. 그러나 지리적 여건, 사회적 상황, 경제력, 정치적 음모 때문에 개개인이 미칠 수 있을 영향이 모두 잠식되어 버리는 때도 있다. 나는 또한 어느 일류 대학 출판부에서 책을 하나 출간하기도 했다. 나는 홀로코스트 같이 세계를 빛어내는 역사적 사건들을 설명할 때 내 이론이 어떤 도움이 되는지 그 책에서 보여 주었다.[2] 나는 역사학자들이 내 이론을 채택해서 실제에 응용하고, 나아가 학생들에게 가르칠 것이라 큰 기대를 했다. 그런데 역사학자들은 그러질 않았다. 어쩌면 내가 내 이론을 명쾌하게 전달하지 못했는지도 모른다. 또는 역사학자들이 그런 이론적 모델을 쓰지 않는 건지도 모른다. 또는 더욱 나쁘게는, 내 이론이 틀렸거나 쓸모없는 이론일 수도 있다. 그렇다고 내가 의회에 출두해서 내 이론에도 균등 시간을 할당해 다른 역사 이론들과 똑같은 대접을 받게 해 줄 법률을 통과시켜 달라고 요구해야 하겠는가? 교육 위원회에 로비를 해서 역사 교사들이 내 역사 이론을 학교에서 가르치도록 압력을 가해야 하겠는가?

정부의 신 논증

지적 설계론은 과학적 가치의 여부를 놓고 벌어진 논쟁에서 이기지 못했기 때문에, 다시 말해서 지적 설계론의 생각들이 진화와 생명의 구조를 들여다보는 데에 어느 정도 쓸모 있는 통찰을 제

■ 여기서 대갈은 말굽에 편자를 박을 때 쓰는 징을 말한다. 대갈 하나 때문에 왕국이 멸망한다는 것은 역사에서 우연이 담당한 역할을 강조하는 다음과 같은 논증을 말한다. "대갈 하나가 없어서 편자를 잃어버렸다. → 편자 하나가 없어서 말을 잃어버렸다. → 말 한 마리가 없어서 기병을 잃어버렸다. → 기병 한 명이 없어서 전투에 지고 말았다. → 전투 한 번 져서 왕국이 망하고 말았다. → 이 모두 대갈 하나를 잃어버린 데서 비롯되었다."

공한다고 과학자들을 납득시키지 못했기 때문에, 많은 지지자들은 그 문제를 정부로 끌고 가고 있다. 자기네 생각을 과학자들이 믿도록 할 수 없다면, 교실에서 가르치도록 법제화라도 할 작정인 것이다. 지적 설계론 지지자들의 추리 과정은 아주 단순하다.

1. 과학자들은 지적 설계론을 과학으로 인정하지 않는다.
2. 그래서 공립학교 과학 시간에 지적 설계론을 가르치지 않는다.
3. 나는 지적 설계론이 과학이라고 생각한다.
4. 따라서 나는 정부에 로비를 해서 교사들이 지적 설계론을 과학으로 가르치도록 압력을 가할 것이다.

이것이 바로 내가 '정부의 신' 논증이라고 부르는 것이다(앞 장에서 논의했던 '공백의 신' 논증 이름을 살짝 빌려 왔다). 곧, **'만일 어떤 생각 자체의 가치로는 교사들이 그 생각을 가르치도록 설득하기 어렵다면, 정부를 통해 교사들이 그 생각을 가르치도록 강제할 수 있는지 알아보라'** 는 것이다. 만일 내가 내 역사 이론을 공립학교 역사 시간에 가르치도록 강제하려고 애쓴다면, 사람들은 내 행동을 웃기는 짓이라고 여길 것이다. 지적 설계론자들이 과학 학습 계획안에 자기들 생각을 집어넣으려고 밀어붙이는 것 또한 어리석은 짓이다. 생각의 자유 시장에서, 정부를 구슬려 다른 사람들, 특히 아이들에게 당신 이론을 가르치도록 강제하게 하는 것은 현대 서구의 민주 국가들이 기반하고 있는 모든 자유의 원리들을 거스르는 짓이다. 하지만 우리가 싸우지 않는 한, 사람들 눈에는 과학이라면 그런 자유의 도덕 원리들의 구애를 받지 않는 것처럼 보일 것이다.

만일 내가 종교를 믿는 신자였다면, 이런 믿음들을 공립학교에서 가르치도록 법제화하려는 최근의 시도들에 당혹해했을 것이다. 자기네 교리를 공립학교 과학 시간에 가르치기를 원한다면, 창조론자들은 먼저 과학을 개발할 필요가 있고, 그 다음에는 논증과 증거의 질에 입각하여 자기네 과학적 생각들이 과학에 포함될 가치가 있음을 과학자들에게 납득시켜야 한다.

새로운 과학 이론은 어떻게 교과서에 실리게 되는가?

우리는 자유 사회에 살고 있기 때문에, 학부모들은 아이들을 보내고 싶은 학교를 선택할 자유가 있다. 살고 있는 지역의 공립학교와 사립학교 선택에 불만이 있으면, 가정에서 아이들을 교육시킬 수도 있다. 모든 학교가 사립이라면, 그리고 자유 시장이 엄격하게 아이들 교육을 담당한다면, 진화론과 창조론을 놓고 시끌시끌한 법정 소송을 벌이고 교육 위원회에서 싸움질할 일은 없을 것이다. 진화론과 지적 설계론에 대한 논쟁도 없을 것이다. 창조론자 학부모들은 창조론을 가르치는 학교로 아이들을 보낼 자유가 있을 것이다. 실제로 일부 학부모들은 지금 그렇게 하고 있다 (또는 생물학 교과 과정에 창조론 단원이 들어간 가정 학교 프로그램을 선택하고 있다).

갈등이 생기는 까닭은 공립학교가 정부의 자금 지원을 받는다는 사실 때문이다. '우리 국민'이 정부이기 때문에, 납세자들은 공립학교에서 무엇을 가르치고 안 가르치는 문제에 대해 자기들이 어느 정도 발언권을 가져야 한다고 생각한다. 합리적인 논증처럼 들린다. 그러나 그 논증이 논리적으로 어떤 결론에 이르게 될지 살펴야 한다. 학부모들은 제각각 자기네가 가진 특정 종교, 정치적 신조, 또는 사회적 믿음에 대해 균등 시간을 할당할 것을 정당하게 요구할 것이다. 기독교 신자는 교과 과정에 기독교적 관점이 들어가길 원할 것이고, 이슬람교 신자는 이슬람교적 관점이, 아메리카 원주민은 아메리카 원주민의 관점이 들어가길 원할 것이다. 기타 등등. 학생들의 주목을 집중시킬 그 어떤 중심 교과도 없이, 균등 시간이 할당된 믿음들이 한도 끝도 없이 줄을 서면서 교육은 와해되어 버릴 것이다. ('기타 등등'에 정확히 무엇이 들어갈지 맛이라도 보려면 부록을 읽어 보라.)

그렇다면 새로운 과학적 발견이나 이론은 어떤 식으로 과학 교과 과정에 들어가게 될까? 대개 오랜 시간이 걸린다. 왜냐하면 과학은 상당히 보수적인 학문이어서 증거의 기준이 높고 엄격하기 때문이다. 과학 회의나 학술지에서 흘러나온 실험 결과 몇 개가 교과서와 교안에 실리기까지는 보통 여러 해가 걸린다. 기존에 일반적으로 가르치던 이론을 새로운 이론이 대신하기까지는 흔히 수십 년이 걸린다. 과학자들은 끊임없이 이런 장애들을 맞닥뜨린다. 그 예로 미생물학자 린 마굴리스의 경우가 지침이 되어 준다.

린 마굴리스를 떠올릴 때 가장 유명한 것이 '공생적 발생symbiogenesis' 이론으로, 유전된 변이는 1차적으로 무작위적 돌연변이에서 비롯된다는 신조에 도전장을 던진 이론이다. 마굴리스는, 최소한 미생물 종들에서는 유전체의 교환을 거쳐 새로운 종이 진화한다고 주장한다. 공생체에서 유전체가 융합하면 변이로 이어지고, 이 변이를 바탕으로 자연선택이 작동하면서 종 복잡성이 증가하게 된다는 것이다. 마굴리스는 1970년에 처음으로 그 이론을 발표했다. 그 뒤로 30년 이상 과학 회의석상에서 그 이론을 강연하고, 상호 심사가 이루어지는 과학 학술지에 수백 편의 논문을 쓰고, 그 이론을 확장한 전문 서적들을 상호 심사가 이루어지는 대학 출판부를 통해 출간하고, 그 이론을 정교하게 다듬은 대중 서적들을 상업계 출판사를 통해 출간해 오고 있다. 이런 노력이 결실을 거두고 증거가 뒷받침해 주면서, 그녀의 공생적 발생 이론은, 비록 일부 과학 동아리에서 논란이 일고는 있으나, 마침내 학생들에게 가르치는 공인된 진화 지식 체계 안으로 길을 잡아 들어가고 있다.[3] 어떻게 하면 자기네 이론을 공립학교에서 가르칠 수 있도록 할지 알고 싶다면, 지적 설계 창조론자들은 린 마굴리스를 거울로 삼아야 할 것이다. 소매를 걷어붙이고 일을 하라. 그 일이란 입법상의 로비 작업이 아니라, 실험실과 현장 작업이다.

과학자 공동체가 벌이는 이런 조사 과정을 거치면서 새로운 발견과 이론이 인정을 받거나 거절을 당하는 것이다. 판결은 일종의 투표에 의해서 이루어지는데, 과학자들은 발로 투표를 한다. 말하자면 실험실로 돌아가 새로운 발견이나 이론을 시험하거나, 시험할 수 없으면 모두 폐기해 버리는 것이다. 만일 발견이나 이론이 쓸모가 있다면, 일반 교과서에 실릴 가망성이 충분히 있다. 이런 교과서들은 흔히 그 과학 공동체 성원들이 쓰기 때문이다. 이런 체계가 편협하게 보이겠지만, 놀라울 정도로 평등하고 민주적이다. 왜냐하면 과학의 게임 규칙을 준수하기만 하면, 누구라도 그 과정을 함께할 수 있기 때문이다. 그런데 지적 설계론자들은 이 규칙들을 존중하기는커녕, 이런 물음으로 되돌아간다. **과학이란 무엇인가?**

과학을 지키다가 과학을 정의하다

이따금 창조론자들은 진화론이 세속적 인본주의라는 종교의 교리라고 주장한다. 따라서 창조론을 공립학교에서 가르칠 수 없다면, 진화론도 가르쳐서는 안 된다고 말한다. 전 세계 신자들과 유신론자들의 대다수가 진화론을 온전하게 받아들이는 것을 보면, 종교와 진화론은 분명 서로 배타적인 것이 아니다. 그런데 진화론이 과연 종교적 믿음일까? 천만에. 그렇지 않다.

진화론 같은 과학의 한 갈래가 종교적 신조라면, 종교의 정의가 지나치게 넓어진 나머지 사실상 종교 아닌 것이 없게 되고, 결국 종교라는 말이 무의미해져 버린다. 과학은 종교가 아니다. 과학은 대단히 특수한 갈래의 인간 지식으로서, 다른 갈래의 지식과는 크게 구분되는 방법들을 가지고 있다. 앞의 장들에서 나는 간편하게 과학을 이렇게 정의했다. **과학은 반박이나 확증에 열려 있는 시험 가능한 지식 체계이다.** 더 형식적으로 정의해 보면 다음과 같다.

> 과학은 과거나 현재에 관찰되거나 추론된 현상을 기술하고 해석하기 위해 고안된, 반박과 확증에 모두 열려 있는 시험 가능한 지식 체계를 구축할 목적을 가진 방법들의 집합이다.[4]

그런데 여기서 관건은 그 방법이 무엇인지를 기술하는 것이다. 왜냐하면 과학이 실제로 어떻게 행해지는지 보여 주는 것이 바로 그 방법이기 때문이다. 방법에 해당되는 것들로는 직감, 추측, 발상, 가설, 이론, 패러다임이 있고, 이것들을 시험하는 방법으로는 배경 연구, 실험, 데이터 수집과 체계적 정리, 동료와의 협력과 의사소통, 성과들을 서로 관련짓기, 통계 분석, 회의석상에서의 발표, 학술지 발표가 있다. 가장 간단한 의미로 볼 때, 과학자들이 하는 일이 바로 과학이다.

과학이 무엇인지를 놓고 철학자들과 과학사학자들 사이에 많은 논쟁이 있지만, 과학의 중심에 '가설연역법'이라는 형식적 이름으로 알려진 것이 있다는 데에는 일반적으로 의견을 같이한다. 가설연역법은 다음과 같다. (1) 가설을 세운다. (2) 가설을 토대로 예측을 한다. (3) 예측이 올바른지 시험한다. 가설과 이론을 세울 때 과학은 자연현상에 대한 자연적 설명을 수용한다. 과학의 이런 성격은 1980년대에 있었던 두 차례의 중요한 진화론-창조론 공판에서 법으로 성문화되기까지 했다. 하나는 아칸소 주, 다른 하나는 루이지애나 주에서 있었던 공판인데, 후자는 미연방 대법원에 항소되기까지 했다. 어쩔 수 없는 처지에 놓이자, 과학은 자기를 지키기 위해 스스로를 정의해 나갔다.

1981년 아칸소 공판은 공립학교 과학 수업에서 '진화-과학'과 '창조-과학'의 균등 시간 할당을 요구하는 법령 590조의 위헌성 여부를 놓고 벌어졌다. 그 소송에서 연방 판사 윌리엄 R. 오버턴은 다음을 근거로 해서 창조론자들에게 패소 판결을 내렸다. 첫째, 오버턴은 이렇게 말했다. 창조-과학은 "어쩔 수 없는 종교성"을 전달하기 때문에 위헌이다. "피고 측 증인을 포함하여, 증언한 모든 신학자들은 법령의 진술이 신에 의해 수행된 초자연적 창조를 지시하고 있다는 의견을 표했다." 둘째, 오버턴은 창조론자들이 "부자연스러운 이분법"을 구사하며 "두 모델 접근법"을 수용하고 있다고 말했다. 창조론자들은 "생명의 기원, 인간과 동식물의 존재에 대해서 오직 두 가지 설명만을 가정한다. 곧 창조주의 작업이었거나 아니라는 것이다." 이 같은 양자택일의 패러다임에서 창조론자들은 어느 증거든 "진화론을 뒷받침하지 못하면 필연적으로 창조론을 뒷받침하는 과학적 증거가 된다"고 주장한다. 오버턴은 그런 책략을 비난하며 이렇게 적었다. "진화는 창조주나 신이 없다고 전제하지 않는다."

더 중요한 것이 있다. 오버턴 판사는 과학이 무엇인지 다음과 같이 설명함으로써 창조과학이 과학이 아닌 이유를 요약했다.

1. 과학은 자연법칙의 인도를 받는다.
2. 과학은 자연법칙에 의거하여 설명해야 한다.
3. 과학은 경험 세계에 비추어 시험 가능하다.
4. 과학의 결론은 시험적이다.
5. 과학은 오류 가능하다.

오버턴은 이렇게 결론을 내렸다. "[법령] 4(a)항에 기술된 창조과학은 이같은 본질적 특징을 만족시키지 못한다." 그리고 다음과 같은 "명백한 함의"를 덧붙였다. "지식은 과학이 되기 위해 법의 승인을 필요로 하지 않는다."[5]

1987년 루이지애나 소송 사건은 과학을 한층 자세하게 기술하는 계기가 되었다. 왜냐하면 이 소송 사건은 끝내 미연방 대법원에까지 상고되었기 때문이다. 이렇게 해서 일찍이 1925년 테네시 주의 스콥스 공판 때 미국 시민 자유 연맹(ACLU)이 애초에 의도했던 바를 이뤄 낸 셈이다. 에드워즈 대 아귈라드 소송 사건을 위해 일흔두 명의 노벨상 수상자, 열일곱 개의 주립 과학 아카데미, 일곱 개의 기타 과학 단체들이 대법원 판사 앞으로 법정 조언자 의견서를 제출하여, 1982년에 루이지애나 주에서 통과된 균등 시간 할당 조항 '창조과학과 진화과학의 동등한 대우에 관한 법령'의 위헌성을 문제 삼은 피항소인 측 입장을 지지한다는 뜻을 전했다. 그 의견서는 진화론-창조론 논쟁의 역사에서 가장 중요한 기록 가운데 하나이며, 세계 일류의 과학자들과 과학 단체들이 보증한 과학의 중심 취지를 가장 훌륭하고 간략하게 제시한 진술서이다.[6]

진화와 과학에 대한 모든 공격에 대응한 그 의견서는 '창조과학'이 수십 년 전 과거의 낡은 종교적 창조론에 새로 딱지를 붙인 것에 불과함을 보여 주는 것으로 포문을 열고 있다. 그런 다음 과학의 표준적인 의미를 정의한다. 과학이란 "자연현상에 대해 자연적 설명을 세우고 시험하는 일에 힘쓰는 분야이다. 과학은 물리적 세계에 대한 데이터를 체계적으로 수집하고 기록한 다음, 수집된 데이터를 분류 및 조사하여, 관찰된 현상을 가장 잘 설명해 내는 자연 원리를 추론하려고 하는 과정이다." 과학의 핵심에는 과학적 방법이 있으며, 이 저명한 과학자들은 주어진 기회를 이용하여 과학적 방법이 법정 기록에 들어가게 했다. 사실에서 가설로, 이론으로, 결론으로, 설명으로, 이런 과학의 도구 상자가 길이길이 정부 결정의 한 주제가 되었던 것이다.

사실: "과학적 탐구라는 방앗간에서 곡물이 되는 것은 관찰들이며, 이는 바탕에 깔린 '사실들'에 대한 정보를 준다. 사실이란 자연현상의 속성이다. 과학적 방법은 사실들에 대해 자연적 설명을 제시할 가능성이 있는 원리들을 엄격하게 조직적으로 시험하는 것과 관련된다."

가설: 잘 정립된 사실들을 기초로 시험 가능한 가설을 세운다. 가설의 시험 과정을 통해 "과학자들은 관찰이나 실험에 의해

실질적인 토대를 쌓는 가설들에게 특별한 위엄을 부여한다."

이론: 이 '특별한 위엄'을 일러 '이론'이라고 한다. "넓고 다양한 사실들을 설명해 내는" 이론은 "튼튼한 이론"으로 간주되며, "뒤이어 관찰된 새로운 현상을 일관되게 예측해 내는" 이론은 "신뢰할 만한 이론"으로 여긴다. 사실과 이론은 서로 바꿔 사용될 수 있거나, 어느 쪽이 더 참이고 덜 참인지 서로 비교하며 사용될 수 있는 것이 아니다. 사실은 세계의 데이터이며, 이론은 데이터를 설명하는 관념이다. 구성 개념 같은 시험 불가능한 진술은 과학에 속하지 않는다. "본성상 시험될 수 없는 설명 원리는 과학 영역의 바깥에 있다."

결론: 이 과정을 거친 결과 과학에선 어느 설명 원리도 최종적이지 않다는 결론이 도출된다. "제아무리 튼튼하고 신뢰할 만한 이론이라 하더라도……시험적이다. 과학 이론은 언제까지나 재검토를 받게 되며, (프톨레마이오스의 천문 이론처럼) 수백 년 동안 인정받았던 것이라 해도 끝내는 거부될 수 있다. 이상적인 세계라면, 모든 과학 교과 과정은 거듭해서 다음과 같은 점을 되새길 것이다. 세상에 관해 우리가 관찰한 것을 설명하기 위해 제시된 이론은 각각 이런 꼬리표가 달릴 것이다. '오늘날 우리가 손에 넣을 수 있는 증거를 검토하여 지금 우리가 알고 있는 한에서.'"

설명: 과학은 현상을 오로지 자연적으로만 설명하려 한다. "과학은 우리 관찰을 초자연적으로 설명하는 것을 평가할 준비가 되어 있지 않다. 과학은 초자연적 설명의 참 · 거짓을 판단하지 않고, 종교적 신앙의 영역에서 고려하도록 맡긴다." 이 같은

지침에 따라 축적된 지식들은 무엇이든 "과학적"이라고 간주되며, 공립학교 교육에 알맞은 것으로 여긴다. 이 같은 지침에 따르지 않고 축적된 지식들은 무엇이든 과학적인 것으로 간주되지 않는다. "왜냐하면 과학적 탐구의 범위는 자연 원리를 찾는 것으로 의식적으로 제한되어 있기 때문이다. 과학에는 종교적 교의가 없으며, 따라서 공립학교 교육에 적합한 주제이다."

1987년 6월 19일, 법원에서 7 대 2의 표결로 피항소인의 손을 들어줌으로써 소송은 판결이 났다. 법원은 이렇게 판결을 내렸다. "그 법령은 분명한 비종교적 목적을 결여하고 있기 때문에, 수정 헌법 1조의 종교 설립의 자유에 대한 조항을 위반한 만큼 무효이다." 그리고 "초자연적인 존재가 인류를 창조했다는 종교적 믿음을 내세움으로써, 그 법령은 인정할 수 없는 태도로 종교를 승인하고 있다." 예상했다시피 안토닌 스칼리아 판사와 윌리엄 렌키스트 판사는 이견을 표했다. 두 사람은 "순수한 비종교적 목적이 있는 한" 기독교 근본주의자들의 의도는 "그 법령을 충분히 무효화시킬 정도는 아닐 것"이라고 논했다. 60년도 더 전에 스콥스 공판에서 변론되었던 학문의 자유 문제를 상기시키면서, 스칼리아와 렌키스트는 이렇게 지적했다. "비종교적인 사안에서 볼 때, 기독교 근본주의자 주민을 포함하여 루이지애나 주민들은 진화론에 반대할 만한 과학적 증거가 있다면 얼마든지 자기들 학교에서 제시하도록 할 자격이 충분히 있다. 스콥스 씨가 진화론을 뒷받침하는 과학적 증거를 얼마든지 학교에서 제시할 자격이 있었던 것과 마찬가지이다." 그러나 대다수 판사들은, 창조론자들의 종교적 의도와는 상관없이, 창조과학에는 전혀 과학이 없다는 진술을 함으로써, 두 사람 의견에 찬성하지 않았다. 과학이 무엇인지 명쾌하게 설명함으로써 왜 창조론이 과학이 아닌지 똑똑하게 보여 주었던 법정 조언자 의견서가 판사들의 의견에 영향을 주었다는 강력한 증거가 있다.

현재 지적 설계 창조론을 놓고 벌어지고 있는 법정 소송과 교과 과정 분쟁에는 1987년 대법원 판결문에서 확정되었던 것과 똑같은 논제들이 들어 있다. 그러나 지금 지적 설계 창조론자들은 자기 상품을 재포장하고, 우리 인간 본성에 호소하며, 과학에 대해 더욱 큰 규모로 가해지는 공세를 이용하고 있다. 창조과학에 과학이 없는 것처럼, 지적 설계론에도 과학은 없다. 지적 설계론 운동의 요점은 과학적 이해를 확장시키는 것이 아니라, 닫아 버리는 것이다. 그 좋은 예가 있다. '키츠밀러 외外 대 도버 지역 학군'의 소송이 바로 그것으로, 21세기 들어서 처음으로 벌어진 진화론-창조론 공판이다.

지적 설계론자들의 참담한 패배: 도버의 설계론 논쟁

1860년 6월, 옥스퍼드 대학교에서 진화론을 놓고 전설적인 논쟁이 벌어졌다. 대주교 새뮤얼 윌버포스("유들유들한 샘")는 논적 토머스 헨리 헉슬리("다윈의 불독")에게, 헉슬리 당신은 조부나

조모 쪽으로 유인원을 조상으로 두고 있는 거냐며 냉소적으로 질문을 던졌다. 이다음에 무슨 말이 오갔는지는 전하는 이야기가 분분하지만, 전설에 따르면 그때 헉슬리는 옆자리에 앉은 사람에게 이렇게 속닥였다고 한다. "주께서 저 자를 제 손아귀에 쥐여 주셨군요." 그러곤 유들유들한 샘에게 이렇게 통렬한 답변을 내던졌다. "만일 그렇다면 제가 고민해야 할 문제가 있겠군요. 불쌍한 유인원을 조부로 둘 것이냐, 아니면 훌륭한 자질을 타고났으며 대단한 영향력을 지니고 있음에도 불구하고 중대한 과학 토론에서 그 능력과 영향력을 고작 조롱이나 던지기 위해 쓰는 작자를 조부로 둘 것이냐 말입니다. 저라면 주저 없이 유인원 쪽이 더 낫겠다고 하겠습니다."[7]

늦은 2005년, 키츠밀러 소송 사건에서 판사가 판결을 내릴 때 내 심정이 바로 이와 같았다. 마치 주께서 저 창조론자들을 우리 손아귀에 쥐여 주신 것 같았다. 피고 측 창조론자에 대한 판사의 가차 없는 비판은 제아무리 골수 종교적 보수라 할지라도 주저 없이 진화가 더 낫겠다는 생각을 갖게 만들 것 같았다. 키츠밀러 소송 사건은 특별한 법정 소송이었다. 지적 설계 창조론자들의 저의를 까발렸기 때문이기도 하고, 보수 판사가 지적 설계론 지지자들에 반대하여 명쾌하고 가혹한 판결을 내렸기 때문이기도 하다.[8]

공판에서 도버 지역 학군의 변호는 토머스 모어 법률 센터(TMLC)에서 맡았다. 토머스 모어 법률 센터는 보수적 가톨릭 신자 사업가 톰 모니건과 변호사 리처드 톰슨(자살 보조를 놓고 벌어진 유명한 공판에서 잭 케보키언[■]을 기소한 인물이다)이 설립한 단체이다. 1999년 설립 때부터 토머스 모어 법률 센터는 미국 시민 자유 연맹(ACLU)과 대결을 벌일 재판지를 물색해 왔다. 스스로를 "미국 시민 자유 연맹에 대한 기독교 신자의 응답"이며 "신앙인의 칼과 방패"라고 부르면서, 토머스 모어 법률 센터는 포르노 대 예수 성탄화, 동성 결혼 대 십계명 전시에 이르기까지 대중적 논란거리를 가지고 미국 시민 자유 연맹을 걸고넘어졌다. 이른 2000년에 활동을 시작하면서, 토머스 모어 법률 센터 대표들은 공립학교 과학 교실에서 지적 설계론을 가르칠 만한 곳을 물색하는 한편 분위기를 조장하면서 전국 각지의 교육 위원회를 찾아다녔다. 토머스 모어 법률 센터는 생물 교사들이 표준 교과서를 교재《판다와 사람》으로 보완할 것을 권했다. 그 책략은 장차 공판에서 중요한 증거가 되어 줄 터였다. 2004년, 토머스 모어 법률 센터는 아이들의 과학 수업에 창조론을 도입할 길을 찾고 있던 보수적 기독교 신자들이 장악한 펜실베이니아 주 도버 지역 학군 교육 위원회에서 자발적인 공모자를 한 사람 찾아냈다.

2004년 10월 18일, 도버 교육 위원회는 모임을 갖고 6대 3의 표결로 다음과 같은 진술을 생물학 교과 과정에 더해 넣기로 결정했다. "학생들은 다윈의 진화론에 공백, 또는 문제가 있으며

■ 말기 환자들에게 안락사를 통해 죽을 권리가 있음을 옹호했던 인물로 유명한 병리학자이며, 많은 환자들이 자살하는 것을 도왔다고 한다. 2급 살인죄로 8년간 복역했다.

지적 설계론을 비롯한—그러나 지적 설계론만으로 국한되지 않는—다른 진화 이론들이 있음을 알게 될 것이다. 주의: 생명의 기원은 가르치지 않는다." 그 다음 달, 위원회는 도버 고등학교의 9학년 과정 생물학 수업에서 모든 학생들이 읽을 수 있도록 다음과 같은 진술을 추가했다.

> 펜실베이니아 주 교육 표준은 학생들이 다윈의 진화론을 배우고 마지막에는 진화론이 들어간 표준화된 시험을 치를 것을 요구한다.
> 다윈의 이론은 하나의 이론이기 때문에, 지금도 새로운 증거가 발견될 때마다 시험되고 있는 이론이다. 이론은 사실이 아니다. 이론에는 증거가 없어서 설명할 수 없는 공백이 있다. 이론은 너른 범위의 관찰들을 하나로 아우르는 잘 시험된 설명으로 정의된다.
> 지적 설계론은 생명의 기원에 대한 설명으로서 다윈의 관점과는 다르다. 지적 설계론이 실제로 다루는 것이 무엇인지 이해를 얻고자 이 관점을 탐구하고 싶은 학생들이 볼만한 책으로 참고서《판다와 사람》이 있다.
> 어느 이론을 만나든 학생들이 열린 마음을 갖도록 해야 한다. 학교는 생명의 기원에 대한 논의를 학생 개개인과 학생의 가족들 몫으로 남겨 둔다. 교육 표준을 준수하는 학군으로서, 교과 학습은 학생들이 교육 표준에 기초한 평가에 숙달될 수 있도록 준비시키는 것에 초점을 맞춘다.

교과 위원회 회장 윌리엄 버킹엄이 힘을 쓴 덕분에 학교는

《판다와 사람》을 구입할 수 있었다. 그는 학교를 위해 책을 구입할 기금 850달러를 자기 교회에서 모금했다. 교육 위원회 모임이 있고 1주일 뒤에 폭스 텔레비전의 어느 계열사와 가진 인터뷰에서 그는 이렇게 말했다. "제 의견을 말씀드리면, 다윈을 가르치는 건 좋다 이겁니다. 대신 창조론 같은 다른 이론을 가르쳐서 균형을 맞추어야 한다는 것이죠." 그러나 도버 고등학교에 입학한 학생들의 학부모 중 열한 명은 이를 받아들이지 않았고, 2004년 12월 14일, 미국 시민 자유 연맹과 '교회와 국가 분리를 위한 국민 연합'의 법적 후원을 등에 업고 학군을 상대로 소송을 제기했다. 토머스 모어 법률 센터로선 바라 마지않던 싸움을 하게 된 것이었다. 펜실베이니아 주 중부 연방 지방 법원에 소장이 제출되었고, 2005년 9월 26일부터 11월 4일까지 법관 재판이 열렸으며, 법관은 2002년에 부시 대통령이 임명했던 보수 기독교 신자 판사 존 E. 존스 3세였다.

원고 측의 일차 임무는 지적 설계론이 과학이 아닐 뿐만 아니라 창조론의 다른 이름에 불과하다는 것을 보이는 것이었다. 창조론은 이미 미연방 대법원이 에드워즈 대 아귈라드 소송—루이지애나 소송—에서 공립학교에서 가르칠 수 없는 것으로 판결을 내린 바 있었다. 과학 쪽 전문가 증인들은 원고 편에 서서 증언을 했는데, 여기에는 브라운 대학교의 분자생물학자 케네스 밀러와 버클리의 캘리포니아 대학교 고생물학자 케빈 패디언이 있었다. 두 사람은 지적 설계론의 주장을 조목조목 반박했다. 이보다 더 중요한 전문가 증언은 미시간 주립 대학교의 철학자 로버트 펜녹과 사우스웨스턴 루이지애나 대학교의 바버라 포레스트의 증언이었는데, 두 사람은 지적 설계론 운동의 역사를 빠짐없이 책으로 쓴 사람들이었다. 펜녹과 포레스트는 압도적인 증거를 제시하며 지적 설계론이 (한 방청자가 말한 인상적인 어구를 빌려 말해 보면) "싸구려 턱시도를 입은 창조론"에 불과함을 보여 주었다.

예를 들어 《판다와 사람》의 주 저자인 딘 캐니언이 헨리 모리스와 게리 파커가 쓴 고전적인 창조론 교과서 《창조과학이란 무엇인가?》의 서문을 썼다는 사실이 밝혀졌다. 《판다와 사람》의 2차 저자인 퍼시벌 데이비스는 《창조론 옹호》라는 제목의 어린지구 창조론 책의 공동 저자였다. 그러나 가장 불리한 증거가 된 것은 바로 《판다와 사람》이라는 책 자체였다. 국립 과학 교육 센터가 원고 측에 제출한 자료들은 《판다와 사람》이 1983년 처음 계획되었을 때의 원래 제목이 《창조생물학》이었고, 1986년판은 《생물학과 창조》였다가, 다시 1년 뒤에 《생물학과 기원》으로 제목이 바뀌었음을 밝혀 주었다. 이때는 이른 1990년대에 시작된 지적 설계론 운동이 부상하기 전이었기 때문에, 책 원고들은 '지적 설계' 대신 '창조'를 언급했고, 출간 계획과 관련하여 보낸 기금 모금 서한들에서는 그 책이 '창조론'을 지지한다고 적었다. 최종판인 지금 제목의 《판다와 사람》은 1989년에 출간되었고, 1993년에 개정판이 나왔다. 흥미로운 점이 있다. 1986년 《생물학과 창조》 초고에서 저자들은 책의 중심 주제인 창조를 다음과 같이 정의했다.

> 창조란 다양한 꼴들의 생명이 지적 창조자의 작용을 통해 각각의 특징을 모두 갖추고 이미 완전한 모습으로 돌연하게 시작되었음을 의미한다. 처음부터 물고기는 지느러미와 비늘을 갖고, 새는 깃털, 부리, 날개를 갖고 태어났다.

그런데 에드워즈 대 아귈라드 소송이 있은 뒤에 출판된《판다와 사람》에서는 창조의 정의가 다음과 같이 돌연변이했다.

> 지적 설계란 다양한 꼴들의 생명이 지적 작용을 통해 각각의 특징을 모두 갖추고 이미 완전한 모습으로 돌연하게 시작되었음을 의미한다. 처음부터 물고기는 지느러미와 비늘을 갖고, 새는 깃털, 부리, 날개를 갖고 태어났다.

확실한 냄새가 났다. 지적 설계를 명확히 거론한 책으로 학생들에게 추천했던 교과서의 생은 애초 창조론자의 책략으로 진화를 시작했던 것이다. 옛날 〈몬티 파이던〉의 단골 메뉴에서, '개'라고 적힌 것을 간단히 줄로 그어 지우고 대신 '고양이'를 적어 넣어 개 등록증을 고양이 등록증으로 둔갑시켰던 것처럼, 창조론자들도 간단히 '창조'를 지우고 대신 '지적 설계'를 붙여 넣었던 것이다.▪

혹 창조론자들의 진짜 속셈을 고발하기에 이것들만으로는 불충분하다는 생각이 든다 해도, 이게 다가 아니다. 원고 측은 학교에 보낸 책들을 구입한 윌리엄 버킹엄의 진술을 강조함으로써 종

지부를 찍었다. 그 사람은 지역 신문사와의 인터뷰에서, 진화론을 가르치는 것은 창조론을 가르치는 것과 균형을 이루어야 한다고 말했다. 왜냐하면 "2,000년 전에 십자가 위에서 돌아가신 분이 있습니다. 누군가 그분 입장을 대변해 줘야 하지 않겠습니까?"

초보수적인 존스 판사가 듣기에도 더 이상 들을 필요가 없었다. 2005년 12월 20일 아침, 존스 판사는 판결문을 배포해서 지적 설계론과 종교적 편협함에 대해 강경한 어조로 비난했다.

> 이 소송에 걸린 사실들에 승인 심사와 레몬 심사■■를 모두 적절하게 적용해 본 결과, 교육 위원회의 지적 설계론(ID) 정책이 종교

■ 참고로 마이클 셔머의 《왜 사람들은 이상한 것을 믿는가》(바다출판사, 2007)에 실린 몬티 파이던 이야기를 옮겨 본다(313~314쪽).

영국 BBC의 코미디 시리즈인 〈몬티 파이던〉의 단골 메뉴가 하나 생각납니다. 한 사람이 애완동물 가게에 들어가 자기가 키우는 물고기 등록증을 받으려 하죠. 그런데 가게 주인은 물고기 등록증을 발급하지 않는다고 말합니다. 그 사람은 고양이 등록증을 갖고 있는데, 왜 물고기 등록증은 받을 수 없느냐고 따집니다. 그런데 가게 주인은 고양이 등록증도 발급하지 않는다고 말합니다. 그러자 그 사람은 가게 주인에게 자기가 갖고 있는 고양이 등록증을 보여 주죠. "그건 고양이 등록증이 아니오." 주인은 이렇게 대답합니다. "그건 개 등록증이오. 당신은 '개'라는 말을 긁어 지우고 그 자리에 '고양이'를 썼을 뿐이오." 바로 이것이 모든 창조론자들이 하는 짓입니다. 그들은 '종교'라는 말을 긁어서 지운 다음 그 자리에 '과학'이라는 말을 집어넣었을 뿐입니다.

■■ '승인 심사endorsement test'는 1984년 '린치 대 도넬리' 소송 사건에서 대법원 판사 샌드라 데이 오코너가 제기한 시험 기준으로서, 상식을 가진 사람들에게 정부의 조치

설립의 자유에 관한 조항을 위반했음이 더없이 분명해졌다. 우리는 이런 결정을 내리면서, 지적 설계론이 과학인지를 묻는 중요한 물음을 검토했다. 우리가 내린 결론은 다음과 같다. 지적 설계론은 과학이 아니며, 나아가 지적 설계론은 창조론, 따라서 그 종교적인 조상들과 뗄 수 없는 관계에 있다.

존스 판사는 한 걸음 더 나아가, 진화론이 종교적 신앙과 모순된다는 위원회 위원들의 주장을 비난했다.

피고인들과 지도적인 지적 설계론 지지자들의 많은 수는 완전히 그릇된 기본 가정을 깔고 있다. 그들은 진화론이 지고한 존재의 실존, 아울러 종교 일반과 대립한다고 전제한다. 이 공판에서 원고 측 과학 전문가들은 진화론이 훌륭한 과학을 대표하며, 과학 공동체가 압도적으로 받아들이는 이론이고, 따라서 신적 창조자의 존재와 결코 상충하지 않고, 그 존재를 부정하지도 않음을 거듭 증언했다.

가 종교를 두둔하거나 배척한다는 느낌을 불러일으키면 미국의 수정 헌법 1조의 종교 설립의 자유에 관한 조항에 따라 그 조치는 무효가 될 수 있음을 밝힌 것이다. '레몬 심사Lemon test'는 1971년 '레몬 대 커츠맨' 소송 사건의 판결에서 세워진 시험 기준으로서 종교와 관련한 정부 조치와 의회 입법의 필요 조건을 세 가지로 명시하고 있다. 첫째, 법적으로 반드시 세속적 목적을 가져야 하고, 둘째, 1차적으로 종교를 밀어주거나 억누르는 효력을 가져서는 안 되고, 셋째, 정부가 과도하게 종교와 얽히는 결과를 낳아서는 안 된다. 이 세 가지 조건 중 어느 하나라도 충족되지 않으면, 미국의 수정 헌법 1조의 종교 설립의 자유에 관한 조항을 위반한 것으로 간주한다.

과학의 성질이 잠정적임을 이해하고 있음을 보이면서, 존스 판사는 과학의 불확실성이 비과학적인 믿음을 뒷받침하는 증거로 번역되지 않는다는 말을 덧붙였다.

> 확실히 다윈의 진화론은 불완전하다. 하지만 어느 과학 이론이 아직까지 모든 점들을 설명하지 못한다는 사실이, 종교를 근거로 한 시험 불가능한 대안적 가설을 과학 교실로 밀고 들어가거나 잘 정립된 과학의 명제들을 거짓이라고 전하는 핑계거리가 되어서는 안 된다.

교육 위원회의 행동과 특히 그들의 동기에 대한 의견을 표할 때 판사는 조금의 사정도 두지 않았다. 그들을 거짓말쟁이라고까지 불렀다.

> 도버 지역의 시민들은 표결로 지적 설계론 정책을 선택한 위원회 위원들의 형편없는 봉사를 받았다. 얄궂게도 이 위원들 가운데 너무나 충직하고 당당하게 자기네 종교적 신념을 대중에게 강권했던 여러 인사들은 자기네 행적을 덮고 지적 설계론 정책 뒤에 숨은 목적을 위장하기 위해 거듭해서 거짓말을 할 것이다.

마지막으로, 언론에서 자기 판결을 어찌 받아들일지 알고 있던 존스 판사는 행동가 판사로 비난받기에 앞서 선수를 쳤고, 도버 교육 위원회의 '참담한 아둔함'에 대해 일침을 더 가했다.

우리들의 판결에 찬성하지 않는 사람들은 아마 이것을 행동가 판사의 생각에서 나온 것으로 치부할 수도 있을 것이다. 만일 그런다면 그들은 잘못 생각한 것이다. 왜냐하면 여기는 누가 봐도 행동가 법정이 아니기 때문이다. 오히려 이 소송이 우리에게 온 것은 교육 위원회 내의 지각이 부족한 당파가 지적 설계론의 합헌을 따질 시험대를 찾기를 바랐던 공익적 법률 회사의 도움을 얻어 행동에 나선 결과였다. 이 둘이 결탁하여 무모하면서도 궁극적으로 위헌인 정책을 교육 위원회가 채택하도록 했다. 이 공판을 통해 완전히 밝혀진 사실적 배경에 기대어 고려해 볼 때, 위원회 결정이 참담할 정도로 아둔한 것임에는 틀림이 없다. 도버 지역 학군의 학생들, 학부모들, 교사들은 돈과 기운을 완전히 허비한 꼴이 된 이 법적 소용돌이 속으로 끌려오는 것보다 더 나은 대우를 받아야 했다.

증명 완료.

신앙에 쐐기를 박으려는 의도

존슨은 자기가 벌인 운동을 일러 '쐐기'라고 했다. 그의 말에 따르면, 다윈주의란 본래 무신론적임을 사람들에게 납득시켜서 창조론 대 진화론 논쟁을 신이 있다는 주장 대 신이 없다는 주장의 논쟁으로 바꾸는 것이 쐐기의 목적이라고 한다. 바로 그 논쟁을 통해 사람들이 성경의 '진리'로 인도되고, 그 다음엔 '죄 물음'으로, 마침내는 '예수에게 인도'된다는 것이다.

밥 존슨, 〈지적 설계론 지지자 필립 존슨에 대하여〉, 《처치앤스테이트》(1999)

⚜

여러 해 전 어느 날 저녁, 《우리는 어떤 식으로 믿는가》 홍보 여행을 하던 차에, 사람들이 신을 믿는 이유에 대하여 매사추세츠 공과대학(MIT)에서 강연을 하나 한 적이 있다. 우연히도 때마침, 같은 층 다른 강의실에서 수학자 윌리엄 뎀스키가 지적 설계론 강연을 하고 있었다. 각자의 강연을 마친 뒤, 우리는 서로 양쪽으로 갈린 논적이 으레 해야 할 일을 했다. 말하자면 함께 맥주를 마시러 나갔다. 윌리엄의 동료 폴 넬슨과 함께 우리는 어느 스포츠 바에 둘러앉아 과학과 종교, 진화론과 창조론, 그리고 그곳이 보스턴이니만큼 레드삭스와 양키스 팀에 대해서 얘기를 나눴다. 그날 저녁 이후로 나는 윌리엄, 폴, 그리고 지적 설계 철학자 스티븐 메이어와 여러 차례에 걸쳐 논쟁을 벌였다. 그러면서 차도 나눠 타고 식사도 함께 했다. 폴 넬슨은 회의주의 학회 사무실과 도서관까지 찾아 주었다. 함께 둘러본 뒤, 종교 얘기도 하고 세상 얘기도 하며 만찬을 들었다. 여러 해 동안 이 신사들을 알아온 지금, 나는 이들보다 더 정중하고 마음씨 좋고 생각이 깊은 사람들은 찾지 못할 것이라 단언할 수 있다.

우리는 친구 사이였기 때문에, 그들은 나와 있을 때에도 종교적 믿음 얘기를 거리낌 없이 입 밖에 냈다. 물론 나는 그때마다 그들의 믿음을 문제 삼지 않을 수 없었다. 비록 그들은 하나같이 자기들이 종교가 아닌 과학적 문제를 추구하고 있다는 주장을 고수하지만, 사적으로는 지적 설계자가 아브라함의 신이라 믿는다고 인정한다. 사실 내가 알기로 지적 설계 지지자들은 한 사람을 제외하고 모두 복음주의 기독교 신자이다.

누구의 주장을 평가할 때 그 사람의 종교가 무엇이냐가 걸림돌이 되어서는 안 된다. 그래서 나는 이 책에서 그들의 논증을 가장 길게 다루었다. 그러나 다른 한편으로, 만일 어느 과학 공동체의 거의 모든 구성원이 하나의 특정 종교적 신앙을 가지고 있다면, 당신이 가진 '허튼소리 감지 경보기'는 무언가 과학과는 다른 일이 여기서 벌어지고 있다는 신호를 보낼 것이다. 사실 무슨 일이 실제로 일어나고 있다.

과학자로서 나는 데이터를 살핀다. 비록 나는 동기가 불순하다며 친구들을 비난하는 건 가치 없는 일이라 여기지만, 현재 있는 증거—그들이 직접 발표한 글—를 본 나로서는, 그들이 추구한다고 생각하는 과학이 무엇이든 간에 그 배후와 너머에는 무언가 다른 결정적인 종교적 및 정치적 의도가 숨어 있다는 결론을 내리게 되었다. 인간 행동은 복잡하고 원인의 측면에서는 다변수적이다. 말하자면 동기를 그리 쉽게 흑백의 범주로 분류할 수 없다는 것이다. 내 의견으로는, 내가 만나 본 지적 설계 창조론자들은 자기들이 오직 과학을 하고 있을 뿐 종교적이거나 정치적 의도는 품고 있지 않다는 미사여구를 곧이곧대로 믿으면서도, 자기들이 고수하고 있는 종교적 신조와 정치적 신조까지도 믿는 사람들이다.

신과 쐐기

1987년 대법원 소송에서 맥도 못 추고 패배했던 '과학적 창조론자들' 로부터 스스로 거리를 두기 위해, 지적 설계 창조론자들은 자기들이 오직 과학에만 관심이 있음을 강조한다. 예를 들어 뎀스키는 이렇게 말한다. "과학적 창조론은 종교적인 면에 더 치중했지만, 지적 설계론은 그렇지 않다."[1]

허튼소리다. 2000년 2월 6일, 뎀스키는 캘리포니아 애너하임에서 열린 전국 종교 방송인 협회 연례 모임에서 이렇게 말했다. "지적 설계론은 우리가 자비로우신 신의 형상대로 창조되었다는 전체 가능성을 열어 줍니다……. 기독교 변증론의 임무는 땅을 깨끗이 고르는 일, 사람들이 예수님을 알지 못하게 방해하는 장애물을 깨끗이 치우는 일입니다……. 그리고 예수님의 성장과 성령의 자유로운 통치를 가로막고 사람들이 성경 말씀과 예수 그리스도를 받아들이지 못하게 하는 것이 있다면, 저는 그것이 다윈주의적 자연주의 관점이라고 생각합니다."[2] 기독교 잡지 《터치

스톤》에 실린 어느 특집 기사에서 뎀스키는 훨씬 직설적으로 말했다. "지적 설계론은 바로 정보 이론의 언어로 다시 쓰인 《요한복음》의 로고스 신학이다."[3]

이 말을 듣고 착각하지 말기를. 창조론자들과 그 형제인 지적 설계론자들은 그냥 균등 시간만을 원하는 게 아니라, 얻을 수 있는 한 전숲 시간을 원한다. 버클리의 캘리포니아 대학교 법학 교수로서 현대 지적 설계론 운동의 근원인 필립 존슨이, 뎀스키가 연설했던 바로 그 전국 종교 방송인 협회 모임에서 했던 말을 들어 보자. "20세기의 기독교 신자들은 방어전을 했습니다. 자기들이 가진 것을 지키고자, 할 수 있는 한 많은 것을 지키고자 방어전을 치러 왔습니다. 그러나 그것이 시류를 바꾸지 못합니다. 우리가 하려는 일은 완전히 다른 일입니다. 우리가 하려는 일은 적의 영토로, 적진의 중심으로 들어가서 탄약고를 날려 버리는 것입니다. 이 비유에서 탄약고가 무엇을 뜻할까요? 바로 적들 식의 창조입니다."[4] 1996년, 존슨은 사정없이 말했다. "이것은 진정 과학에 대한 논쟁이 아니며, 결코 과학 논쟁이었던 적이 없다……. 그것은 종교와 철학에 관한 것이다."[5]

쐐기를 박아라. 존슨은 자신의 책《진리의 쐐기》에서 이 비유가 무슨 뜻인지 소개했다. "제목의 '쐐기'는 뜻이 맞는 사상가들이 벌이는 비공식적인 운동을 일컬으며, 거기서 나는 주도적인 몫을 담당하고 있다." 그는 이렇게 썼다. "우리의 전략은 오랫동안 무시되어 왔던 물음들을 수면으로 부상시키고 그 물음들을 공개 논쟁에서 소개함으로써 우리가 가진 쐐기의 날카로운 끝을 자연주의라는 통나무의 갈라진 틈에 박아 넣는 것이다." 자연주의를 쓰러뜨린 다음, 그들의 조준 범위에 들어온 표적은 유물론이다. "일단 우리의 연구와 저술 활동이 충분히 시간을 갖고 무르익으면, 그리고 대중이 설계론을 수용할 준비를 마치면, 우리는 중요한 과학 무대에서 도전 회의를 통해 유물론 과학의 옹호자들과 정면 대결을 벌일 것이다……. 설계론에 대한 관심, 광고, 영향력이 과학적 유물론자들을 공개 논쟁의 장으로 끌고 와 설계론자들과 맞붙게 할 것이며, 우리는 그 채비를 할 것이다."[6] 이는 단순히 자연주의에 대한 공격이 아니라, 모든 과학에 맞서는 종교 전쟁이다. "지금은 (일반적인 유신론과 구별하여) 특수한 기독교 복음에 쐐기 프로그램을 맞추는 방법, 그리고 성경의 권위를 전체 그림 어디에 어떻게 넣어야 할 것인지의 물음들을 더욱 본격적으로 제시해야 할 때이다. 기독교 신자들이 이 물음들에 대한 이해를 더욱 철저하게 발전시키면, 어떻게 하면 보통 사람들, 구체적으로 말하면 과학자나 전문 학자가 아닌 사람들이 복음의 편에 서서 보다 효과적으로 세속적 세상을 상대할 수 있을지 더욱 분명하게 보기 시작할 것이다."[7]

앞에서 내가 지적 설계 창조론자들을 기독교 신자들로 일반화했을 때 예외로 두었던 주요 인물이 바로 진화론의 상위 열 가지 '우상'의 목록을 작성한 조너선 웰스이다. 웰스는 통일교 신자이다. 즉 통일교회의 구성원이며 문선명 선생의 추종자이다. 문선명은 웰스에게 진화론을 파괴할 임무를 부여했다. "아버님[문선명 선생]의 말씀, 내 공부, 내 기도를 통해 나는 내 인생을 다윈주의를 파괴하는 데 바쳐야 한다고 확신하게 되었다. 이미 나의 수많은 통일교 식구들이 마르크스주의를 파괴하는 일에 인생을 바쳤던 것처럼 말이다." 웰스는 이렇게 고백한다. "1978년 아버님이 (열두어 명의 다른 신학 대학원생들과 함께) 나를 택하여 박사 과정에 들어가라 하셨을 때, 나 스스로 전투 준비를 할 기회로 여기고 반가이 받아들였다." 웰스는 세상으로 나가 박사 학위를 받았고《진화의 우상》을 저술했다.

법적으로나 종교적으로 낚시질을 했다는 것 외에, 지적 설계론자들이 옛날의 창조론자들로부터 거리를 두게 된 동기에는 아무도 창조론자들을 진지하게 여기지 않았던 탓도 있다. 자신의 취지를 진작시키기 위해 다른 색깔의 창조론 믿음들과 대결하기를 서슴지 않았던 뎀스키는 2005년에 어린지구 창조론자 헨리 모리스와 논쟁을 벌인 자리에서 그 문제를 이렇게 설명했다. 첫 번째 단계는 "유물론을 해체하는 일이 들어 있습니다……. 지적 설계론은 인간 영혼을 숨 막히게 하는 그 이념을 우리에게서 제거해 줄 뿐만 아니라, 이제까지의 제 개인적인 경험상, 사람들을 예수님께 인도하는 길까지 열어 준다는 것을 발견했습니다. 사실상 일단 유물론이 더 이상 선택할 것이 못 되면, 다시 기독교가 선택될 것입니다." 그렇다면 목표는 이 세상에서 유물론을 제거할 발판을 찾아내는 것이다. 뎀스키의 견해는 이렇다. "지적 설계론은 수대에 걸쳐 기독교가 진지한 관심을 받지 못하도록 했던 지성의 찌꺼기들을 제거하는 지면 청소 작전으로 생각해야 마땅합니다."[8]

새 창조론과 낡은 창조론이 세부적으로는 다를 수 있겠으나, 궁극적인 목적은 같다. 지적 설계론이 둘러쓴 과학의 겉모습은 의도적으로 종교적 속셈을 감추기 위한 것이다. 실제로 지적 설계론자들을 만나 대체 당신들이 하고 있다는 과학이란 게 정확히 뭐냐고 따져 물으면, 자기들 계획에서 아직 '그 부분'은 개발하지 못했다고 자기 입으로 인정한다. 뎀스키의 2004년 책《설계론의 혁명》에는 지적 설계론 운동의 솔직한 자기 평가가 기록되어 있다. 그 책에는 다음과 같은 유명한 말(또는 고백)이 실려 있다. "지적 설계론이 문화적으로 인지도를 얻는 일에서 뛰어난 성공을 거두었기 때문에, 지금은 지적 설계론을 이루는 과학적, 지적 요소들을 문화와 정치의 요소들이 앞지르고 있다."[9] 2004년 로스앤젤레스 성경 연구소 회의에서, 폴 넬슨은 뎀스키의 이 같은 평가를 재확인했다. "쉽게 말해서 지적 설계론 공동체가 당면한 가장 큰 도전 과제는 생물학적 설계를 설명하는 완전한 이론을 개발하는 것입니다." 넬슨은 이렇게 말했다. "지금 우리에겐 그런 이론이 없습니다. 그게 문제입니다……. 지금 우리가 가진 것은 막강한 직관 한 자루, '환원 불가능한 복잡성'과 '특수 복잡성' 같은 관념 한 줌뿐, 아직까지 생물학적 설계를 설명하는 일반 이론은 없는 형편입니다."[10]

과학 이론의 진정한 척도는 과학자들이 그 이론을 쓰느냐 안 쓰느냐이다. 어느 과학자도 지적 설계론을 사용하지 않고 있다. 심지어 스스로를 기독교 신자라고 말하는 과학자들조차도 과학적 방법을 놔두고 지적 설계론의 직관을 사용하지는 않는다. 기독교를 바탕으로 설립된 휘트워스 칼리지의 생물학 교수 리 앤 채니는 이렇게 자기 생각을 간추린다.

> 기독교 신자로서 내 믿음 체계의 일부는 신께서 궁극적으로 책임을 지신다는 것이다. 그러나 생물학자로서 나는 증거를 볼 필요가 있다. 과학적으로 말하면, 나는 지적 설계론이 썩 도움이 된다고는 생각지 않는다. 왜냐하면 지적 설계론은 반박 가능한 무엇도 제공하지 않기 때문이다. 말하자면 그 이론이 참이 아님을 보여줄 방도가 이 세상에는 없다는 뜻이다. 신성에 대한 추론을 이끌어 내는 것은 내가 보기에 과학이 담당할 기능으로 보이지 않는다. 왜냐하면 너무나 주관적이기 때문이다.[11]

지적 설계론 운동은 "반박 가능한 무엇도 제공하지 않는다." 왜냐하면 진짜 목표는 과학 이론을 증명하는 것이 아니라 종교 이념의 토대를 얻는 것이기 때문이다.

돈을 따라가 보자

지적 설계론이 과학이든 아니든, 우리는 정치적 분석에서 쓰는 '알아보고 확인하는 방법' 을 써서 지적 설계론의 배후에 감춰진 의도를 조명해 볼 수 있다. 그 방법이란 '돈을 따라가 보는 것' 이다. 《뉴욕 타임스》에서 수행한 광범위한 조사에 따르면, 시애틀에 거점을 둔 디스커버리 연구소—쐐기 운동에서 망치 구실을 해 온 비영리 단체이다—는 이제까지 주로 우익 종교 집단으로부터 자금 지원을 받았다. 예를 들어 아맨슨 재단은 유언 집행인인 하워드 아맨슨 2세를 통해 75만 달러를 기부했다. 이 사람은 한때 자기 목적이 "성경의 법을 우리 삶과 완전히 통합하는 것"이라고 말했다. "성경 말씀의 절대적 오류 불가능성"에 헌신하는 집단으로 "예수 왕국을 촉진시키는 일에 헌신하는" 단체들에게 보조금을 주는 맥릴란 재단은 디스커버리 연구소에 45만 달러를 기부했다. 1998년, 하워드 F. 아맨슨의 보수적 자선 단체 필드스테드앤컴퍼니는 5년 동안 매년 30만 달러를 디스커버리 연구소에 수여했고, 1999년에는 스튜어드십 재단이 보조금 액수를 5년 동안 매년 20만 달러로 올렸다. 재단 웹 사이트에 따르면, 스튜어드십 재단은 "전도와 선교 사업을 통해 기독교 복음을 전파하는 데 이바지할" 목적으로 설립되었다. 디스커버리 연구소에 재정적 지원을 하는 다른 스물두 개 재단 대부분도 정치적으로 보수적임을 《뉴욕 타임스》 지는 확인했는데, 여기에는 콜로라도스프링스 헨리 P. 크로웰과 수전 C. 크로웰 트러스트가 들어 있다. 웹 사이트에서는 이곳의 사명이 "복음주의 기독교 교리를 가르치고 적극적으로 확대하는 것"이라고 적어 놓았다. 또 버지니아주의 AMDG 재단도 있다. AMDG는 라틴어 *Ad Majorem Dei Gloriam*의 첫 글자를 딴 말로, "신의 더욱 큰 영광을 위하여"라는 뜻이다.

《뉴욕 타임스》는 디스커버리 연구소의 세금 기록도 조사했는데, 그 결과 보수 집단들로부터 받는 연간 지원금 액수가 1997년에 140만 달러였던 것이 2003년에는 410만 달러로 늘어났음을 알아냈다. 1996년부터 연간 예산이 360만 달러인 디스커버리 연구소는 매년 쉰 명의 연구자들에게 5,000달러에서 6만 달러씩 연구비를 후원해 오고 있다. 디스커버리 연구소에서 아낌없는 연구비를 받았던 스티븐 메이어에 따르면, 1996년부터 디스커버리 연구소 과학 문화 센터의 예산 930만 달러의 39퍼센트가 다양한 출판 프로젝트 지원 명목으로 나갔다고 한다.[12]

돈은 말을 한다. 이 책을 쓰고 있는 지금, 서른한 개 주에서 지적 설계론과 진화론 사이의 법정 공방이 일흔여덟 건이나 진행 중이다. 대부분 디스커버리 연구소 자금 지원 프로그램이 뒤에서 힘을 쓰고 있다. 쉰 권의 책, 셀 수 없이 많은 사설, 에세이, 시평, 논평, 심지어 그럴싸한 다큐멘터리—두 편은 텔레비전에서 방영되었고 한 편은 스미소니언 협회에서 상영되었다—까지도 가세하고 있다.[13] 돈으로 살 수 있는 게 무엇인지 뼈아프게 보여 주는 예가 있다. 2005년 7월, 디스커버리 연구소의 홍보 회사—보수 하원 의원 뉴트 깅리치의 《1994 미국과의 계약》을 판촉했던 바로 그 홍보 회사이다—의 충동질에, 가톨릭 추기경 크리스토프 쇤보른이 《뉴욕 타임스》에 사설을 써, 진화론은 종교에 위협이 되지 않는다는 1996년 교황 요한 바오로 2세의 성명을 부정했다.[14] 쇤보른은 가톨릭 신자들에게 교회는 진화를 인정하지 않는다고 말했다. 이에 대해 폴 푸파르 추기경이 기자 회견을 열어 창세기와 진화론은 "완벽하게 양립 가능하다"고 선언했는데, 이는 바티칸이 직접 반격하고 나선 기막힌 뒤집기였다.

디스커버리 연구소는 과학을 하는 게 아니라 정치를 한다. 《뉴욕 타임스》가 "록펠러 공화당원 색을 띤 레이건 보수파"라고 묘사했던, 141,000달러라는 센 연봉을 받는 디스커버리 연구소 소장 브루스 채프먼은 이렇게 말했다. "우리가 이 일을 추진하는 까닭은 단순한 재미 때문이 아니다. 우리는 이 몇 가지 생각들이 장차 지성계, 그리고 때가 되면 정치계를 뒤바꿀 것이라고 생각한다." 그는 조심스럽게 이렇게 덧붙였다. "필드스테드앤컴퍼니와 스튜어드십 재단도 우리와 뜻이 같다. 그렇지 않다면 그처럼 막대한 자금을 지원하지 않았을 것이다."[15] 사실 디스커버리 연구소가 지나치게 정치적이 되다 보니, '종교 진흥'의 공로에 가장 많은 상금을 주는(100만 달러 이상) 재단인 템플턴 재단은 지원을 철회했다. 1999년 지적 설계론 회의를 위해 디스커버리 연구소에 75,000달러를 준 뒤, 템플턴 재단은 디스커버리 연구소 측의 보조금 신청서를 거부했다. 왜 그랬을까? "저들은 정치적이다. 우리에게 걸림돌이 되는 것이 바로 그것이다." 템플턴 재단의 상무 찰스 L. 하퍼 2세의 말이다. 그는 이렇게 덧붙였다. 비록 디스커버리 연구소가 "늘 하는 주장이 과학에 초점을 맞춘다고 하는데, 내가 보기에는 대중 정치, 대중 설득, 교육 고취 등에 훨씬 더 집중하고 있다."[16]

신의 더욱 큰 영광을 위하여

비록 지적 설계론 지지자들의 동기가 논증에 비해 부차적이긴 하지만, 이 동기라는 게 엉뚱하다.

기독교 AMDG 재단의 표어를 다시 살펴보자. "신의 더욱 큰 영광을 위하여." 마음에 와 닿는 말이다. 진화는 자연의 참모습이며 종교에 아무런 해도 주지 않으니 진화를 받아들여도 좋다고 10억 가톨릭 인구에게 승인했던 교황 요한 바오로 2세의 편지지에도 이 글귀가 장식되어 있었다.

당신이 유신론자라면 한번 생각해 보라. 인간 지식의 다른 어느 도구보다도 더욱 밝게 이 진화적 생명관의 웅대함을 조명해 온 과학보다 신의 창조의 더욱 큰 영광을 찬양할 만한 것이 무엇이 있겠는가? 당연히 아직 답하지 못한 물음들과 해결해야 할 논란이 남아 있다. 그러나 그 물음과 논란은 유신론자든 무신론자든 보수 진영이든 자유 진영이든 우리 모두에게 열려 있다. 왜냐하면 과학에는 종교나 정치적 경계가 없기 때문이다. 다른 어느 전통보다도 과학은, 파나마 운하에 우뚝 서 있는 표어를 충실히 따른다. "모든 이들에게 세상을 열어 주기 위하여*Aperire Terram Gentibus*."

과학과 종교는 공존할 수 있는가

관찰과학은 더욱 정밀하게 생명의 다양한 발현을 기술하고 측정해서 시대별로 상관시킵니다. 영적인 측면으로 옮아가는 순간은 이런 종류의 관찰이 대상으로 삼을 수 없습니다.

교황 요한 바오로 2세, 《진리와 진리는 모순될 수 없다》(1996)

⚜

진화론이 함축하는 종교적 의미를 살필 때, 그 이론을 구축한 사람의 종교적 입장을 더욱 깊이 살피는 게 도움이 될 것이다. 집안에서나 바깥 사회에서나 어떻게 하면 과학과 종교가 화해할 수 있을지 고민했던 찰스 다윈의 생각과 느낌은 복잡했고, 세월이 흐르면서 진화를 했다.

다윈은 신학을 공부하러 케임브리지 대학교에 입학했으나, 바로 그전에는 에든버러 대학교에서 의학을 공부하다 포기한 터였다. 수술의 야만성이 혐오스러웠기 때문이다. 다윈의 유명한 할아버지 에라스무스와 아버지 로버트는 모두 직업이 의사였고, 자연사를 깊이 공부했으며, 확고한 자유사상가들이었다. 따라서 젊은 찰스에게 신학을 선택하도록 강요할 종교적인 압박 같은 건 전혀 없었다.

사실 다윈은 제1전공으로 신학을 선택한 덕분에 대학에서 '자연신학'을 공부한다는 명분을 갖고 자연사를 향한 열정을 추구할 수 있었다. 신의 말씀(성경)보다 신의 작품(자연)에 훨씬 관심이 컸던 것이다. 나아가 신학은 다윈의 집안처럼 영국 사회 지주 계급의 높은 사회적 지위를 갖춘 집안의 신사들이 선택할 수 있었던 몇 안 되는 전문직의 하나였다. 마지막으로, 다윈은 영국국교회에 속해 있었지만, 이것 역시 다윈 정도의 사회 계층에 있는 사람이라면 응당 기대할 만한 것이었다.

이때까지만 해도 다윈의 신심은 실속만 차린 것이 전혀 아니었다. 5년간의 비글호 세계 일주를 시작할 때나 끝마칠 때나 다윈은 창조론자였다. 비글호 선상에 있었을 때는 물론 일부 남아메리카 육상 탐사를 할 때에도 다윈은 정기적으로 예배에 참석했다. 항해를 마치고 고국에 돌아오고 나서야 비로소 다윈은 신앙을 잃어 갔으며, 그 과정은 오랜 세월에 걸쳐, 마지못했다고 할 정도로 서서히 일어났다.

다윈의 신과 악마의 사도

자연 세계를 공부한 결과, 특히 포식자와 피식자 관계의 잔인한 본성을 숱하게 관찰하게 되면서, 신의 본성과 존재에 대해 좀처럼 떨쳐 낼 수 없었던 의문들이 다윈의 신앙을 조금씩 걷어 냈다. "솜씨 없고 낭비적이며 실수투성이에 저열하고 징글징글하게 잔인한 자연의 작품에 대해 악마의 사도가 책을 쓴다면 어떤 책이 나올까!" 1856년 식물학자이자 정신적 지주인 조지프 후커에게 보낸 한 편지에서 다윈은 이렇게 통탄했다. 1860년에 다윈은 미국인 동료인 하버드의 생물학자 아사 그레이에게 편지를 써, 피식자를 (죽이지 않고) 마비시킨 다음 몸속에 알을 슬어, 새끼가 태어나면 산 채로 곤충의 살을 파먹을 수 있도록 하는 어느 벌 이야기를 했다. "맵시벌과가 살아 있는 애벌레 몸속을 파먹으려는 노골적인 의도를 갖도록, 또는 고양이가 생쥐를 가지고 놀도록, 자비로우신 신께서 의도적으로 창조하셨을 거라고는 제 자신은 납득을 하지 못하겠습니다. 정말 믿지 못할 일입니다." 다윈은 이렇게 생각했다. "저는 눈이 의도적으로 설계되었다는 믿음에서 아무런 필연성도 보지 못합니다."[1]

사람 세상의 고통과 악은 다윈의 의심을 부쩍 키웠다. "이 세상에 숱한 고통이 있음을 누구도 부인하지 못합니다." 다윈은 상대에게 이렇게 썼다. "어떤 이들은 사람을 기준으로 생각해서, 고통이 사람의 도덕적 개선에 도움이 된다는 생각으로 이를 설명하려고 했습니다. 그러나 이 세상에 사는 사람의 수란 감각을 가진 다른 모든 존재들의 수에 비하면 아무것도 아닙니다. 그 존재들도 종종 크나큰 고통을 느끼지만, 어떠한 도덕적 개선도 없습니다." 어느 쪽이 더 가능성이 있을까? 고통과 악이란 전능하시고 선하신 신에게서 유래한 것일까, 아니면 무심한 자연의 힘들이 낳은 산물일까? "숱한 고통이 있다는 것은 곧 모든 유기적 존재들이 변이와 자연선택을 거쳐서 발생되었다는 관점과 훌륭하게 일치합니다."[2] 다윈이 사랑했던 열 살배기 딸아이 앤의 죽음은, 신의 자비, 전지, 그리고 심지어 신의 존재에 대해서 그가 조금이라도 가지고 있던 확신까지 모두 끝장내 버렸다. 위대한 다윈학자이자 전기 작가인 재닛 브라운은 이렇게 말했다. "딸아이의 죽음으로, 전통적인 모습의 신에 대한 믿음으로부터 다윈의 의식은 정식으로 멀어지기 시작했다."[3]

그렇지만 다윈은 학자로서 살아간 대부분의 세월 동안 신 존재 물음을 철저하게 멀리했다. 대신 과학적 연구에 집중했다. 세상을 떠날 날이 가까워 올 즈음, 다윈은 종교적인 입장이 무엇인지를 묻는 편지를 수없이 받았다. 다윈은 오랜 침묵 끝에 결국 몇 차례 속내를 드러냈다. 세상을 뜨기 바로 3년 전인 1879년에 쓴 한 편지에서 다윈은 마침내 자신의 믿음을 밝혔다. "내가 가장 크게 마음이 흔들렸을 때조차도, 이제껏 나는 신의 존재를 부인한다는 의미에서 무신론자였던 적은 없었다. 항상 그랬던 것은 아니지만, (점차 나이가 들어갈수록) 내 마음 상태를 묘사하는 말로 불가지론자가 더 올바른 말이라고 생각한다."[4]

1년 뒤에 다윈은 자기 생각을 명확히 했다. 영국의 사회주의자 에드워드 에이블링이 《학생들의 다윈》이란 제목으로 종교적 사고에 대한 진화론의 함의를 다룬 책을 한 권 만들었는데, 다윈이 힘을 실어 줄 것을 원했다. 그 책은 다윈이 마뜩치 않아 했던 호전적인 반종교적 색채와 뻔뻔스러운 급진적 무신론자의 어조를 띠고 있었다. 그래서 다윈은 에이블링의 요구를 거절하고, 평상시처럼 금언조의 글로 거절의 이유를 신중하게 설명했다. "기독교와 유신론을 (옳게 하든 잘못 하든) 직접적으로 논박하면 대중에게 별 효과를 못 거둘 것으로 보입니다. 과학이 발전하면서 점차적으로 사람의 마음을 조명하게 되면 사고의 자유는 가장 훌륭하게 진작될 것입니다. 그래서 저는 종교에 대해 글을 쓰는 일을 항상 피하려 했으며, 주제를 과학에만 국한시켜 왔습니다." 그런 다음 다윈은 그럴 수밖에 없었던 개인적인 속사정을 넌지시 비쳤다. "그렇지만 만일 제가 어떤 식으로든 직접적으로 종교를 공격하는 일을 거들면 제 가족 중 누구누구에게 고통을 줄 것입니다. 아마 그것 때문에 이제까지 제 태도는 본심과는 다른 쪽으로 기울었을 것입니다."[5] 다윈의 아내 엠마는 독실한 종교인이었다. 그런 아내를 존중했기에, 다윈은 종교에 대한 회의를 대중에게 내보이는 일을 자제했다. 높은 도덕성을 지닌 한 인간이 보여 준 감탄할 만한 자제심의 묘였다.

충돌인가, 타협인가?

과학과 종교에 대한 다윈의 접근법이 건강한 접근법이었을까? 논리적이었을까? 종교적 믿음과 과학적 사고를 화해시키는 게 가능한 일일까? 이런 물음들에 어떤 답을 하느냐에 따라 과학과 종교의 관계에 대해 취하는 입장이 결정된다. 즉 서로 충돌하든가, 조화를 이루든가, 서로에 무관심하든가. 그리고 만일 그 논쟁의 모든 측면들 사이에서 합의에 이를 어느 수준을 찾아낼 수 있다면, 과학과 종교의 분리에 대해 오늘날 문화에서 이는 불안과 유감이 상당히 가라앉을 것이다. 나는 과학과 종교 사이의 가능한 관계를 세 가지 모델로 분류해, 이런 시도를 해 왔다.

1. **충돌하는 세계 모델**: 둘 사이의 관계를 '전쟁'으로 보는 이 접근법은 과학과 종교가 상호 배타적인 앎의 길이며, 하나가 옳으면 다른 하나는 그르다고 본다. 이런 관점에서 보면, 현대 과학의 성과들은 신앙에 항상 잠재적인 위협이 되기 때문에, 받아들이기 전에 반드시 종교적 진리에 견주어 신중하게 따져 보아야 한다. 마찬가지로 종교적 교의들은 과학에 항상 잠재적인 위협이 되기 때문에, 회의와 냉소의 시각으로 바라보아야 한다. 충돌하는 세계 모델은 양쪽 진영에서 극단에 선 자들이 채택하는 모델이다. 모든 과학적 성과들은 자기들이 읽은 (대개 글자 그대로 읽은) 창세기와 완벽하게 상관되어야 한다고 주장하는 어린지구 창조론자들은 미심쩍은 눈길로 과학에 적대감을 품고 있다. 반면 호전적인 무신론자들은 종교가 인간의 지식이나 사회적 상호 작용에 무슨 긍정적인 이바지를 할 수 있으리라고는 생각도 하지 못한다.[6]

2. **같은 세계 모델**: 본성적으로 이 모델은 충돌하는 세계 모델보다 유화적이다. 과학과 종교는 동일한 실재를 놓고 검토하는 두 가지 길이며, 과학이 자연세계에 대한 보다 깊은 이해로 나아가게 되면 고대의 수많은 종교적 교의들이 참임을 밝혀내리라고 보는 입장이다. 수많은 주류 신학자들, 종교 지도자들, 과학과 종교에 대해 보다 유연한 인식적 접근을 선호하는 신앙을 가진 과학자들—그래서 성경 이야기를 은유적 의미로 읽을 수 있다—

이 포용하는 모델이 바로 같은 세계 모델이다. 예를 들어 그들은 창세기의 창조 이야기에 나오는 '날들'이 아득히 오랜 지질학적 기간을 나타낼 수 있다고 본다. 교황 요한 바오로 2세의 신학은 물론 달라이 라마의 시각도 이 모델에 딱 들어맞는다. 두 사람은 우주와 우주 속 우리 자리를 이해한다는 동일한 목표를 향해 과학과 종교가 함께 갈 수 있다고 주장한다.[7]

3. 다른 세계 모델: 이 모델에서 과학과 종교는 서로 충돌하지도 않고, 함께 가지도 않는다. 그대신 이 둘은, 스티븐 제이 굴드의 표현을 따른다면, "서로 겹치지 않는 세력권nonoverlapping magisteria(NOMA)"이다.[8] 400년 전 과학이 부상하기 전, 다양한 우주 발생 신화의 형태로 자연 세계를 설명했던 것은 종교였다. 하지만 과학 혁명이 일어난 뒤에는 자연 세계를 설명할 책임을 과학이 떠맡게 되면서 기원과 창조에 대한 고대의 종교적 설화들은 스러져 갔다. 그러나 현대에도 종교는 번영하고 있다. 왜냐하면 사회적 단합을 위한 단체, 개인의 의미와 영성을 찾는 길의 안내자로서 쓸모 있는 구실을 아직도 해주기 때문이다. 이런 것은 과학이 대부분 건드리지 않고 남겨 둔 기능이다.

귀무가설로 본 신

과학과 종교의 '충돌하는 세계 모델'과 '같은 세계 모델'이 작동할 수 있을까? 솔직히 말해서 그럴 수 없다. 과학을 받아들이려면 과학의 중심 신조 중 하나를 받아들일 필요가 있다. 곧 어떤 주장이든 오류 가능한 주장이어야 한다는 것이다. 다시 말해서 그 주장을 시험해서 오류임을 보일 방법이 있어야 한다는 말이다. 오류임이 증명될 수 없으면, 참임도 증명될 수 없다. 과학철학자 칼 포퍼는 이 문제를 다음과 같이 명확하게 진술했다. "내게 필요한 것은 긍정적인 의미에서 딱 잘라 골라낼 수 있을 과학 체계가 아니다. 대신 경험적 시험을 통해 부정적 의미에서 골라낼 수 있을 논리적 형식을 갖춘 과학 체계를 요구할 것이다. 경험적 과학 체계는 경험으로 반박될 수 있어야만 한다."[9]

신 존재 물음을 보자. 우리가 세울 수 있는 오류 가능성의 기준이 무엇일까? 만일 신 존재를 경험적 증거로 결정할 수 있는 과학적 물음으로 만들고 싶다면, 신에 대한 조작적 정의를 세우고 신 존재의 시험 가능한 결론에 이르도록 해 줄 정량화할 수 있는 기준을 설정할 필요가 있다. 실험과학에서는 '귀무가설'을 받아들이는 것으로 시작한다. 다시 말해서 시험의 대상이 되는 것이 무엇이든 그것이 존재하지 않거나 아무런 효과도 없다고 가정하는 것이다. 만일 증거가 의미 있는 증거라면 "귀무가설을 거부"할 것이며, 피험체가 존재하거나 무슨 효과가 있다는 결론을 내릴 것이다. 신을 실험과학의 피험체로 삼게 되면, 우리는 신이 존재하지 않는다는 귀무가설을 받아들임으로써 시작해야만 할 것이다. 그런 다음 증거를 평가해서 귀무가설을 충분히 거부할 만큼 의미 있는 증거인지를 규정해야 한다.

예를 들어 중보 기도(기도가 필요한 사람을 대신해 신께 기도드리는 것)로 치유 효과를 볼 수 있다는 주장은 시험 가능하다. 만일 주장이 참이라면, 우리 세계에서 신이 어떤 측정 가능한 방식으로 작용하고 있음을 함축할 것이다. 하지만 중보 기도를 해준 실험군과 그렇지 않은 대조군 사이에 의미 있는 차이를 발견했다는 몇몇 조사는 심각한 방법론적 결함을 갖고 있었다(이를테면 나이, 사회 계급, 또는 병원에 들어가기 전의 건강 조건을 통제하지 않았다는 것. 이것들은 모두 회복에 영향을 미치는 것들이다).[10] 신의 거룩한 섭리에 대한 시험 가능한 가설로서, 엄격하게 통제된 중보 기도 조사는 이제까지 모두 시험에 실패했다.

지적 설계 창조론자들이 과학이 신 존재 믿음을 뒷받침한다면서 내놓은 다른 무수한 주장들도 하나같이 과학의 경험적 표준이 결여되어 있다. 이 결과들을 놓고 볼 때, 만일 신 존재 물음에 과학적으로 엄격하게 접근한다면, 우리는 신 존재 가설을 거부할 수밖에 없을 것이다. 과학을 이용해서 종교적 교의를 뒷받침하고자 한다면, 과연 유신론자들은 이렇게 신 존재 가설을 거부하는 정도까지 기꺼이 가려고 할까? 의심스러운 일이다. 유신론자들이 취할 수 있는 최선의 접근법이 '다른 세계 모델'인 까닭이 바로 이것이다.

A는 A이다: 과학과 종교가 모순될 수 없는 이유

과학과 종교에 대한 다윈의 '다른 세계 모델' 접근법은 집안에서

나 바깥 사회에서나 다윈에게 효과 만점이었다. 그러나 여전히 그 접근법은 신을 믿으면서 동시에 진화론을 받아들이는 게 논리적으로 가능한지 더욱 깊은 물음을 열어 놓고 있다. 논리적 귀추를 따라가 볼 때, 과연 진화론은 신에 대한 믿음을 가로막게 될까? 이 물음이 바로 인식론과 가설적 믿음이 서로 맞부딪치는 곳이다.

신을 믿는 것은 종교적 신앙에 달려 있다. 진화론을 받아들이는 것은 경험적 증거에 달려 있다. 이것이 바로 종교와 과학의 근본적인 차이다. 만일 자연과 우주에 대한 물음을 놓고 종교와 과학을 화해시켜 결합하려 한다면, 그리고 과학을 논리적 결론으로까지 밀어붙인다면, 결국 신성을 자연화하는 결과에 이르게 될 것이다. 자연에 대해서 어떤 물음을 던지든 "신이 그렇게 했다"고 대답하면, 과학자라면 이런 물음들을 던질 것이다. "신이 어떻게 그것을 했는가? 신이 사용한 힘이 무엇인가? 창조 과정에서 어떤 형태의 물질과 에너지를 사용했는가?" 이렇게 물어 가다 보면, 결국 모든 자연 현상을 자연적으로만 설명할 수 있을 뿐이다. 그렇다면 신의 자리는 어디인가?

논리적으로 이렇게 주장할 수 있다. 신은 자연법칙이며 자연의 힘들이라고. 그러나 이것은 범신론이며, 대부분의 사람들이 신앙 고백하는 인격신이 아니다. 또한 합리적으로 이렇게 주장할 수 있다. 신은 자연법칙과 자연의 힘들을 사용해서 우주와 생명을 창조했노라고. 그러나 그렇게 말하면 다음과 같은 과학적 물음들을 털어 낼 수 없다. 무슨 법칙과 힘이 어떤 방식으로 사용되었는가? 신은 어떻게 자연법칙과 자연의 힘들을 창조했는가? 이를테면 과학자라면 응당 신의 중력 비법을 궁금해할 것이다. 마찬가지로 과학적으로는 마땅히 이렇게 물을 수 있다. 신을 만든 것은 무엇이며, 신은 어떻게 창조되었는가? 어떻게 하면 전지전능한 존재를 만들 수 있는가?

이런 물음들에 유신론자들은 이렇게 대응한다. 신에게는 원인이 필요 없노라고. 다시 말해서 신은 원인을 가지지 않는 원인이며, 움직임을 당하지 않으면서 움직이는 존재라고. 그러나 왜 신에게는 원인이 없어야 한단 말인가? 지금 존재하고, 이제껏 존재했고, 앞으로 존재할 모든 것이 우주라면, 신은 우주 안에 있거나 우주여야만 할 것이다. 어느 쪽이든 신 자신도 원인이 필요할 것이다. 따라서 제일 원인으로 소급하게 되면 다시 다음과 같은 물음으로 되돌아가게 된다. 신의 원인은 무엇인가? 만일 신에게 원인이 필요 없다면, 우주 안의 어느 것도 원인이 필요치 않을 것임은 분명하다. 아마 처음의 우주 창조 자체가 제일 원인이며, 빅뱅이 바로 처음으로 운동을 일으킨 자였을 것이다.

과학과 종교를 뒤섞으려는 이런 모든 시도가 가진 문제는 간단한 원리(동일률)에서 찾을 수 있다. A는 A이다. 달리 말해서, 실재는 실재한다. 자연을 이용해 초자연적인 것을 증명하려는 시도는 'A는 A이다'를 위반한다. 말하자면 실재가 실재하지 않게 하려는 것이다. 또한 A는 A가 아닐 수 없다. 자연은 자연이 아닐 수 없다. 자연주의는 초자연주의일 수 없다.

바로 이 근본 원리를 이해했던 교황 요한 바오로 2세—그의 신학은 철학사와 신학사의 두 위대한 인물 아리스토텔레스와 아퀴나스의 영향을 받았다—는 1996년 회칙 《진리와 진리는 모순될 수 없다》에서 그 점을 논했다. 과학과 종교가 화해할 수 있는 유일한 길, 특히 진화론-창조론 논쟁의 맥락에서 둘이 화해할 수 있는 유일한 길은, 육체와 영혼이 존재론적으로 다르다고 보는 것이다. 말하자면 육체와 영혼이 서로 다른 실재로 존재한다고 보는 것이다. 진화는 육체를 만들었고, 신은 영혼을 창조했다는 말이다.

> 그렇다면 사람을 놓고 볼 때, 우리는 존재론적 차이, 존재론적 도약이 현전하는 가운데 우리 자신이 있음을 발견한다고 말할 수 있을 것입니다. 다양한 갈래의 지식에서 사용하는 방법들을 고려하면, 화해할 수 없는 것처럼 보일 두 가지 관점을 화해시키는 것이 가능해집니다. 관찰과학은 더욱 정밀하게 생명의 다양한 발현을 기술하고 측정해서 시대별로 상관시킵니다. 영적인 측면으로 옮아가는 순간은 이런 종류의 관찰이 대상으로 삼을 수 없습니다. 그럼에도 불구하고 관찰은 인간 존재에 특수한 것을 보여 주는 대단히 다양한 일련의 표시들을 실험 수준에서 발견해 낼 수 있습니다. 그러나 형이상학적 인식, 자각, 자기반성, 도덕적 양심, 자유에 대한 경험, 또는 심미적 경험과 종교적 경험은 철학적 분석과 반성 능력의 범위 안에 있습니다. 반면 신학은 창조주의 계획에 의거해 궁극의 의미를 끌어냅니다.[11]

A를 A 아닌 것으로, 실재를 실재하지 않는 것으로, 자연주의를 초자연주의로 만들려 하지 않는 한, 신자들은 종교와 과학을 함께 가질 수 있다. 따라서 유신론자들에게 가장 논리적으로 일관된 논증은 바로 이것이다. 신은 시간과 공간 바깥에 있다. 다시 말해서 신은 자연 너머에—자연을 초월해, 초자연적으로—있으며, 따라서 자연적 원인들로는 설명할 수 없다. 신은 과학의 영토를 넘어서 있으며, 과학은 신의 영역 바깥에 있다.

왜 종교인들은 진화를 받아들여야 하는가

이 책에서 제시한 시각이 왜 사람들의 종교적 감정을 뒤흔든다는 것인지 나는 알맞은 이유를 찾지 못하겠다. 그런 인상이 얼마나 허망한지를 보여 주는 것으로, 이제까지 사람이 이룩한 가장 위대한 발견, 곧 중력 법칙마저도 "자연 종교, 아울러 미루어 보건대 계시 종교를 전복하는 것"이라며 라이프니츠에게서 공격받았음을 기억해 보면 충분할 것이다. 어느 저명한 저술가이면서 성직자인 사람이 내게 이렇게 편지를 보냈다. "신의 법칙이 작용하여 생겨난 허공을 채우기 위해 신께서 새로운 창조 행위를 필요로 하셨음을 믿는 것만큼, 스스로 다른 필요한 꼴들로 발생할 능력을 가진 몇 가지 시원의 꼴들을 신께서 창조하셨다고 믿는 것도 신께서 생각하신 숭고한 구상임을 저는 조금씩 보게 되었습니다."

찰스 다윈, 《종의 기원》 2판(1860)

⚜

2005년 조지 W. 부시 대통령이 지적 설계론과 진화론을 언급한 것을 두고 언론에서 야단을 떨면서 문화적으로 떠들썩했을 때, 《타임》 지의 한 기자가 과연 신과 진화를 함께 믿을 수 있는지 내 의견을 구했다.

경험적으로 말하면 분명 그럴 수 있다고 나는 대답했다. 많은 사람들이 그리하기 때문이다. 1996년 여론 조사에서는 미국인 과학자의 39퍼센트가 신을 믿는다고 고백했으며, 1997년 여론 조사에서는 미국인 과학자의 99퍼센트가 진화론을 받아들이는 것으로 나타났다. 더 최근으로 와, 스물한 개 일류 대학교의 과학자 1,600명을 대상으로 장기간 조사를 벌인 예비 결과에 따르면, 절반 이상의 과학자가 스스로를 '적당히 영적이다' 부터 '매우 영적이다' 라고 생각하며, 3분의 1은 정식 종교를 가진 것으로 드러났다.[1] 내 동료의 3분의 1 역시 논리가 통하지 않는 인식의 꿈나라에서 살고 있다. 이는 서로 다른 세계인 과학과 종교 사이의 조화를 찾을 길이 있다는 뜻이다.

과학자가 신과 진화를 함께 믿을 수 있다면, 기독교 신자도 그럴 수 있을까? 과학자들이 사용하는 것과 똑같은 경험적 표준을 사용한다면, 틀림없이 기독교·신자도 신과 진화를 함께 믿을 수 있다. 왜냐하면 약 9,600만 명의 미국인 기독교 신자들이 그리하기 때문이다. 2001년의 한 여론 조사에서 미국인의 37퍼센트(1억 700만 명)가 다음의 진술에 동의한 것으로 나타났다. "사람은 수백만 년에 걸쳐 보다 하등한 꼴의 생명체에서 발생되어 나왔지만, 이 과정을 이끌어 주신 건 신이었다." 미국인의 약 90퍼센트가 기독교 신자이기 때문에, 약 9,600만 명의 기독교 신자들은 신이 진화를 이용하여 고등한 꼴의 생명체가 창조되는 과정을 이끈다고 믿는 것이다.[2]

심지어 가장 날을 세우며 진화론을 반대하는 종교 집단인 복음주의 기독교 신자들 중에서도 진화를 받아들이는 사람이 많다. 2004년에 조지아 주에서 통과된 어느 조치에 대응하여, 복음주의 기독교 신자라고 스스로 밝힌 지미 카터 전 대통령이 발표한 성명서를 살펴보자. 그 조치는 공립학교의 모든 생물학 교과서에 다음과 같이 선언하는 스티커를 붙일 것을 요구했다.

> 이 교과서에는 진화론을 다룬 자료가 포함되어 있다. 진화론은 생물의 기원을 다루는 하나의 이론이며, 사실이 아니다. 열린 마음으로 이 자료에 접근해 신중하게 공부하고 비판적으로 살펴야 한다.

카터 전 대통령은 격분했다. "기독교 신자이며, 훈련받은 엔지니어이자 과학자이고, 에모리 대학교 교수인 나는 조지아 주 학생들의 교육을 검열하고 왜곡하려는 캐시 콕스 교육감 때문에 당혹스럽다." 그는 이렇게 적었다. "우리 주의 교과서에서 지금까지 오랫동안 '진화'라는 말을 써 왔지만, 전능하신 신이 바로 우주의 창조주라는 조지아 주민들의 믿음에 불리하게 작용하지 않았다. 지질학, 생물학, 천문학에 관련해서 증명된 사실과 기독교 신앙은 서로 전적으로 양립할 수 있다. 우리의 종교적 신앙을 지키기 위해 하늘에서 평평한 지구 위로 별들이 떨어질 수 있다고 가르쳐야 할 필요는 전혀 없다."[3] 곧이어 그 조치는 철회되었지만, 이미 다른 주 의회는 물론 정치 풍자 만화가들의 먹잇감 노릇을 한 뒤였다.

앞장에서 보았듯이, 신과 다윈의 양립 가능성은 교황 요한 바오로 2세의 1996년 교황청 과학 아카데미 회칙을 포용한 10억 가톨릭 신자들을 보면 분명해진다. 요한 바오로 2세는 진화가 일어났으며, 진화를 사실로 받아들여도 되고, 종교에 아무런 위협도 되지 않는다고 단언했다.

> 새로운 지식 덕분에 진화론이 가설 이상의 것임을 인식하게 되었습니다. 다양한 지식 분야에서 이루어진 일련의 발견들을 따라 이 이론이 점차 연구자들에게 인정받아 왔다는 사실은 실로 놀라운 일입니다. 각각 독립적으로 수행된 연구에서 나온 결과들이 의도했던 것도 아니고 지어낸 것도 아닌데도 수렴한다는 것은 그 자체

로 진화론에 힘을 실어 주는 의미 있는 논증입니다.[4]

기독교 신자, 보수주의자, 진화

이런 사례들이 있음에도 불구하고, 최근의 여론 조사 데이터를 보면 진화론이 완전히 인정받기까지 아직도 갈 길이 멂을 알 수 있다. 2005년 퓨 리서치 센터의 여론 조사에 따르면, 복음주의 기독교 신자의 70퍼센트는 생물들이 지금 꼴 그대로 항상 존재해 왔다고 믿는다고 한다. 반면 개신교 신자의 32퍼센트, 가톨릭 신자의 31퍼센트가 그 같은 믿음을 가지고 있는 것으로 나타났다. 정치적으로 보면, 공화당원의 60퍼센트가 창조론자이고 11퍼센트만이 진화를 받아들인다. 반면 민주당원의 29퍼센트가 창조론자이고 44퍼센트는 진화를 받아들인다. 2005년 해리스 여론 조사 결과도 이와 비슷했다. 사람과 유인원이 공통 조상을 갖고 있다고 믿는 비율은 자유 진영은 63퍼센트인 반면 보수 진영에서는 37퍼센트에 불과했다. 나아가 대학 교육을 받고, 15세에서 54세 사이의 연령층, 북동부와 서부 출신의 사람일수록 진화를 받아들일 가능성이 높고, 대학 학위가 없고, 나이가 55세 이상이고, 남부 출신의 사람일수록 창조론을 믿을 가능성이 높게 나타났다.[5]

이 수치들은, 진화를 거부하는 이유 가운데 과학과는 관련 없는 이유와 인구 통계학적인 이유—종교와 정치면에서 가장 두드러진다—가 매우 강력함을 시사해 준다. 기독교 신자가 다원주의자가 될 수 있을까? 보수주의자가 진화를 받아들일 수 있을까? 그럴 수 있다. 어떻게 그럴 수 있고, 왜 그래야 하는지 말해보겠다.

진화론은 훌륭한 신학을 이룬다

이 책에서 그려 낸 것처럼, 진화가 어떻게 일어났는지를 기술하는 진화론은 모든 분야의 과학에 가장 탄탄하게 기초를 둔 이론에 해당한다. 기독교 신자와 보수주의자는 비기독교 신자와 자유주의자만큼이나 진리 탐구의 가치를 인정한다. 따라서 모든 사람들이 진화를 받아들여야 마땅하다. 왜냐하면 진화론은 참이기 때문이다. 이런 의미에서 진화론은 태양 중심설, 중력 이론, 대륙이동과 판 구조론, 질병의 세균 원인설, 유전의 유전학적 기초처럼 기독교 신자와 보수주의자 모두 이미 완전히 받아들이는 여느 다른 과학 이론과 조금도 다르지 않다.

기독교 신자는 전지하고 전능하고 영원한 신의 존재를 믿는다. 창조가 언제 일어났는지는 상관없이 창조의 영광은 경외심을 불러일으킨다. 그리고 전지함과 전능함에 견주어 볼 때, 말씀을 통해서든 자연의 힘들을 통해서든 신이 생명을 창조하신 방법에 무슨 차이가 있겠는가? 생명 복잡성의 웅대함은 어떤 창조의 과정이 쓰였느냐는 상관없이 외경심을 끌어낸다. 기독교 신자는 현대 과학을 포용해야 마땅하다. 왜냐하면 현대 과학이 이제까지 해 온 일은 고대의 경전들과 견줄 수 없는 깊이와 세밀함으로 신성의 장엄함을 드러낸 것이기 때문이다.

반면 지적 설계 창조론은 신을 제작자로, 우주라는 창고에서 얻을 수 있는 부품들로 생명을 짜 맞추는 단순한 시계공으로 환원시킨다. 만일 신이 공간과 시간 안에 있는 존재라면, 세계 안의 다른 모든 존재들처럼 신 또한 자연법칙과 우연의 속박을 받음을 의미한다. 전지하고 전능한 신이라면 자연과 우연에 종속되지 않으며, 그런 구속을 벗어나 있어야만 한다. 하늘과 땅, 눈에 보이는 것과 보이지 않는 모든 것의 창조자로서 신은 반드시 피조된 것들 바깥에 존재할 필요가 있을 것이다. 만일 그렇지 않다면, 신은 전지전능한 게 아니라 우리보다 머리와 힘이 더 좋을 뿐 우리와 다를 바 없는 존재일 것이다. 신을 시계공이라 부르는 것은 신에게 한계를 주는 짓이다.

그러나 더욱 중요한 것이 있다. 진화론이 가족의 가치와 사회의 화합을 설명해 주는 것이다. 사람을 비롯하여 사회성을 가진 포유동물들, 특히 유인원과 원숭이, 돌고래, 고래 등은 애정과 유대감, 협력과 상부상조, 연민과 공감, 직간접적인 호혜성, 이타성과 호혜적 이타성, 갈등 해소와 평화 중재, 공동체적 관심사와 평판 관리, 집단의 사회적 규칙을 자각하고 응하는 것 따위의 여러 특징들을 나눠 갖고 있다. 사회적 영장류 종인 우리는 긍정적인 도덕적 가치들을 수용할 능력을 진화시켰다. 왜냐하면 그 가치들이 가족과 공동체의 생존을 높여 주기 때문이다. 진화는 이 가치들을 우리 안에 창조했고, 종교는 이 가치들을 중요한 것으로 짚어 내 부각시켰다. "다음에 제시한 명제는 내 생각에 개연성이 높은 것으로 보인다." 다윈은 《인간의 유래》에서 이렇게 이론화했다. "곧, 눈에 띄는 사회적 본능—여기에는 부모 자식 간의 애정이 포함된다—을 부여받은 동물이라면 어느 동물이나 사람만큼의 또는 사람에 가깝게 지적 능력을 발달시키는 순간, 도덕감이나 양심의 획득은 불가피할 것이다." 도덕감의 진화는 차근차근 단계를 밟아 나갔다. "사회적 본능에 첫 뿌리를 두고 있는 고도로 복잡한 감정이 처음에는 주로 동료들의 인정을 받으면서 커 나갔고, 이성, 자기 이익, 나중에는 깊은 종교적 감정의 지배를 받았으며, 훈육과 습관을 통해 굳어졌다. 이 모두가 합쳐져서 우리의 도덕감과 양심을 이룬다."[6]

진화는 악, 원죄, 기독교적 인간 본성 모델까지 설명해 준다. 우리가 도덕적인 천사로 진화했을 수도 있지만, 또한 우리는 비도덕적인 짐승들이기도 하다. 악이라고 부르든 원죄라고 부르든, 사람에게는 어두운 면이 있다. 예를 들어 우리네 조상들이 겪었던 진화적 적응 환경에서 개인들은 상황에 따라 협력적이면서도 경쟁적이기까지 할 필요가 있었다. 협력적이면 사냥, 식량 분배, 포식자와 적으로부터 집단을 보호하는 일을 더 성공적으로 해낼 수 있다. 반면 경쟁적이면 자기 자신과 가족에게 돌아갈 자원을 더 많이 얻을 수 있고, 덜 협력적인 개인들, 특히 다른 집단에 속한 다른 경쟁적인 개인들로부터 자기와 가족을 더 성공적으로 지켜 낼 수 있다. 따라서 우리는 본성적으로 협력적이면서도 경쟁적이고, 이타적이면서도 이기적이고, 탐욕을 부리면서도 관용을 베풀고, 평화적이면서도 호전적이다. 간단히 말해서 선하면서도 악하다. 도덕률, 그리고 법치에 기초한 사회가 필요한 까닭은 우리의 진화된 본성의 긍정적인 면을 부각시키기 위함만이 아니라, 특히 부정적인 면을 약화시키기 위함도 있다. 19세기에 다윈의 가장 든든한 지킴이였던 토머스 헨리 헉슬리의 다음과 같은 주장에 특별히 거부감을 느낄 기독교 신자는 없을 것이다. "사회는 자연의 과정을 그대로 모방해서 윤리적으로 되어 가는 것이 아니다. 더군다나 자연의 과정으로부터 피해 달아나는 것도 아니다. 사회는 바로 자연의 과정과 맞서 싸우면서 윤리적으로 되어 간다. 이것만이라도 이해하도록 하자."[7]

따라서 우리의 긍정적이고 부정적인 행동과 성격의 기원을 설명함으로써 진화는 우리의 진화된 본성을 기초로 도덕률을 설계한 도덕과 종교의 기원까지 설명하는 것이다. 완전히 현대인으로 진화하고 첫 9만 년 동안, 우리 조상들은 수십에서 수백 명의 개체가 모여 작은 밴드band를 이루며 살았다. 그리고 지난 1만 년 동안, 이 밴드들이 수천 명의 개체들로 이루어진 부족으로 진화했고, 부족들은 다시 수만 명의 개체들로 이루어진 추장령으로 발전했고, 추장령들은 수십만 명의 개체들로 이루어진 국가로 합쳐졌고, 국가들은 다시 수백만 명의 개체들로 이루어진 제국으로 뭉쳐졌다. 어떻게, 왜 이런 일이 일어났을까? 1만 년 전에 이르러, 우리 종은 지구의 거의 모든 지역으로 퍼져 나갔고, 사람들은 사냥하고 채집할 수 있는 곳이면 어디서나 살았다. 이런 체계엔 대개 개체군들이 들어 있었다. 그러나 개체군들이 폭발하게 된 것은 그즈음 농업이 발명되면서였다. 개체군이 증가하면서, 사람들을 다스리고 갈등을 해소하는 새로운 사회적 기술인 정치, 그리고 종교가 생겨났다.

죄책감과 수치감, 자긍심과 이타심 같은 도덕적 정서들은 100명에서 200명 규모의 작은 밴드들에서 일종의 사회적 통제와 집단의 결속 형태로 진화되었다. 이것을 이루는 한 가지 수단이 바로 호혜적 이타성이었다. '네가 내 등을 긁어 주면 나도 네 등을 긁어 주겠다'는 것이다. 그러나 링컨이 지적한 것처럼, 사람은 천사가 아니다. 비공식적인 합의와 사회적 계약을 이탈하는 사람은 있기 마련이다. 긴 안목에서 보았을 때, 호혜적 이타성은 오직 누가 협력하고 누가 변절할지 알고 있을 때에만 효력을 발휘한다. 이런 정보는 다양한 경로로 수집되며, 남 이야기—흔히 '뒷말'로 더 알려져 있다—도 그중 하나이다. 대부분 뒷말의 대상은 친척, 가까운 친구, 즉시 힘을 미칠 수 있는 범위에 든 사람들, 공동체나 사회에서 지위가 높은 구성원이다. 뒷말의 대상이 이렇다 보니, 섹스, 아량, 공격성, 사회적 지위와 입장, 나고 죽음, 정치와 종교적 참여도, 다양한 형태의 미묘한 인간관계, 특히 우정과 결연 관계 따위가 우리가 제일 좋아하는 뒷말거리가 된다.

밴드와 부족이 스러지고 추장령과 국가가 나타나면서, 호의는 진작하고 적의는 약화하는 사회의 중심 제도로서 종교가 발전되었다. 종교는 남을 위하고 나를 버리는 마음을 장려하고, 과도

한 탐욕과 이기심을 꺾고, 특히 사회적 행사와 종교적 의례를 통해 집단에 대한 개인의 참여도를 내보이는 방법으로 호의 진작과 적의 약화의 기능을 수행했다. 만일 당신이 매주 종교 활동에 참여하고 정해진 의례를 따르는 모습을 보인다면, 이는 당신이 신뢰할 수 있는 사람임을 보이는 것이다. 성문화된 도덕 규칙과 그 규칙을 강화하고 위반한 자를 처벌할 권력을 가진 조직으로서 종교와 정부는 필요에 따라 서로에게 대응했다.

"네 이웃을 사랑하라"는 성경의 명령을 살펴보자. 우리의 도덕 감정이 진화했던 구석기 시대의 사회 환경에서 이웃이란 가족, 확대 가족, 그리고 누구나 잘 알고 있는 공동체 구성원들이었다. 남을 돕는 것은 바로 나 자신을 돕는 것이었다. 추장령, 국가, 제국에서 율령은 바로 내가 속한 내집단in-group에서만 의미를 가졌으며, 외집단out-group은 해당되지 않았다. 구약에서 역설적인 모습으로 나타나는 도덕의 성질을 설명해 주는 것이 바로 이것이다. 구약의 어느 쪽을 펼치면 평화, 정의, 사람과 재산을 존중하라는 높은 도덕 원리들이 공표되는 반면, 또 어느 쪽을 펼치면 "이웃"이 아닌 자들을 강간, 살해, 약탈할 것을 부추기고 있다. 예를 들어 보자. 《신명기》 5장 17절에서는 "살인하지 말라"고 타이르는데, 《신명기》 20장 10절에서 18절에서는 적의 도시를 포위해서, 가축을 약탈하고, 항복한 남자들은 노예로 삼고, 그러지 않은 남자들은 죽이라는 명령을 이스라엘 사람들에게 하고 있다.

이런 내집단 도덕의 문화적 표출은 어느 한 종교, 국가, 국민에게만 국한되지는 않는다. 가장 이른 시기의 밴드에서부터 부족을 거쳐, 현대의 국가와 제국에 이르기까지 인류의 역사 내내 공통적인 인간의 보편적인 특징이다. 다른 많은 종교처럼 기독교 도덕도 우리가 자연적 성향을 극복하게 거들도록 설계된 것이다.

기독교 도덕의 상당 부분은 인간관계와 관련이 있다. 특히 두드러진 것이 거짓말을 하지 말며 정조를 지키라는 것이다. 왜냐하면 이것을 어기면 신뢰에 심각한 금이 가고, 일단 신뢰가 깨지면 가족이나 공동체가 설 기반이 없어지기 때문이다. 그 이유를 진화가 설명해 준다. 우리는 암수 한 쌍이 짝을 짓는 영장류로 진화했으며, 단혼제(또는 적어도 축차단혼逐次單婚, 배우자를 바꿔 단혼 관계를 이어 가는 것)는 규범이다. 간통은 단혼 약정을 어기는 것이다. 간통 행위가 단혼 관계에 얼마나 파괴적인지를 보여 주는 과학적 데이터는 풍부하다. (사실 우리 종의 짝짓기 습성을 '축차단혼'이 가장 잘 기술하는 이유 중의 하나는, 대개 간통이 한 관계를 파괴하면 부부가 갈라서고, 새로운 배우자와 다시 시작하게 되기 때문이다.) 대부분의 종교가 이 문제에 대해 단호한 입장을 취하는 까닭이 바로 이 때문이다. 《신명기》 22장 22절을 보자. "어떤 남자가 다른 사람의 아내와 함께 자다가 현장에서 붙잡히면 그 남자와 여자를 둘 다 죽여야 합니다. 이렇게 하여 이스라엘에서 죄악을 척결하십시오."

대부분의 종교는 간통을 비도덕적이라고 판정한다. 그러나 그 까닭은 진화가 간통을 비도덕적이게끔 했기 때문이다. 진화심리학자 데이비드 버스에 따르면, 성적인 배신 행위는 1차적으로 생물학적으로 이끌린 현상으로서, 구석기 시대의 아득한 세월 동안 바람피우기가 암호화된 결과라고 한다. 버스는 바람피우기 경향에서 남녀 간 차이가 있으며 문화가 달라도 그대로 견지되기 때문에, 이 차이들을 만들어 낸 것은 1차적으로 우리 유전자라고 논한다. 심리학자 러셀 클라크와 엘레인 하트필드가 수행했던 한 조사를 살펴보자. 남성과 여성 중에서 매력적인 사람을 하나씩 뽑아 애인이 없는 동년배 대학생들에게 다음의 세 가지 질문 중 하나를 던지도록 했다.

1. "오늘 밤 나랑 데이트할래?"
2. "오늘 밤 내 집에 같이 갈래?"
3. "오늘 밤 나랑 잘래?"

결과는 의미심장했다. 여성의 경우, 50퍼센트는 데이트를 하기로 했고, 6퍼센트는 집에 같이 가기로 했지만, 섹스하기로 한 사람은 단 한 명도 없었다. 반면 남성의 경우, 50퍼센트는 데이트를 하기로 했고, 69퍼센트는 집에 같이 가기로 했고, 75퍼센트는 섹스를 하기로 했다! 남성에게 성적인 절제를 명령하고 여성에게는 성적 충동의 위력을 거듭 경고하는 엄격한 율법을 대부분의 종교가 가진 것도 놀라운 일이 아니다.[8]

간통 행위만 놓고 보면, 분명 진화적인 이점이 있다. 남성의 경우, 더 많은 곳에 유전자를 퍼뜨릴수록 다음 세대에 자기 유전자를 전달할 확률이 높아진다. 여성의 경우, 더욱 나은 유전자,

더욱 많은 재화, 더욱 높은 사회적 지위를 얻을 수 있는 기회가 된다. 하지만 간통의 진화적 위험이 이익을 능가할 때가 종종 있다. 남성의 경우, 간통한 상대 여자의 남편이 가하는 보복은 (설사 목숨이 걸리지 않는다 해도) 극도로 위험할 수 있다. 살인 사건의 무시 못할 비율이 남녀 간의 삼각관계와 관련 있다. 또 자기 아내에게 걸릴 때에는 죽음까지 이를 가능성은 적지만, 자식들과 떨어져야 하고, 가족과 안위를 잃게 되고, 성적인 앙갚음을 당해 아내에게 자기 자식을 갖게 할 가능성이 낮아지는 위험이 따를 수 있다. 여성의 경우, 간통한 상대 남자의 아내에게 발각되었을 때에는 신체적 위험이 덜할 수 있지만, 자기 남편에게 걸렸을 때에는 극도의 신체적 학대를 당할 수 있으며, 때로는 죽음으로까지 이어질 수도 있고, 또 그런 경우가 자주 있다. 따라서 진화론은 간통을 금하는 종교 계율의 기원과 바탕에 깔린 이론적 근거를 설명해 준다.

참말과 거짓말의 경우도 마찬가지이다. 인간관계에서 참말하기는 신뢰를 구축하는 데 필수적이다. 따라서 거짓말은 죄악이다. 불행히도 연구에 따르면 우리 모두는 매일 거짓말을 한다. 그러나 대부분의 거짓말은 이른바 '착한 거짓말'이다. 이를테면 자기가 이룬 공을 부풀린다거나 생략하는 거짓말을 한다. 생략하는 거짓말이란 상대방 기분을 망치지 않으려고, 또는 누군가의 생명을 구하기 위해 정보를 빼먹는 것이다. 아내를 학대하는 남편이 당신을 찾아와 겁에 질린 아내를 당신이 숨겨 두지는 않았느냐고 물었을 때, 바른대로 말하면 부도덕한 짓일 것이다. 그런 거짓말은 대개 도덕과 무관한 것으로 생각한다. 반면 큰 거짓말은 개인적인 관계와 사회적인 관계에서 신뢰를 깨는 결과를 초래한다. 이런 거짓말은 부도덕한 것으로 생각한다. 진화는 거짓말 탐지 체계를 만들어 냈다. 서로 신뢰하는 사회관계들이 우리의 생존과 번식에 중요하기 때문이다. 우리가 완벽한 거짓말 탐지기는 아니지만(그래서 얼마 동안은 일부 사람들을 속여 넘길 수 있다), 만일 상대방과 충분한 시간을 두고 충분히 관계를 맺으면, 직접적인 관찰을 통해서나 다른 관찰자들에게서 들은 간접적인 뒷말을 통해서나 상대방이 정직한지 부정직한지 알게 된다.[9] 따라서 주변 사람들을 속이기 위해 바른 일을 하는 것처럼 꾸미는 것만으로는 불충분하다. 왜냐하면 비록 우리가 훌륭한 거짓말쟁이라 해도, 우리는 또한 훌륭한 거짓말 탐지기이기도 하기 때문이다. 당신이 도덕적인 사람이라고 남에게 확신을 주는 최선의 길은 도덕적인 사람인 양 행동하는 것이 아니라 실제로 도덕적인 사람이 되는 것이다. 그냥 바른 일을 하는 체 하지 말고, 정말로 바른 일을 해야 한다. 구석기 시대 조상들이 작은 공동체를 이루어 살면서 진화시킨 것이 바로 그런 도덕 감정들이다. 뒤이어 종교가 이 감정들을 짚어 내고 분류해서 규칙으로 성문화했다.

진화론과 보수: 자연선택과 보이지 않는 손

정치적 보수주의자들 또한 자기 입장을 떠받쳐 줄 설명과 토대를 진화론에서 찾아낼 수 있다. 찰스 다윈의 '자연선택' 이론은 정확히 애덤 스미스의 '보이지 않는 손' 이론과 대응한다. 다윈이 유기체들 사이에서 벌어지는 개체 수준의 경쟁이 어떻게 해서 의도하지 않게 복잡한 설계와 생태 균형을 이끌어 내는지 보여 주는 데 초점을 맞추었다면, 스미스는 사람들 사이에서 벌어지는 개인들의 경쟁이 어떻게 해서 의도하지 않게 나라의 부와 사회적 조화를 이끌어 내는지 보여 주는 데 초점을 맞추었다. 자연적 경제와 인위적 경제는 서로 닮았다. 자유시장 자본주의를 포용하는 보수주의자들은 경제에 대한 과도한 하향식 정부 규제에 반대한다. 각 개인이 자기들 행동이 가져올 보다 큰 결과를 자각하지 못한 채 저마다의 자기 이익을 추구하는 복잡한 상향식 행위들로부터 가장 능률적인 경제가 떠오른다고 그들은 이해하고 있다.

도덕철학 교수였던 애덤 스미스는 동기와 동기의 경쟁으로 인간 본성을 설명하는 이론을 제시했다. 곧, 우리는 경쟁적이면서 협력적이고, 이타적이면서 이기적이라는 말이다. 곤경에 빠졌을 경우, 낯선 사람의 인정人情에 도움을 기대할 수 있을 때가 있다. 그러나 시장에서 매일 매일 일어나는 거래는 우리 본성에서 덜 천사 같은 측면에 기반하고 있다. 스미스는 《국부론》에서 이렇게 설명했다. "우리가 우리의 만찬을 기대할 수 있는 근거는 도축업자, 양조업자, 제빵업자의 자비심이 아니라 그들 각각이 가진 자기 이익에 대한 염려이다. 우리가 말을 거는 대상은 그들의 인정이 아니라 자기애이며, 우리가 말하는 것은 우리에게 필요한 것이 아니라 그들의 이득이다."[10] 개인들이 자연적 성향을 따라 각자 자기애를 추구하도록 하면, 전체로서의 나라는 번영할 것이다. 마치 전체 계가…… 그렇다…… 보이지 않는 손의 지휘를 받는 것처럼 말이다. 《국부론》에서 보이지 않는 손의 은유는 단 한 차례 나온다.

> 각 개인은 무엇이든 자기가 부릴 수 있는 자본을 가장 이득이 남도록 쓸 방도를 찾으려고 끊임없이 노력한다……. 사실 일반적으로 개인은 공익을 증진시키려는 의도도 갖고 있지 않고, 자기가 얼마나 공익을 증진시키는지 알지도 못한다. 그가 의도하는 것은 오로지 자기의 안위뿐이다. 그리고 상품이 가장 큰 가치를 가지게끔 산업을 이끌어 감으로써, 그는 오로지 자기 자신의 이익만을 의도한다. 다른 많은 경우처럼 이 경우에도 그는 어떤 보이지 않는 손의 인도를 받아 애초 의도에는 없었던 어떤 목적을 증진시킨다. 그가 자기 이익을 추구함으로써, 실제로 사회의 이익을 증진시키려고 의도했을 때보다 더 효과적으로 사회의 이익을 증진시키는 경우가 흔히 있다.[11]

행위가 낳은 의도하지 않은 결과를 인식하지 못한 채 유기체들이 각각 자기애를 추구할 때 자연에서 어떤 일이 벌어지는지 다윈이 기술한 것과 비교해 보라.

> 이렇게 말할 수 있을 것이다. 자연선택은 전체 세계를 훑으며 모

든 변이를 훑으며 제아무리 사소한 것이라도 날마다 시간마다 면밀히 검토하고 있다. 나쁜 것은 버리고 좋은 것은 모두 거둬서 추가한다. 때와 곳을 가리지 않고 기회만 오면 자연선택은 소리 없이 기척 없이 작용해서, 삶의 유기적 조건과 무기적 조건들과 관련하여 각각의 유기적 존재를 개선시켜 나간다. 시간의 손길이 오랜 세월의 경과를 표시하기 전까지, 우리는 이런 더딘 변화가 진행 중임을 전혀 보지 못한다. 과거의 기나긴 지질 시대를 들여다보는 우리의 시각이 그처럼 불완전하기에, 우리는 그저 지금 있는 생명의 꼴들이 예전의 꼴들과 다르다는 것만을 볼 뿐이다.[12]

스치는 바람밖엔 얻을 것이 없을지니

진화론은 대부분의 기독교 신자와 보수주의자가 공유하는 핵심적인 가치들에 대한 과학적 토대를 제공해 준다. 따라서 진화론을 받아들이고 껴안으면, 기독교 신자와 보수주의자는 자기네 종교와 정치뿐만 아니라 과학 자체까지 튼튼히 할 수 있다. 과학과 종교의 충돌이란 무의미하다. 둘이 충돌한다는 생각은 사실과 도덕적 슬기보다는 두려움과 오해에 기초하고 있다. 실로 우리 사회를 위한다면, 현재 교과 과정 위원회와 공개 법정에서 진화론과 창조론을 둘러싸고 벌이고 있는 싸움을 이젠 끝내야 한다. 그러지 않으면 《잠언》 11장 29절에서 경고하는 것처럼,

제집을 돌보지 않으면 스치는 바람밖엔 얻을 것이 없고, 어리석은 자는 슬기로운 자의 머슴이 된다.

진화론에서 해결되지 않은 진짜 문제들

알고 있음을 아는 것들이 있습니다. 우리가 안다고 알고 있는 것들입니다. 또한 모르고 있음을 알고 있는 것들도 있습니다. 다시 말하자면, 우리가 알지 못한다고 알고 있는 것들입니다. 그러나 모르고 있음을 모르는 것도 있습니다. 우리가 알지 못함을 알지 못하는 것들 말입니다.

도널드 럼스펠드 국방장관, 2002년 2월 12일(다윈의 생일) 기자 회견 성명서

⚜

1835년 9월 18일, 갈라파고스 제도. 지금은 산크리스토발 섬으로 알려져 있는 채텀 섬의 군함새 언덕 기슭에 H. M. S. 비글호가 닻을 내렸다. 파랑발부비새들blue-footed boobies이 만灣 주변을 맴돌다가, 적당한 때가 되자 다시 날개를 접고 얕은 바다 속을 가르며 수천 마리 작은 물고기 떼에서 먹잇감을 건져 올렸다. 군함새들은 이름답게 높은 절벽 위에 해적 떼 같은 자세로 앉아, 부비새를 덮쳐 물고기를 훔칠 기회를 노리고 있었다.

이 섬을 본 찰스 다윈은 "지옥의 경작지가 이런 곳이겠구나 하는 생각이 들 만한" 곳이었다고 첫인상을 적었다. 검은 화산암 조각들과 활동을 멈춘 무수히 많은 분석구들이 너르게 펼쳐져 있는 가운데, 다른 어느 곳도 아닌 이곳에만 맞게 적응한 누더기 같은 생명체들이 드문드문 눈에 띄었다. 다윈의 눈길을 가장 끌었던 것은 섬 북쪽 암석 해변에 떼로 몰려 있는 바다이구아나들이었다.

덩치 크고(60센티미터에서 90센티미터) 아주 역겹게 생긴 꼴사나운 도마뱀들이 해변의 검은 용암들을 자주 차지하고 앉아 있다. 구멍이 숭숭 뚫린 바위 위를 기며 바다에서 나오는 먹잇감을 찾아다니는데, 몸 색깔이 바위 색깔과 똑같다. 누구는 그 녀석들을 "어둠의 작은 도깨비들"이라고 부른다. 틀림없이 그 도마뱀들은 자기들이 거주하는 땅과 잘 어울렸다.[1]

그로부터 170년 뒤, 산크리스토발 섬에 상륙한 설로웨이와 나는 다윈이 말한 작은 도깨비들을 찾으려 했으나 허사였다. 대신 검은 바위들 사이에 몸을 숨겼다 드러내면서 휙 달아나는 야생 고양이들을 목격했다. 아마 그 녀석들보다 몸집이 크고 날래고 소리 없이 다니는 고양이는 생각하기 어려울 것이다. 다 자란 바다이구아나들은 이 도망자 고양이들이 먹기에는 너무 크고 가죽이 두껍다. 그러나 어린 것들은 쉽게 표적이 된다. 탄탄한 번식 개체군을 유지할 어린 녀석들이 없으니, 이구아나들은 지리적 멸종을 당했다.

군함새 언덕 인근의 활기 넘치는 작은 어촌 푸에르토 바케리소 모레노 변두리 해변에서 개최되고 있던 '2005년 세계 진화론 정상 회의World Summit on Evolution' 에서 설로웨이와 나는 동료 학자들에게 이 침울한 소식을 전했다.[2] 그 회의에선 세계 유수의 진화생물학자 210명이 참석하여 진화론의 가장 큰 수수께끼들을 조명했다.

아는 것과 모르는 것

1960년대, 로버트 맥나마라 국방장관은 눈이 어질어질한 통계표와 그래프들을 대중 앞에 쏟아 내며 미국이 베트남 전쟁에서 이기고 있음을 보여 주려 했다. 그러나 실제로는 미국이 지고 있었다. 40년 뒤, 도널드 럼스펠드 국방장관도 이와 똑같은 술수를 부리려 했다. 그 자리에서 럼스펠드는 이라크의 대량 살상 무기들이 없는 것처럼 보이는 이유를 설명하기 위해 그 악명 높은 '알고 있음을 아는 것', '모르고 있음을 아는 것', '모르고 있음을 모르는 것'의 인식론을 펼쳤다.[3]

창조론자, 지적 설계론자, 그리고 과학의 외부인들은 '모르고 있음을 아는 것', '모르고 있음을 모르는 것'이 진화론이 문제가 있는 이론임을 보여 주는 징표라고, 또는 아는 것과 모르는 것 사이에 이는 치열한 논쟁이 진화론이 틀렸음을 보여 주는 징표라고 종종 오해하곤 한다. 진화론에서는 아는 것과 모르는 것을 놓고 많은 논란과 논쟁이 벌어진다. 진화생물학 내에서 벌어지는 논쟁의 최전선에 무엇이 있는지 검토하면, 진화에 대해서 우리가 물어야 할 진짜 물음이 무엇인지 찾아낼 수 있다. "논쟁거리가 무엇인지 가르치기를" 원하는 지적 설계 창조론자들을 위해, 생명의 기원과 진화에 대해 과학자들이 묻고 있는, 그리고 답하기를 바라고 있는 주요 물음들을 몇 개 여기서 소개하겠다.

생명은 어떻게 시작되었으며 DNA는 어디서 기원했는가?

"이 모든 게 어떻게 시작되었는가?" 창조론자들이 열중하는 물음이다. 그래서 진화론 정상 회의 첫날 주제도 생명의 기원 문제였다. 국제 생명의 기원 조사 학회 회장이며 멕시코 국립 자치 대학교 과학자인 안토니오 라스카노가 첫 주제 발표를 했다. 라스카노는 원시 수프가 되어 줄 세 가지 원천이 있었다고 추정했다. 곧 화산의 탈기체, 해저의 고온 열수공과 분기공, 우주 공간이다. 예를 들어 1969년 오스트레일리아에서 발견된 46억 살 나이의 머치슨 운석에는 아미노산, 지방족과 방향족 탄화수소, 히드록시산, 퓨린, 피리미딘 같은 생명을 이루는 화학적 구성 단위들이 담겨 있었다. "증거가 강력하게 암시한 바에 따르면, 생명이 기원하기 전의 원시 지구에는 이미 수많은 서로 다른 촉매제, 뉴클레오티드 배열을 가진 중합체, 막膜-생성 화합물들이 있었습니다." 라스카노는 생물 발생 이전의 이 원시 수프에서 최초의 복제자—아마 리보 핵산(RNA)이었을 것이다—가 생겨났고, 그것이 오늘날 같은 더욱 복잡한 디옥시리보 핵산(DNA) 복제자로 이어졌을 거라고 결론을 내렸다.

로스앤젤레스의 캘리포니아 주립 대학교(UCLA) 고생물학자 윌리엄 쇼프는 라스카노의 발표를 논평하면서, 럼스펠드의 문구를 빌려 이렇게 물었다. "우리가 아는 것이 무엇일까요? 미해결의 문제는 무엇일까요? 이제까지 우리가 고려하지 못했던 것은 무엇일까요?" 쇼프는 이렇게 묻고 스스로 답을 했다. "우리는 생명 기원의 전반적인 순서를 알고 있습니다. CHONSP[탄소, 수소, 산소, 질소, 황, 인]에서 단위체monomer로, 중합체로, 세포로 이어졌습니다. 첫 생명이 일찍 시작되었고, 미생물 형태였으며, 단세포였음도 알고 있습니다. 그리고 오늘날의 DNA-단백질 세계 이전에 RNA 세계가 먼저 있었음도 알고 있습니다. 그러나 우리는 이런 사건들이 일어났던 초기 지구의 환경을 정확하게 알지 못합니다. 생명으로 이어졌던 일부 중요한 화학 반응의 정확한 화학도 모릅니다. 그리고 RNA 세계 이전의 생명에 대해서는 아무런 지식도 가지고 있지 못합니다." 우리가 고려하지 못한 것은 무엇인지, 쇼프는 이렇게 말을 꺼냈다. "'현재의 인력' 때문에 우리로선 초기 지구의 대기와 초기 생명의 생화학 모델을 만들기가 극도로 어렵습니다."■

나중에는 린 마굴리스가 특유의 속사포 같은 말투로 라스카노에게 단도직입적인 질문을 하나 던졌다. "당신 생각엔 어느 것이 먼저 온 것 같습니까? 세포입니까, RNA 세계입니까?" 라스카노는 이렇게 대답했다. "만일 당신이 정의하는 세포가 막으로 둘러싸인 계를 말한다면, 지질脂質로 둘러싸인 계들이 분자들의 중합 반응을 거들었을 것이고, 이것이 RNA로 이어졌을 것입니다." 세포가 먼저고, 복제자가 나중이라는 말이다.

■ 여기서 '현재의 인력pull of the present'은 우리가 현재의 조건에 너무 익숙해 있어서 과거를 이해할 때 자꾸 현재를 기준으로 보게 되는 습성을 일컫는 것으로 보인다.

캄브리아기의 생명 '폭발'이 일어난 원인은 무엇인가?

창조론자들은 화석 기록상의 공백에 초점을 맞추는 책략도 즐겨 쓴다. 그들은 이른바 '캄브리아기 폭발'만큼 큰 공백은 없다고 주장한다. 캄브리아기는 약 5억 4,000만 년 전에 시작된 지질 시기로, 생명의 주요 분류군 중 많은 수가 처음으로 화석 기록상에 등장했던 시기이다. 지적 설계론자 스티븐 메이어는 이 '폭발'을 단일하고 순간적인 사건으로 묘사하는데, 실상은 1,500만~2,000만 년에 걸쳐서 전개되었다. (고생물학자들은 보통 캄브리아기 '폭발'을 '지질학적으로' 순간이었다는 표현으로 바꿔 말하곤 한다. 생물학적 시간, 또는 사람의 시간과 비교하면 빙하의 진행 속도만큼이나 더뎠다는 뜻이다.) 사실 캄브리아기 폭발을 설명하는 표준인 진화론 모델에 도전한 메이어의 논문은 상호 심사가 이루어지는 과학 저널에 창조론자가 처음으로 발표한 논문이었다. 창조론자들은 이 사실을 중히 여긴다.[4]

모스크바 고생물학 연구소 선캄브리아 시대 유기체 실험실 책임자 미하일 페돈킨이 캄브리아기 이전 10억 년 동안의 진화에 대한 증거를 검토하는 자리에 메이어가 없었다는 게 몹시 안타깝다. 페돈킨은 지구 기온의 강하, 광합성 작용으로 인한 생물권의 산소 발생이 중금속 활용 수준의 극적인 변화에 큰 역할을 했다고 말했다. 그는 복잡한 생명의 진화로 이어졌던 물질대사 과정에서 중금속이 결정적이었다고 생각한다. 이처럼 금속이 풍부한 환경은 촉매제 구실을 했다. "알려진 효소의 70퍼센트 이상이 금속 이온들을 활성자리의 보조 인자로 가지고 있습니다. 빠른 촉매 반응은 처음에는 동역학적으로, 그다음에는 구조적으로 생명을 무기질 세계로부터 분리시켰습니다." 일단 단순한 원핵세포에서 복잡한 진핵세포가 생겨나자, 생명의 고삐가 풀렸고, 결국 딱딱한 껍질을 가진 복잡한 유기체들이 생겨난 캄브리아기 폭발에 아주 자연스럽게 이르게 되었다.

페돈킨의 발표를 논평하면서 스웨덴 자연사 박물관의 스테판 벵트손은 이렇게 물었다. "캄브리아기 '폭발'에 이르는 진행 과정이 그처럼 오래 걸렸던 까닭이 무엇일까요?" 이제까지 살았던 모든 종 가운데 99.99999퍼센트가 멸종했음을 지적한 벵트손은 이렇게 스스로 대답했다. "달리 어찌해 볼 것이 아무것도 없기 때문에 우리는 그 이유를 모릅니다. 생명은 진화의 나무가 아니라 진화의 덤불입니다. 그러나 현존하는 생명에 기초한 우리의 데이터는 덤불을 나무로 가지치기해 버리도록 합니다. 따라서 우리에게는 데이터가 더 필요합니다."

진화에서 일어난 주요 변천의 원인은 무엇인가?

영국 자연사 박물관의 리처드 포티는 진화의 방향을 다시 설정했던 대멸종 사건들의 중요성, 형태상의 혁신을 이끌었던 진화적 군비 경쟁의 규모, 기후 변화와 진화적 변화의 관계, 어느 정도까지 진화가 방향을 가졌다고 기술할 수 있는지의 문제를 다루었다. 포티의 말에 따르면, 5억 년에 걸친 풍부한 화석 기록을 통해 우리는 진화에서 창조와 위기의 시기들을 추적할 수 있다고 한다. 또한 스티븐 제이 굴드의 1989년 책《생명, 그 경이로움에 대하여》가 캄브리아기의 생명 다양성 폭발에 대해 새로운 발상을 수없이 해 보도록 자극했으며, 캄브리아기에는 분류하기 곤란한 유기체들—이를테면 캄브리아기 버제스 셰일에서 발견되는 유기체들—이 엄청나게 다양했다는 사실이 곧이어 분명해졌다고 말했다. 그러나 중국 등지에 있는 많은 캄브리아기 화석층에서는 척색동물문 같은 중요한 생물문들이 진화했다. "어떤 사람들은 캄브리아기에 족히 100개의 생물문이 있었다고 주장하지만, 증거는 이를 뒷받침하지 않습니다. 비록 진화의 실험 과정에서 그 폭발은 실제 있었지만, 지금 우리는 굴드가 처음에 제시했던 정도의 형태적 다양성의 폭발이 일어나지는 않았다고 생각합니다. 버제스 셰일 같은 캄브리아기 암층에 다가가 보면, 삼엽충의 눈 같은 계들은 대단히 복잡합니다. 삼엽충 머리부의 그 다양한 감각처럼, 진화는 수많은 놀라운 변종들로 실험을 하고 있었습니다."

복잡한 생명은 어디서 기원했는가?

지적 설계론자들은 유기체 복잡성의 증가를 진화론이 설명하지 못한다고 주장한다. 말하자면, 엔트로피와 붕괴하는 정보로 가득 찬 세계에서 유전체 등에 들어 있는 정보의 증가를 어찌 설명할 수 있는가? 이 문제를 다룬 사람은 코네티컷 대학교 분자생물학 및 세포생물학 교수인 피터 고가튼이다. 그는 원핵생물들(세균 같은 단순한 세포들)이 유기체 수준에서 서로 얼마나 자주 수평적으로 유전자를 주고받는지를 보여 준다. 말하자면 유전자를 맞교환하는 것이다! "동일한 환경에 존재하는 유기체들에서 오랜 기간 유전자 전달이 이루어지면 서로 더욱 비슷해지게 됩니다. 그들 아니면 먼 친척들만이 거주할 수 있는 환경에 사는 유기체들에서 이 현상을 가장 분명하게 볼 수 있습니다." 고가튼은 이렇게 결론을 내렸다. "원핵생물 종들 사이의 경계는 불명확합니다. 그러므로 보다 상위의 분류 범주들에까지 적용할 수 있도록 집단유전학의 원리들을 넓힐 필요가 있습니다."

만일 유기체들이 유전자를 맞교환할 수 있다면, 유전자를 획득해서 자기 유전체의 정보 복잡성을 증가시킬 수 있을 것이다. 린 마굴리스가 옳다면, 이것은 사실상 단순한 원핵세포가 (우리 몸을 이루는 것 같은) 복잡한 진핵세포로 진화했던 방법이다. 말하자면 공생적 발생을 통해서 진화했던 것이다. 그녀는 공생적 발생을 간명하게 "획득 유전체의 유전"이라고 기술했으며, 더 형식적으로는 공생과의 관계를 넣어 이렇게 기술했다. "서로 다른 유형(종)의 구성원들 사이의 장기적인 신체적 연합." 마굴리스는 다음과 같이 결론을 내렸다. 진화를 1차적으로 유전으로 설명하려 할 때(신다윈주의) 생기는 문제는 "DNA에서 일어나는 무작위적 변화들만으로는 종분화를 이끌어 내지 못한다는 것입니다. 공생적 발생—공생자 상호 작용의 결과 새로운 습성이나 조직, 기관, 기관계, 생리, 또는 종이 출현하는 것—이 진핵생물, 곧 동물, 식물, 진균류에서 진화적인 새로움이 만들어지는 주요 근원입니다."

창조론자들과 지적 설계론자들은 진화론이 신앙에 기초한 종교라고 주장하기도 좋아한다. 말하자면 과학자들이 연구 보조금을 얻으려고 충성 맹세를 해야 하는 종교라는 것이다. 그들은 마땅히 연단에서 마굴리스가 신다윈주의는 죽었다고 부르짖는 소리를 귀담아 들어야 할 것이다. 다윈의 말을 본떠서 그녀는 이렇게 말했다. "제가 신다윈주의자가 아님을 알아차렸을 때, 마치 살인을 자백하는 것 같았습니다." 그리고 재빨리 이렇게 덧붙였다. "그러나 누가 뭐라 해도 저는 다윈주의자입니다. 저는 우리가 변이의 기원에 대한 중요한 정보를 놓치고 있다고 생각합니다. 이런 점에서 저는 신다윈주의 패들과 다릅니다." 신다윈주의자들은 으레 식물과 동물에 초점을 맞춘다고 마굴리스는 불평했다. "우리가 사는 행성은 바로 세균의 행성입니다." 따라서 진화론은 "생명의 근본 단위"인 세포와 세포 속에 담긴 모든 것들의 진화를 설명해 낼 수 있어야 한다. "극히 작은 세포는 DNA, 전령 RNA(mRNA), 운반 RNA(tRNA), 리보솜 RNA(rRNA), 아미노아실화 효소, 중합 효소, 에너지와 전자의 원천, 지질 단백질 막, 이온 채널을 가지고 있는데, 이 모두가 세포벽 안쪽에 담겨 있습니다. 그리고 세포는 자가 생산적autopoietic 계[스스로를 조절하는 되먹임 계]입니다." 비록 회의적인 과학자들이 아직 있지만, 공생적 발생 이론은 타당성을 가지고 있다.

사람 진화의 나무에는 얼마나 많은 가지들이 있을까?

사람의 진화 문제가 걸리면, 중간 화석 하나만 내놓으라는 창조론자들 목소리가 가장 커진다. 그들은 중간 화석이 아무것도 없다고 주장한다. 버클리의 캘리포니아 대학교 고생물학자 티모시 화이트가 발표하는 자리에 그들이 있었으면 좋았을 것을. 화이트는 스티븐 제이 굴드가 1980년대에 했던 예측을 언급하는 것으로 말문을 열었다. "우리는 사람 덤불에 가지 세 개가 공존하고 있음을 알고 있다. 이번 세기가 끝나기 전까지 이보다 두 배는 많은 가지들이 발견되지 않는다면, 나는 깜짝 놀랄 것이다." 오늘날 현존하는 화석 기록을 한번 보기만 해도 굴드의 말이 옳았음을 알 수 있다. 600만 년에 걸친 사람과科의 진화에는 최소한 스물네 개의 화석 종이 있다.

그러나 그 덤불은 생각처럼 우거진 덤불이 아니라고 화이트는 말한다. 종을 분류할 때 '병합파'와 '세분파' 사이의 차이에서도 문제가 생기고, 새롭고 색다른 발견을 발표해야 한다는 사회적 압박감에서도 문제가 생긴다. 이를테면 만일 당신이 찾아낸 화석을 《사이언스》나 《네이처》에 발표하고 표지 사진으로 실리길 원한다면, 그 화석이 또 하나의 오스트랄로피테쿠스 아프리카누스*Australopithecus africanus* 화석이라는 결론을 내리지는 못할 것이다. 세상에 처음으로 선보이는 이 새로운 화석은 지난 세기의 가장 눈부신 발견이며, 장차 사람과의 계통 발생론을 뒤엎을 것이며, 사람들이 칠판으로 돌아가 사람 진화의 나무를 다시 그리게 될 것임을 암시하는 해석을 생각해 내는 게 더 나을 것이다. 하지만 보다 회의적인 눈으로 보는 연습을 하면, 이 화석들 중 많은 수는 이미 잘 정립된 범주 속에 들어감을 볼 수 있다. 예를 들어 화이트는 케냔트로푸스 플라티옵스*Kenyanthropus platyops*라는 분류명이 붙은 표본은 너무 파편적이며, 또 하나의 오스트랄로피테쿠스 아프리카누스일 가능성이 가장 높다고 말한다. "이름의 다양성과 생물 다양성은 함께 가지 않습니다." 이렇게 화이트는 밝혔다.

화이트는 말레이 제도의 플로레스 섬에서 최근에 발견한 난쟁이 인간 화석에 대한 흥미로운 논의로 이야기를 마무리 지었다. 그곳은 월리스 선■ 바깥에 자리하고 있다. 무슨 뜻이냐면, 마지막 빙하기 동안에도 사람들이 그곳에 가려면 배를 타야만 했다는 뜻이다. (하지만 2004년에 쓰나미가 이 지역을 휩쓸고 간 뒤에 자연에서 나온 잔해들로 커다란 뗏목을 만들어 타고 있던 사람들을 구조한 일이 있기 때문에, 플로레스 섬의 초창기 정착민들도 사고를 당했거나 우연하게 거기로 떠내려갔을 가능성도 있다고 화이트는 지적했다.) 리앙부아 동굴에서 발견된 호모 플로레시엔시스*Homo floresiensis*■■ 기준 표본의 연대는 18,000년 전으로 나왔는데, 이는 그들이 필

■ 19세기에 영국의 자연사학자 앨프레드 러셀 월리스가 동양구와 오스트레일리아 구 사이의 경계를 표시하기 위해 그은 가설적인 선으로, 뒤에 다른 학자들에 의해 몇 차례 수정이 가해졌으며, 지금은 월리스 선을 따라 동물 분포의 경계가 나타나는 것으로 알려져 있다.

히 현대인이어야 했음을 의미한다. 왜냐하면 현대인을 제외한 다른 모든 사람과의 종들은 오래전에 멸종했기 때문이다. 그런데 두개골 용적이 300시시—루시나 오늘날의 침팬지와 비슷한 크기이다—에 불과한데도, 그 작은 뇌로 복잡한 도구들을 만들어 낼 수 있었다(그리고 보트도 만들었을 것이다). 이는 고등한 지능에 중요한 것은 뇌의 크기가 아니라 뇌의 구조라는 사실을 함축하고 있다. 두 번째 표본이 발표되자, 호모 플로레시엔시스가 작은머리증을 앓은 사람이었다는 병리학적 가설이 힘을 잃었다. 화이트는 최상의 증거는 섬의 고립된 환경에서 일어난 왜소화, 곧 이 고립된 사람들 몸을 작아지게 한 신속한 단속적 사건을 가리키고 있다고 말한다. 그런 왜소화 효과는 섬들 여기저기에서 볼 수 있다. 큰 포유류는 작아지고(난쟁이코끼리처럼), 작은 파충류는 커진 것이다(코모도왕도마뱀처럼). 이런 종의 개체들이 플로레스 섬 내륙 지역에 아직까지 살고 있을 가능성은 극도로 낮지만, 고지에 살던 털북숭이 작은 사람들이 식량과 물품을 훔치러 마을을 습격했다는 신화가 플로레스 섬의 원주민들 사이에 돌고 있음을 지적하는 관찰자들도 일부 있다.

■■ '플로레스의 사람' 이란 뜻으로 '호빗Hobbit' 이라는 별칭으로도 불린다. 이 책에서는 호모 플로레센시스*Homo floresensis*라고 표기했는데, 정식으로는 호모 플로레시엔시스*Homo floresiensis*로 표기하는 것 같다. 그래서 원문대로 적는 대신 위키백과사전 올림말 표기를 따라 '호모 플로레시엔시스' 로 적었다.

현대 인류는 어디서 진화했는가?

어린지구 창조론자들은 이 물음에 이미 에덴동산이라는 답을 마련해 두고 있으며, 성경에 나오는 아담과 이브 이야기를 신화가 아닌 사실적 역사로 받아들이고 있다. 반면 지적 설계론자들은 어떻게든 성경을 참고하길 피하면서, 단순히 인류 조상에 대한 증거가 없으며, 따라서 신적 존재가 어느 사람과의 종에게 기적을 통해 인간성의 불꽃을 주입했음이 틀림없다고 논한다. 케임브리지 대학교 교수 피터 포스터는 진화의 이야기는 이보다 복잡하다고 말한다. 이 사람은 고고유전학의 전문가로, 현대 인류의 모계를 통해 전해지는 미토콘드리아 DNA(mtDNA)로 선사 시대 인류 이동을 추적할 수 있음을 입증한 사람이다.

포스터는 지난 20만 년에 걸친 인류 이동의 역사를 다음처럼 그려냈다. 190,000년~130,000년 전에 한 사람의 여성—정식으로는 '미토콘드리아 합착체mitochondrial coalescent'로 알려졌지만 '미토콘드리아 이브mitochondrial Eve'라는 별칭으로 더 알려졌다—에게서 오늘날 살아 있는 모든 사람이 나왔다. 80,000년~60,000년 전, 한 대규모 개체군이 아프리카 중심부에서 아프리카 전역으로 이동했으며, 오늘날의 사우디아라비아 지역까지 이르렀다. 이동은 두 갈래 경로로 이루어졌을 수 있다. 북쪽 경로는 나일 강 위로 홍해를 둘러 가는 길, 남쪽 경로는 예멘의 좁은 해협을 건너는 길이었다. 마지막 빙하기 동안에 그 해협의 너비는 5킬로미터 정도에 불과했을 것이다(포스터는 남쪽 경로가 더 가능성이 있다고 생각한다). 60,000년~30,000년 전에는 동남아시아, 북아시아, 유럽으로 대이동이 있었다. 30,000년~20,000년 전에는 오스트레일리아를 비롯하여 세계의 나머지 지역 대부분으로 퍼져 나갔다. 20,000년~15,000년 전에는 북아메리카로, 15,000년~2,000년 전에는 남아메리카로 걸음을 계속했다. 지난 2,000년 동안 일어난 최후의 이동을 통해 태평양 섬들에도 사람이 정착하게 되었다.

창조론자들은 이런 설명에 '이브'가 들어가 있다고 안심하는데, 우리가 하나의 개체가 아니라 단일 개체군에서 나왔다고 생각하는 과학자들도 있고, 인간 기원의 다지역 이론, 다시 말해서 각기 다른 때에 아프리카에서 이동한 각기 다른 조상군들에서 각기 다른 인간 집단이 생겨났다는 설명을 선택하는 과학자들도 있음을 알아야 한다. 어느 쪽이 되었든 이것은 단지 가장 최근의 우리 조상들에 대한 이야기일 뿐이다. 우리의 계보는 최소한 600만 년 전 유인원과 사람의 공통 조상으로 거슬러 올라간다.

자연선택과 진화가 일어난다는 직접적 증거는 무엇인가?

프린스턴 대학교의 피터 그랜트와 로즈메리 그랜트 부부 팀은 다윈의 핀치새 진화를 조사하기 위해 지난 30년 동안 해마다 갈라파고스 제도의 다프네마요르 섬을 찾았다. 이 섬은 높이 120미터, 길이 1킬로미터의 작은 화산마개■이다.

지금 우리에겐 300만 년 전 매우 활발한 판 구조 활동으로 갈라파고스 제도가 생성되던 시기에 단일 핀치새 군이 갈라파고스로 날아왔음을 입증해 주는 광범위한 화석 기록과 유전자 기록이 있다. 이 시조 개체군이 갈라파고스에 도착했을 당시, 엘니뇨 현상이 지속적으로 섬들을 덥고 습하게 해 주었기 때문에 종분화가 폭발적으로 일어났다.

제일 먼저 휘파람핀치가 나왔고, 그다음에는 나무핀치(지금은 다섯 종이 있다), 그다음에는 땅핀치(지금은 여섯 종이 있다)가 나왔다. 에른스트 마이어의 이소성 종분화(시조 개체군의 딸 개체군이 어미 개체군으로부터 떨어져 나가는 것) 이론을 적용해서 보면, 최초의 핀치들은 산크리스토발 섬, 다음에는 에스파뇰라 섬, 다음에는 플로레아나 섬, 다음에는 산타크루즈 섬으로 이동했고, 마지막으로 다시 산크리스토발 섬으로 이동했다. 이렇게 여행을 하면서 핀치들은 지역 조건에 적응해 갔다. 고지의 핀치들은 딱딱한 딱정벌레와 씨앗을 깨기 위해 큰 부리를 발달시켰고, 저지의 핀치들은 작은 씨앗과 다육 식물을 먹기 위해 작은 부리를 진화시켰다. 기회주의적인 종도 있는데, 이 핀치들 중 일부는 바다거북의 알을 먹기도 하고 파랑발부비새의 피를 빨아먹기도 했다. 각기 다른 섬에 서로 다르게 적응한 결과 새로운 종들이 탄생하

■ '화산전火山栓' 이라고도 한다. 분화구에 용암이 굳은 것으로 겉보기에 화산을 막은 마개처럼 생겼다.

게 되었던 것이다.

그랜트 부부는 진화가 펼쳐지는 모습을 관찰한 가장 강력한 사례의 하나를 제공했다. 부부는 30년 동안 다프네마요르 섬의 환경 변화를 추적하여 핀치 종들이 어떻게 대응했는지를 살폈다. 1973년에 다프네마요르에 도착한 그랜트 부부는 곧바로, 가뭄으로 두 종의 핀치(땅핀치 게오스피자 포르티스*Geospiza fortis*와 선인장 핀치 게오스피자 스칸덴스*Geospiza scandens*) 개체군의 85퍼센트가 사라졌음을 목격했다. 1975년에서 1978년에는 비가 거의 오지 않아 자연선택이 신속하게 작용하여 부리 크기가 변했다. 1983년, 엘니뇨 때문에 비가 오면서 초목이 무성해지고 선인장 열매가 풍부하게 열렸다. 그러나 2년 뒤에 섬은 말라붙어 큰 씨앗은 사라지고 작은 씨앗이 들어섰다. 이런 주기를 거치는 내내 환경 변화와 병행해서 핀치의 부리 모양, 부리 크기, 덩치가 모두 변화했다.

자연선택과 성 선택의 차이가 무엇인가?

마굴리스가 신다윈주의의 죽음을 선고한 데 이어, 스탠퍼드 대학교의 진화생물학자 조앤 러프가든은 다윈의 성 선택 이론의 종언을 선고했다. 다윈은 수컷이 암컷보다 욕정이 더 강하고, 암컷은 수줍음을 타며, 암컷은 더 매력적이고 더 박력 있고 더 건장한 수컷을 선택한다고 말했다. 러프가든은 이렇게 설명했다. "동물들이 순전히 사회적인 이유로 얼마나 많이 섹스를 하는지(척추동물의 300종 이상에서 벌어지는 동성 섹스까지 포함하여), 얼마나 많은 종에서 성 역할이 역전되어 있는지, 다시 말해서 수컷이 칙칙한 반면 암컷이 화려한 장식을 달고 있고, 수컷의 주목을 끌기 위해 암컷끼리 경쟁하는 종이 얼마나 많은지를 알면, 그리고 대부분의 식물과, 전체 동물종의 4분의 1 가량에서 암수로 분류할 수 없는 개체들이 있음을 알고 나면 사람들은 깜짝 놀랍니다."

러프가든의 발표를 논평한 조지아 대학교의 진화생물학자 퍼트리샤 고워티는 다윈의 이론에서 예외가 되는 것들을 러프가든이 올바로 짚어 냈으며, 아직까지 우리가 모르는 것이 많이 있다고 지적했다. 그러나 그렇다고 간과해서는 안 될 짝 선택과 짝짓기 경쟁에 대해서 다윈의 시대 이후 지금까지 많은 것을 알게 되었다는 말도 덧붙였다.

진화론에서 옳은 것이 무엇인가?

진화론 정상 회의 마지막 주자로, 진화론에 관한 책을 쓴(말 그대로이다. 진화생물학을 다룬 베스트셀러 교재의 저자이기 때문이다) 더글러스 푸투이마가 오늘날의 진화론의 상태를 요약했다. "저는 길버트와 설리번의 작품 〈미카도〉에 나오는 말을 인용하고 싶습니다. '내 말도 옳고 네 말도 옳고 모두의 말도 더없이 옳다.'" 푸투이마는 논의되고 있는 다양한 논쟁과 논란의 일부 측면에 대해선 모든 사람 의견에 동의하지만, 결국은 더 연구를 하고 더 많은 데이터를 모아야 일부 논제들도 해결하고 새로운 논제들도 열릴 것이라고 설명했다.

주류 진화과학의 경계 안에 잘 자리하고 있으면서 활발하게 논쟁이 벌어지는 논란거리를 몇 가지 아래에 추가로 소개한다.

1. 자연선택이 진화의 1차적 메커니즘이라면, 생명의 역사에서 운과 우연은 무슨 구실을 하는가?
2. 유기 분자는 무엇에서 기원했는가?
3. DNA가 RNA에서 나왔다면, RNA가 되었던 최초의 복제자는 무엇이었는가?
4. 자연선택의 표적은 무엇인가? (엄격한 다윈주의자들은 개개의 유기체들이 선택의 유일한 표적이라고 믿지만, 다른 사람들은 개체 수준 아래의 유전자, 염색체, 세포 소기관, 세포 수준에서, 그리고 개체 수준 위의 군, 종, 다종多種 군집 수준에서도 선택이 일어날 수 있다는 생각을 갖고 있다.)
5. 진화와 배아 발생은 어떤 관계인가? (진화발생생물학)
6. 현대인의 행위를 어느 정도나 진화의 역사로 설명할 수 있는가? (진화심리학 대 학습심리학, 본성 대 양육)
7. 현대의 사회, 문화, 정치, 경제는 어느 정도나 우리 진화의 과거로 설명할 수 있는가? (진화경제학, 다윈주의 정치학)

과학의 가장 큰 힘은 이런 난타를 견뎌 내는 능력뿐 아니라 실제로 난타를 맞으면서 성장할 수 있는 능력에도 있다. 창조론자, 지적 설계론자, 그리고 과학 바깥의 다른 세력들은, 과학이란 당의 노선에 대한 합의를 튼튼히 하기 위해, 지금의 모든 도전자들과 장차 도전자가 될 자들에 맞서 단단한 방어 태세를 갖추기 위해, 이론이 분분하기 짝이 없는 논제들에 대해 뜻을 하나로 모으기 위해 모임을 여는 화기애애하고 고립된 동아리라고 주장한다. 과학 회의에 한 번이라도 참석해 본 사람이라면 도저히 이런 결론을 내릴 수 없을 것이다. 대부분의 다른 과학 회의처럼, 세계 진화론 정상 회의 또한 과학에는 데이터와 이론뿐만 아니라 논란과 논쟁도 많다는 걸 보여 주었다. 그런 논쟁을 100년 하고도 50년을 더 벌여 온 지금, 진화론은 더할 나위 없이 강력해졌다.

왜 과학이 중요한가

특히 밀레니엄의 끝이 가까워 오는 지금, 해가 갈수록 사이비 과학과 미신이 더욱 사람들을 현혹시킬 것 같아서, 비이성이 부르는 유혹의 노래가 더욱 쩌렁쩌렁 울려 사람들 마음을 후릴 것 같아서 나는 걱정이다. 과연 예전에 그 노랫소리를 어디서 들어 본 적이 없던가? 어쩌다가 누가 국가적 자존심이나 신경을 건드려 인종이나 국가적 편견이 고개를 쳐들 때마다, 우주 속 우리 자리와 우리의 목적성이 축소되는 것에 고뇌할 때, 또는 우리 주변에서 광기가 부글부글 끓어오를 때 — 그럴 때면 오래전부터 몸에 밴 사고 습관은 휘어 잡아 줄 것을 구하려 든다. 촛불이 사위어 간다. 졸아든 불빛이 파르르 떨린다. 어둠이 파고든다. 악령들이 꿈틀대기 시작한다.

칼 세이건, 《악령이 출몰하는 세상》(1996)

⚜

수천 년 전에 캘리포니아 연안의 에셀렌Esselen 인디언들은, 뒷날 스페인 탐험가들이 몬테레이 만이라고 부르게 될 곳의 바로 남쪽에 있는 천연 온천을 자주 찾았다. 끓다시피 뜨거운 온천수가 벼랑에서 폭포가 되어 쏟아져 내려 저 아래 태평양의 부서지는 파도 속으로 떨어졌다. 에셀렌 족은 황이 풍부한 온천수가 피로를 풀어 주고, 아침 안개와 낮의 태양이 몸의 활력을 다시 찾아주며, 산과 해변의 장관이 숨을 멎게 함을 알았다. 그곳은 영적인 중심지였으며, 영혼을 새롭게 하기 위해 찾아갈 곳이었다.

유럽의 총, 균, 쇠가 에셀렌 인디언들의 씨를 말려 버리고 오랜 뒤인 1910년, 헨리 머피 박사가 그 땅을 사들여 환자들의 건강 회복에 쓸 요량으로 온천수를 가둬 둘 목욕탕을 건설했다. 1962년, 머피 박사의 손자 마이클 머피가 리처드 프라이스라는 이름의 동업자와 함께 그 지역을 당시 태동하고 있던 인간 잠재능력 회복 운동human potential movement의 중심지로 탈바꿈시켜,

원래 주민이었던 에셀렌 족을 기려 에살렌 연구소라고 불렀다. 오늘날의 에살렌에는 회의실, 숙소, 우아한 건축미의 온천탕이 모여 있는데, 이 모두 퍼시픽코스트 고속도로를 따라 늘어선 기막힌 장관의 험준한 노두에 호젓하게 자리하고 있다.

수십 년 동안 내로라하는 석학과 구루들이 에살렌을 거쳐 갔다. 여기에는 앨런 워츠, 올더스 헉슬리, 에이브러햄 매슬로, 폴 틸리히, 아널드 토인비, B. F. 스키너, 스타니슬라프 그로프, 아이다 롤프, 칼 로저스, 라이너스 폴링, 버크민스터 풀러, 롤로 메이, 조지프 캠벨, 수전 손태그, 켄 키지, 그레고리 베이트슨, 존 C. 릴리, 카를로스 카스타네다, 프리초프 카프라, 앤셀 애덤스, 존 케이지, 조앤 바에즈, 로버트 앤턴 윌슨, 앤드루 웨일, 디팩 초프라, 심지어 반체제 문화의 우상 밥 딜런까지 있다. 《파인먼씨 농담도 잘 하시네》를 읽은 뒤로 나는 오랫동안 에살렌에 가보고 싶었다. 노벨상 수상자인 캘리포니아 공과대학의 물리학자 리처드 파인먼은 에살렌에서 온천욕 할 때 있었던 일들을 이 책에서 이야기했다. 특히 재미있는 이야기 중에 이런 게 있다. 한 여자가 방금 만난 남자에게서 마사지를 받고 있었다. "그 남자는 여자의 엄지발가락을 문지르기 시작했다. '느낌이 오는 것 같아요.' 그는 말했다. '움푹한 느낌이 들어요…… 뇌하수체인가요?' 이 말을 듣고 나도 모르게 이런 말이 튀어나왔다. '이보게, 자넨 지금 뇌하수체에서 한참 먼 곳을 주무르고 있다네!' 깜짝 놀란 두 사람은 나를 쳐다보고는 이렇게 말했다. '이건 반사 요법입니다!' 나는 재빨리 눈을 감고 명상에 잠긴 척 했다."[1]

에살렌이 뉴에이지 운동의 메카로서 이런 배경을 갖고 있었기 때문에, 거기서 열린 한 회의에 연사로 와 달라는 초청장을 받고 나는 기뻤다. 진화론을 다룬 그 회의엔 인류학자, 종교철학자, 불교 승려, 생물물리학자, 심리철학자, 진화생물학자, 심리학자, 복잡성 이론가, 기업가, 회의주의자, 이렇게 다양한 부류의 사람들이 참석했다. 강연과 토론은 폭넓고 다양하게 이루어졌으나, 철학적, 종교적, 사회적, 영적으로 진화가 어떤 의미를 내포하고 있으며 어떻게 적용될 것인지에 주로 초점을 맞추었다. 나는 도덕성의 진화적 기원을 얘기했는데, 덕분에 다가올 여름에 에살렌에서 열리는 과학과 영성에 관한 주말 세미나 강사로 와 달라는 초청을 받았다. 에살렌에서 열반에 이르는 길을 명상하면서 몸을 적시는 반야般若의 포교자들이 내놓는 초상현상에 관한 대부분의 흰소리에 회의적으로 반응하는 내 성향을 감안했을 때, 강연장이 꽉 찬 것은 몹시 뜻밖이었다. 어쩌면 회의하는 의식이 상승하고 있는지도!

그 워크숍은 우리 모두에게 풍족한 자리였다. 그런데 정작 사람들이 무엇을 왜 믿는지 사람들 생각을 들어 보게 된 것은, 자리를 파하고 편안하게 어울려서 카페 식으로 제공되는 자연 건강식을 먹거나 온천욕을 하면서 나눈 대화들에서였다. 예를 들어 미스터 스켑틱이 그 자리에 납시었다는 게 알려지자, 너나없이 몰려와 "이건 어떻게 설명할 겁니까?"라고 물어 댔다. 대부분의 차림표는 천사, 외계인, 흔히 듣는 초상현상들이었다. 그러나 장소가 에살렌이니 만큼—인간 잠재 능력 회복 운동의 온갖 이상하고 기이한 것들이 모이는 중심이다—다른 곳에서는 들을 수 없는 색다른 이야기도 얼마 있었다.

한 여성은 '바디워크bodywork'의 바탕에 깔린 이론을 설명해 주었다. 바디워크란 차크라라고 부르는 신체의 일곱 군데 에너지 중심을 조절하는 것과 관련된 '에너지 워크energy work'에 마사지를 결합한 것이다. 나는 마사지를 신청했다. 이제껏 내가 받아 본 마사지 중에서 최고였다. 그런데 또 한 명의 시술자가 내게 말하길, 광선을 하나 유도해서 머리를 뚫어 주는 방법으로 어느 여성의 편두통을 치료해 주었노라고 했다. 내 생각에는 이론과 실제를 서로 떼어 놓는 게 제일 좋을 것 같았다. 또 한 여성은 유럽과 미국 전역에서 일고 있는 사탄 숭배 컬트를 조심하라고 경고했다. 나는 이렇게 반박했다. "그러나 그런 컬트가 있다는 증거는 전혀 없는데요." "당연히 없죠." 그녀는 이렇게 설명했다. "그들은 자기들이 벌였던 극악무도한 짓에 대한 기억과 증거를 모두 지워 버리니까요." 그럼 그렇지.

한 신사는 애인과 오래오래 나누었던 탄트라 성교 얘기를 해 주었다. 몇 시간 동안 성교를 하다가 절정에 도달하자, 번개 하나가 애인의 왼쪽 눈을 뚫고 들어가더니 뒤따라 파란 불빛 같은 아이 하나가 애인의 자궁 속으로 들어가더라는 것이었다. 임신이 확실했다고 한다. 아홉 달 뒤 산모가 사내아이를 낳기 전, 어느 찜질방에서 두 사람과 함께한 친구들과 구루들이 땀을 뻘뻘 흘리며 그들만의 '다시 태어나기' 의식—자기가 태어났을 적의 고통을 깨끗이 씻어 내서 그 고통이 아이에게 전달되지 않게 하는 것

—을 거행했다. 바로 그때 거기서 그 아빠는 뱃속 아기에게 장차 대학에 들어가려면 운동선수가 될 필요가 있다고 알려 주었다고 한다. 20년 뒤, 욕조 속에 몸을 더 깊이 담그고 있는 내게 그 아빠는 자기 아들이 프로 야구 선수가 되었다고 말했다. "그걸 어떻게 설명하시겠습니까?" 그가 물었다. 나는 재빨리 눈을 감고 명상에 잠긴 척 했다.

사람들은 저마다 그런 영적인 체험을 하고 또 서로 나눠 갖고 있다. 그리고 거기에 큰 의미를 부여한다. 왜냐하면 우리에게는 그 같은 초월적 관념들을 생각해 낼 만큼 충분히 큰 두뇌 피질이 있으며, 환상적인 이야기들을 지어낼 만큼 충분히 창의적인 상상력이 있기 때문이다. 영(또는 영혼)을 우리 몸을 이루는 정보 패턴—유전자, 단백질, 기억, 개성—으로 정의한다면, 영성이라는 것은 진화의 깊은 시간과 우주의 깊은 공간 속에서 우리의 본질이 어디에 자리하는지를 알려는 마음일 것이다.

영적으로 충만해지는 길은 많이 있다. 우리가 누구이며 어디서 왔는지 경외심을 불러일으키는 이야기를 한다는 점에서 과학 또한 그 한 가지 길이다. "지금 있는 것, 이제까지 있어 온 것, 앞으로 있게 될 것, 이 모두가 바로 우주입니다." 천문학자 고故 칼 세이건은《코스모스》첫 장면에서 이런 말로 입을 열었다. 그 장면은 에살렌 바로 아래의 해변에서 촬영한 것이었다. "우주를 사색하다 보면 마음이 들뜹니다. 가슴이 두근거리고, 목이 메고, 마치 아득히 높은 곳에서 떨어지는 머나먼 기억처럼 어렴풋한 감각이 느껴집니다. 우리가 지금 가장 위대한 신비에 다가가고 있음을 우리는 알고 있습니다." 어떻게 하면 이 광활한 우주와 우리를 연결할 수 있을까? 세이건의 대답은 영적으로 과학적이면서 과학적으로 영적이다. "우주는 우리 안에 있습니다. 우리는 별 물질로 이루어져 있습니다." 생명을 이루는 화학 원소들이 별에서 기원했음을 보이면서 그는 이렇게 말했다. 이 원소들은 별의 내부에서 요리되어, 초신성 폭발을 통해 별 사이 공간으로 방출되었으며, 그 공간에서 원소들이 응집하면서 행성들을 거느린 새로운 태양계가 만들어졌다. 그리고 일부 행성들에는 역시 이 별 물질로 구성된 생명이 있다. "마침내 우리는 우리가 어디서 왔는지 궁금해하기 시작했습니다. 별 물질이 별들을 사색하는 것입니다. 10에 10억에 10억에 10억을 곱한 수의 원자들이 유기적으로 뭉쳐진 존재가 물질의 진화를 사색하는 것입니다. 여기 지구라는 행성, 그리고 아마 우주 전역에서 그 물질이 의식에 도달하기까지의 기나긴 여정을 되짚어 보고 있는 것입니다. 우리에게 지워진 생존해서 번성할 의무는 우리 자신뿐 아니라, 우주, 우리가 태어났던 그 오래고 너른 우주에도 지워져 있습니다."[2]

지극히 영적이다. 그리고 칼 세이건은 우리 시대의 가장 영적인 과학자의 한 명이었다.[3]

어떻게 하면 과학적 세계관에서 영적인 의미를 찾아낼 수 있을까? 영성은 세계 속에 존재하는 한 가지 길이며, 우주 속에서 자기 자리를 느끼는 한 가지 감각이며, 한 사람 한 사람을 넘어 있는 무엇과 맺는 한 가지 관계이다. 영성을 이끌어 내는 근원은 많이 있다. 그런데 불행히도 과학과 영성이 서로 충돌한다고 믿는 사람들이 있다. 예를 들어 19세기 영국의 시인 존 키츠는 아이작 뉴턴이 "무지개를 프리즘으로 환원시켜 버림으로써 무지개가 주는 시심을 파괴해 버렸다"며 통탄했다. 그는 1820년에 쓴 시 〈라미아〉에서 이렇게 불평했다. 자연철학은,

> 천사의 날개를 잘라 내 버릴 것이며
> 자로 선을 그어 대며 모든 신비를 정복해 버릴 것이며
> 공중을 노니는 유령들과 땅굴에 사는 도깨비들을 쫓아내 버릴 것이며
> 무지개를 풀어내 버릴 것이다.

키츠와 같은 시대 사람인 새뮤얼 테일러 콜리지도 이와 비슷한 단언을 했다. "아이작 뉴턴 경의 영혼 500개가 모여야 셰익스피어나 밀턴 한 사람이 될 것이다."[4]

세계를 과학적으로 설명한다고 해서 세계의 영적인 아름다움이 축소될까? 그렇지 않다고 생각한다. 과학과 영성은 상충하는 것이 아니라 상보적이며, 서로를 깎아내리는 것이 아니라 서로를 북돋워 준다. 경외심을 불러일으킨다면 무엇이나 영성의 근원이 될 수 있다. 과학도 어김없이 경외심을 불러일으킨다. 예를 들어 뒤뜰에 나가 미드 사의 8인치(약 20.3센티미터) 반사 망원경을 통해 작고 희미하게 빛나는 점으로 보이는 안드로메다 은하계를 관측할 때, 나는 깊은 감동을 받는다. 단지 그것이 사랑스럽기 때문만은 아니다. 290만 년 전에 안드로메다를 떠난 광자들이 내 망

막에 도달하고 있음을 이해하고 있기 때문이기도 하다. 그때는 작은 뇌를 가진 원시 인류였던 우리 조상들이 아프리카 평원을 돌아다니던 시절이었다.

나를 더욱 들뜨게 하는 이유가 있다. 1923년에 가서야 천문학자 에드윈 허블이 패서디나 구릉에 자리한 내 집 바로 위의 윌슨 산에서 100인치(약 254센티미터) 망원경을 이용해 이 '성운'이 사실은 우리 은하계 밖에 있는 어마어마하게 크고 어마어마하게 먼 항성계임을 발견했기 때문이기도 하다. 뒤이어 허블은 대부분의 은하계에서 오는 빛이 전자기 스펙트럼(말 그대로 색색의 무지개를 풀어내는 것이다)의 빨강 끝으로 치우친다는 사실을 발견했다. 이는 우주가 대폭발로 창조되었던 시점부터 계속해서 팽창하고 있다는 의미였다. 우주에 시작이 있었으며, 따라서 영원하지 않음을 보여 주는 최초의 경험적 증거였다. 이런 우주의 모습보다 더 경외심을 불러일으키는 것, 이보다 더 마음을 홀리게 하고 더 마술 같고 더 영적인 것이 무엇이 있을 수 있단 말인가? 윌슨 산 천문대는 우리 시대의 샤르트르 대성당이다.

서던캘리포니아에 살고 있는 탓에, 나는 윌슨 산을 등반할 기회가 많이 있었다. 라카나다 주거 지역에서 꼬불꼬불한 등산로를 따라 40킬로미터를 올라가면 종착점에 망원경, 간섭계, 송신탑(아래 세상의 거대 언론 복합 기업체에 송신한다)이 모여 있다. 1970년대에 젊은 과학도였을 때에는 거기로 한 차례 보통 여행을 한 적이 있었고, 1980년대에 정식 자전거 경주 선수였을 때에는 매주 수요일 그곳으로 자전거를 타고 갔다(우리 중에 자전거 타기를 고집하는 몇몇 사람들은 아직까지 전통으로 삼고 있다). 1990년대에는 여러 과학자들을 그곳으로 데리고 갔다. 그들 중에서 지금은 작고한 하버드의 진화 이론가 스티븐 제이 굴드는 그 여행이 깊이 감동적인 경험이었다고 묘사했다. 가장 최근에는 2004년 11월에 영국의 진화생물학자 리처드 도킨스를 데리고 윌슨 산 천문대를 방문했다. 100인치 망원경이 자리한 웅장한 돔 밑에 서서 과학이 보여 주는 이 우주의 모습과 그 속의 우리 자리가 그 얼마나 신기하고 기적적으로까지 보이는지 생각에 잠겨 있을 때, 도킨스는 나를 향해 이렇게 말했다. "이 모두를 보니 우리 사람종이 몹시 자랑스럽습니다. 가슴이 벅차서 눈물이 다 날 것 같습니다."

우리는 패턴을 찾고 이야기를 짓는 영장류이기 때문에, 생명과 우주의 패턴이 우리들 대부분의 눈에는 설계된 것으로 보인다. 셀 수 없이 많은 밀레니엄 동안 우리는 이 패턴들을 소재로 해서 특별히 우리를 위해 저 위의 어떤 존재가 생명과 우주를 설계했다는 이야기들을 지어냈다. 하지만 지난 몇 세기 동안 과학은 우리에게 가능성 있는 대안을 하나 제시했다. 떠오름과 복잡성의 자기 조직적 내재 원리들의 인도를 받아 아래에서부터 설계가 나왔다고 말이다. 종교에 전혀 위협이 되지 않는다고 우리 모두 편안하게 받아들이고 있는 다른 자연의 힘들처럼, 이 자연의 과정도 바로 신이 생명을 창조할 때 쓴 방법이었는지도 모른다. 어쩌면 신은 자연법칙—또는 자연 자체—일지도 모른다. 그러나 이것은 어디까지나 신학적인 추측일 뿐, 과학적인 것은 아니다.

과학이 우리에게 말해 주는 것이 무엇인가? 우리는 수억 종의 생물 가운데 한 종에 불과하다. 그 수억 종의 생물은 하나의 작은 행성에서 35억 년의 세월을 거치며 진화했다. 그 행성은 하나의 평범한 별을 돌고 있는 많은 행성 가운데 하나일 뿐이다. 그 태양계 자체는 수천억 개의 별을 가지고 있는 한 평범한 은하계에 있는 수십억 개는 족히 될 태양계 가운데 하나일 뿐이다. 그 은하계 자체는 하나의 은하단 안에 자리하고 있다. 그 은하단은 다른 수백만 개의 은하단과 다를 것이 없다. 그 수백만 개의 은하단은 팽창하는 거품 우주 안에서 빙글빙글 돌며 서로에게서 멀어지고 있다. 그 거품 우주는 거의 무한에 가까운 수의 거품 우주 가운데 하나일 가능성이 높다. 이 다중 우주 전체가, 하나의 거품 우주 안에 있는 하나의 은하계, 그 은하계 안에 있는 하나의 행성, 그 행성에 사는 한 종의 작은 하위 집단만을 위해서 설계되었고 존재한다는 게 정말 가능성이 있는가? 전혀 가능성이 없는 것 같다.

여기에 바로 과학의 영적인 측면, 곧 '과학성sciensuality'이 자리한다. 어색하게 신조어를 만든 것에 양해를 구하지만, 이는 발견이 지닌 감성미를 반영하는 말이다. 만일 종교와 영성이 창조주 앞에서 경외심과 겸손함을 일으킨다고 하면, 허블 등의 우주론자들이 발견한 깊은 공간과 다윈 등의 진화론자들이 발견한 깊은 시간만큼 경외심을 불러일으키고 고개 숙이게 하는 것이 대체 무엇이 있을까?

다윈이 왜 중요하냐면 진화가 걸려 있기 때문이다. 진화가 왜 중요하냐면 과학이 걸려 있기 때문이다. 과학이 왜 중요하냐면,

과학이야말로 우리 시대의 뛰어난 이야기, 곧 우리는 누구이며 어디에서 왔으며 어디로 가고 있는지를 말해 주는 서사적 모험담이기 때문이다.

종결

다시 쓰는 창세기

진화론과 지적 설계론의 근본적인 차이는 설명의 성질에 있다. 즉, 자연적 설명 대 초자연적 설명의 차이이다. 지적 설계론이 제시하는 초자연적 설명이 가진 문제는 그것으로 우리가 할 수 있는 것이 아무것도 없다는 것이다. 데이터 수집, 시험 가능한 가설, 정량화할 수 있는 이론으로 전혀 이어지지 못하기 때문에, 결국 과학이 이루어지지 못한다.

과학이라는 둥근 말뚝을 종교라는 네모난 구멍에 우겨넣으려는 시도가 얼마나 논리적으로 어리석은 짓인지 보여 주기 위해, 나는 창세기의 창조 이야기를 과학적으로 개정한 이야기를 아래에 실었다. 이는 창세기가 지닌 신화적 웅장함을 모독하려는 것이 아니다. 다만 창세기를 신화적 이야기가 아니라 과학적 산문으로 읽어야 한다는 주장을 하면서 창조론자들이 이미 창세기에 저질렀던 짓을 확대해 본 것뿐이다. 창세기가 현대 과학의 언어로 쓰였다면, 아마 다음과 같은 이야기가 되었을 것이다.

태초에, 구체적으로 말해서 기원전 4004년 10월 23일 정오에 하느님께서 양자 거품의 요동으로부터 빅뱅을 창조하셨으며, 우주 인플레이션과 팽창하는 우주가 뒤를 이었다. 깊음 위에는 어둠이 있었다. 하느님께서 쿼크들을 창조하셨고, 쿼크들로 수소 원자들을 창조하셨다. 그리고 수소 원자들이 융합하여 헬륨 원자가 되라고, 융합 과정에서 빛의 형태로 에너지를 방출하라고 명령하셨다. 빛을 내는 그것을 태양이라 부르셨고, 그 과정을 핵융합이라고 부르셨다. 하느님께서는 빛을 흐뭇하게 보셨다. 왜냐하면 이제 당신께서 하시는 일을 볼 수 있었기 때문이다. 이제 하느님께서는 지구를 창조하셨다. 이렇게 저녁이 가고 아침이 되어 첫째 날이 지나갔다.

하느님께서 말씀하시니, 융합으로 빛을 내는 것들이 하늘에 많이 있으라 하셨다. 융합으로 빛을 내는 것들 중 일부를 무리지어 은하계라고 부르셨는데, 지구에서 보기에 이 은하계들이 수백만 광년, 심지어 수십억 광년 떨어진 것처럼 보였다. 무슨 말이냐면, 기원전 4004년에 일어난 첫 창조보다 은하계들이 먼저 창조되었다는 의미일 수 있었다. 이것이 혼란스러워서, 하느님께서는 힘 잃은 빛을 창조하셨다. 그렇게 해서 창조 이야기는 보존되었다. 그리고 적색 거성, 백색 왜성, 퀘이사, 펄사, 초신성, 웜홀, 심지어 아무것도 빠져나갈 수 없는 블랙홀 같은 진기하고 다채로운 것들을 많이 창조하셨다. 그러나 하느님께서는 무엇에도 구속될 수 없기 때문에, 블랙홀에서 정보가 탈출할 수 있는 호킹 복사를 창조하셨다. 이것을 만드시느라 하느님께서는 힘 잃은 빛보다 더 녹초가 되셨다. 이렇게 저녁이 가고 아침이 되어 둘째 날이 지나갔다.

하느님께서 말씀하시니, 하늘 아래 물이 한군데로 모이고, 대륙들이 판 구조 운동으로 서로 떨어지라 하셨다. 해저를 넓게 펴서 사출대가 만들어지도록 명하시고, 섭입대를 만들어 산맥이 형성되고 지진이 일어나도록 하셨다. 지각의 약한 지점에는 화산섬을 만드셨다. 하느님께서 다음날에 대륙에 있는 친척들과 비슷하지만 다른 생물들을 그 섬들 위에 두시고, 더 나중에는 그 생물들이 적응 방산에 의해 탄생한 진화된 후손들이라고 착각하게 될 사람이라는 이름의 피조물을 만드실 터였다. 이렇게 저녁이 가고 아침이 되어 셋째 날이 지나갔다.

하느님께서 보시니 땅이 휑뎅그렁했다. 그래서 자기와 같은 종류를 낳는 동물들을 창조하시고, 너희들은 새로운 종으로 진화해서는 안 되며, 너희의 평형 상태가 단속되어서는 안 된다고 이르셨다. 그리고 살아 있는 피조물들과 비슷하지만 다른 모습이며 기원전 4004년보다 더 오래된 것으로 보이는 화석들을 암석 속에 넣어 두셨다. 화석의 순서는 변형을 동반한 유래를 따르는 듯 보였다. 이렇게 저녁이 가고 아침이 오니 넷째 날이 지나갔다.

하느님께서 말씀하시니, 물에게 생명을 가지고 운동하는 물고기들을 풍부하게 낳으라 하셨다. 그리고 이날 늦게 만드실 육상 포유류와 골격 구조와 생리가 상동인 커다란 고래들을 창조하셨다. 그다음에는 크고 작은 갖가지 피조물들을 많이많이 만드시고는 소진화는 허용하되 대진화는 불허하노라 이르셨다. 그리고 말씀하셨다. "나투라 논 파키트 살툼(자연은 도약하지 않느니라)." 이렇게 저녁이 가고 아침이 오니 다섯째 날이 지나갔다.

하느님께서 서로 유전적으로 98퍼센트가 비슷한 성성이과와 사람과를 창조하시고, 둘의 이름을 아담과 이브라고 지으셨다. 당신께서 이 모든 일을 어찌 하셨는지 설명해 놓은 책 《성경》에서, 어느 장에서는 땅의 흙으로 아담과 이브를 동시에 함께 지으셨다고 말씀하시면서, 또 어느 장에서는 아담을 먼저 지으시고, 나중에 아담의 갈비뼈로 이브를 지으셨다고 말씀하셨다. 이것이 의심의 그늘 드리운 골짜기에 혼동이 일게 하자, 하느님께서는 이 문제를 처리할 신학자들을 창조하셨다.

그리고 하느님께서는 아담 시대 이전의 피조물에서 나온 중간 화석들의 이빨, 턱, 머리뼈, 골반을 풍부하게 땅에 놓아두셨다. 당신께서 특수창조하신 것 중에서 하나를 선택해 이름을 루시라 하셨다. 루시는 사람처럼 곧선 자세로 걸을 수는 있었으나 유인원처럼 뇌는 작았다. 그리고 이것이 너무 혼란스러움을 깨달으시고는, 이를 이해할 고인류학자들을 창조하셨다.

창조의 마무리 작업을 막 끝내셨을 때, 하느님께서는 아담의 직계 후손들이 인플레이션 우주론, 포괄적 일반상대성, 양자역학, 천체물리학, 생화학, 고생물학, 진화생물학을 이해 못할 것임을 깨달으시고, 창조 신화들을 지으셨다. 그러나 세계 전역에 너무 많은 창조 이야기들이 있게 된 탓에, 이것이 너무 혼란스러움을 깨달으신 하느님께서는 이것을 모두 설명할 인류학자와 신화학자들을 창조하셨다.

이때에 이르러 의심의 그늘 드리운 골짜기에 회의의 목소리가 난무하자, 하느님께서 노하셨다. 너무 화가 나신 나머지 평정을 잃으신 하느님께서 최초의 사람들에게 저주를 퍼부으셨다. 떠

나서 너희들대로 증식하라고 말씀하셨다(그러나 말뜻 그대로 말씀하신 것은 아니었다). 그러나 사람들이 하느님의 말씀을 곧이곧대로 받아들이다보니, 지금은 사람 수가 60억 명이 넘게 되었다. 이렇게 저녁이 지나고 아침이 오니 여섯째 날이 지나갔다.

이때에 이르러 하느님께서는 몹시 피곤하셨다. 그래서 이렇게 선포하셨다. "금요일이라니 내게 고맙구나." 그리고 주말을 만드셨다. 좋은 생각이었다.

부록

과학을 배울 시간

지난 세기 동안, 진화론-창조론 논쟁에서 거의 모든 법정 소송과 교과 과정 논란에는 '균등 시간 할당'을 요구하는 형태의 논증이 들어 있었다. 설사 공립학교 과학 수업에 각각의 관점에 대해 균등 시간을 할당해야 한다는 데 우리들 모두 동의한다손 치더라도, 도대체 누구에게 균등 시간을 주어야 할지 물어야 할 것이다. 내 친구이자 동료인 국립 과학 교육 센터 전무이사 유진 스콧은 창조론-진화론 선상에서 취할 수 있는 최소한 여덟 가지 입장을 개괄했다(전체 설명을 보려면 국립 과학 교육 센터 웹 사이트 (http://www.natcenscied.org/)를 찾아가면 된다). 그 여덟 가지는 다음과 같다.

어린지구 창조론자: 지구와 지구상의 모든 생명은 지난 1만 년 이내에 창조되었다고 믿는 사람들.

늙은지구 창조론자: 지구는 오래되었으나, 비록 소진화가 유기체들을 서로 다른 변종들로 변화시킬 수 있다고는 해도, 모든 생명은 신께서 창조했으며, 종은 새로운 종으로 진화할 수 없다고 믿는 사람들.

공백 창조론자: 창세기 1장 1절과 2절 사이에 큰 시간적 공백이 있었으며, 이 시기에 아담 이전의 창조는 파괴되었고 신이 여섯 날 동안 세계를 재창조했다고 믿는 사람들. 두 별개의 창조 사이의 시간 공백은 특수창조가 이루어진 늙은지구를 수용할 수 있게 해 준다.

하루-지질 시대 창조론자: 창조의 여섯 날 각각이 지질 시대를 나타내며, 창세기의 창조 순서는 대략 진화의 순서와 대응한다고 믿는 사람들.

진보적 창조론자: 우주의 나이에 관한 대부분의 과학적 성과들을 받아들이면서, 신이 동물의 '종류들'을 창조했다고 믿는 사람들. 화석 기록은 역사를 정확히 나타낸다. 왜냐하면 서로 다른 동식물이 동시에 한꺼번에 모두 창조되었다기보다는 서로 다른 때에 등장했기 때문이다.

지적 설계 창조론자: 세계에서 발견되는 질서, 목적, 설계가 지적 설계자가 있다는 증거라고 믿는 사람들.

진화적 창조론자: 태초에 신이 미리 정하신 계획에 따라 진화를 이용해서 생명을 창조했다고 믿는 사람들.

유신론적 진화론자: 신이 진화를 이용해서 생명을 만들었으며, 생명의 역사에서 임계 구간마다 신이 개입한다고 믿는 사람들.

지적 설계론이란 것이 교과 과정에서 자리를 차지하려고 경쟁하는 수많은 창조론 중 하나에 불과함을 주목하라. 만일 정부가 교사들에게 강제로 지적 설계 창조론을 가르치도록 균등 시간을 할당한다면, 다른 것들에 대해서도 그리하지 않을 이유가 뭐겠는가? 게다가 이런 짧은 목록 외에도, 다른 문화에서 전승되는 창조 이론들도 있다. 그 이야기들은 다음과 같다.

창조가 없음: (인도) 세계는 지금 모습 그대로 늘 존재하며, 영원히 불변한다.

죽은 괴물로 창조: (수메르-바빌로니아) 세계는 죽은 괴물의 시체 토막들로 창조되었다.

최초의 부모에 의한 창조: (주니 족 인디언, 쿡 제도, 이집트) 세계는 최초의 부모들이 살을 섞어 창조되었다.

우주의 알에서 창조: (마야, 일본, 사모아, 페르시아, 중국) 세계는 알에서 나왔다.

말로 내린 명령에 의한 창조: (마야, 이집트, 히브리) 세계는 신의 명령으로 생겨났다. (창조론자들과 지적 설계론자들이 가진 믿음이 이것이다.)

바다 기원의 창조: (촉토 족 인디언, 아이슬랜드) 세계는 바다에서 창조되었다.

이 모든 입장들에 균등 시간이 할당된다면, 아울러 전 세계 다양한 문화에서 전승되는 수많은 다른 창조 신화들에까지 균등 시간이 할당된다면, 대체 학생들은 언제 과학을 배우겠는가?

주석

프롤로그: 왜 진화가 중요한가

1 갈라파고스 제도 탐사를 우리와 함께 한 사람은 식물학자 필 팩, 뱀 전문가 로버트 스미스, 탐험가 대니얼 베넷, 의공학자 척 렘이었다.

2 설로웨이는 다수의 논문을 통해 다윈의 진화론이 발전해 가는 과정을 역사적으로 재구성했다. Frank Sulloway, "Darwin and His Finches: The Evolution of a Legend," *Journal of the History of Biology* 15(1982), pp.1-53; "Darwin's Conversion: The Beagle Voyage and Its Aftermath," *Journal of the History of Biology* 15(1982), pp.325-396; "The Legend of Darwin's Finches," *Nature* 303(1983), p.372; "Darwin and the Galapagos," *Biological Journal of the Linnean Society* 21(1984), pp.29-59.

3 1844년 1월 14일 다윈이 조지프 후커에게 보낸 편지. Janet Browne, *Voyaging: Charles Darwin. A Biography*(New York: Knopf, 1995), p.452에서 인용.

4 《종의 기원》이 출간되기 전해에 자연사학자 앨프레드 러셀 윌리스가 자신의 진화 이론을 담은 편지를 다윈에게 보냈다. 그것 때문에 우선권을 확보하기 위해 서둘러 인쇄에 돌입하지 않았더라면, 아마 다윈은 훨씬 오래 기다렸을 것이다. 다윈과 윌리스 사이의 '우선권 분쟁'은 다음의 책에서 상세히 다루고 있다. Michael Shermer, *In Darwin's Shadow: The Life and Science of Alfred Russel Wallace*(New York: Oxford University Press, 2002).

5 Ernst Mayr, *Growth of Biological Thought*(Cambridge, Mass.: Harvard University Press, 1982), p.495.

6 다윈의 이론에 대한 반응은 모두 다음의 책에서 인용했다. K. Korey, *The*

Essential Darwin: Selections and Commentary(Boston, Mass.: Little Brown, 1984).

7 흥미롭게도 41퍼센트를 차지하는 상당수의 사람들이 아이들에게 생명의 기원과 진화를 가르칠 책임이 과학자(28퍼센트)나 교육 위원회(21퍼센트)보다 부모들에게 있어야 한다고 믿고 있다. 퓨 리서치 센터의 여론 조사 데이터는 온라인으로 접할 수 있다. http://peoplepress. org/reports/display.php3?ReportID=254

8 Elisabeth Bumiller, "Bush Remarks Roil Debate on Teaching of Evolution," *New York Times*, August 3, 2005.

9 나는 다음의 책에서 이 이야기를 자세히 썼다. Michael Shermer, *How We Believe: Science, Skepticism, and the Search for God*(New York: Times Books, 1999).

10 다음의 책에 나온 문구를 바꿔 썼다. Ernst Mayr, *The Growth of Biological Thought*(Cambridge, Mass.: Harvard University Press, 1982), p.501.

11 Theodosius Dobzhansky, "Nothing in Biology Makes Sense Except in the Light of Evolution," *American Biology Teacher* 35(1973), pp. 125-129.

1장 사실들은 스스로 말한다

1 편지는 다음의 책에 실려 있다. Francis Darwin, *The Life and Letters of Charles Darwin*, Vol.2(London: John Murray, 1887), p.121.

2 다윈이 칼리지를 다녔던 시절, 귀납의 개념—귀납이란 무엇이며 과학에서 어떻게 사용되는가—을 놓고 격렬한 논쟁이 벌어진 적이 있었다. 비록 귀납의 정의가 여러 가지였지만, 특수한 것에서 일반적인 것으로, 데이터에서 이론으로 나아가는 논증을 의미하는 것으로 대략 이해되었다. 1830년에 천문학자 존 허셜은 귀납이란 아는 것에서 모르는 것으로 추리하는 것이라고 논했다. 1840년에 과학철학자 윌리엄 휴얼은 귀납이란 마음이 개념을 사실에 덧입히는 것이라고 주장했다. 비록 그 개념들이 경험적으로 검증될 수 없다 하더라도 말이다. 1843년에 철학자 존 스튜어트 밀은 귀납이란 특수한 사실들에서 일반 법칙들을 발견하는 것이라고 주장했다. 단 그 법칙들은

경험적으로 검증될 수 있어야 했다. 케플러가 행성 운동의 법칙들을 발견한 것은 귀납 연구를 보여 주는 한 고전적인 예였다. 허셜과 밀이 보기에 케플러는 면밀한 관찰과 귀납을 통해 이 법칙들을 발견한 것이었다. 반면 휴얼 생각에 그 법칙들은 선험적으로 알 수 있는 자명한 진리였다. 1860년대에 이르러 진화 이론이 세를 얻고 전향자가 늘어가면서 허셜과 밀이 승리를 거머쥐게 되었지만, 두 사람이 옳았고 휴얼이 틀렸기 때문이라기보다는, 훌륭한 과학이 이루어지는 방식을 이해하는 데 있어서 경험주의가 필수적이 되어 가고 있었기 때문이다. 저간의 사정이 그랬기 때문에, 다윈은 자기 이론을 발표하기에 앞서 이론을 뒷받침하는 다량의 데이터를 수집했던 것이다. 이 논쟁과 관련된 고전 문헌에는 다음의 책들이 있다. John F. W. Herschel, *Preliminary Discourse on the Study of Natural Philosophy* (London: Longmans, Rees, Orme, Brown and Green, 1830); William Whewell, *The Philosophy of the Inductive Sciences*(London: J. W. Parker, 1840); John Stuart Mill, *A System of Logic, Ratiocinative and Inductive, Being a Connected View of the Principles of Evidence, and the Methods of Scientific Investigation*(London: Longmans, Green, 1843).

3 Francis Darwin(ed.), *The Autobiography of Charles Darwin and Selected Letters*(New York: Dover Publications, 1958), p.98. 원래 출간 연도는 1892년.

4 T. H. Huxley, *Darwiniana*(New York: Appleton, 1896), p.72.

5 Francis Darwin, *More Letters of Charles Darwin*, Vol. 2(London: John Murray, 1903), p.323.

6 Francis Darwin(ed.), *Autobiography of Charles Darwin.*

7 John Ray, *The Wisdom of God Manifested in Works of the Creation* (London: Samuel Smith, 1691).

8 William Paley, *Natural Theology: or, Evidences of the Existence and Attributes of the Deity, Collected from the Appearances of Nature* (London: E. Paulder, 1802).

9 다음의 책은 페일리가 다윈에게 미친 영향을 총체적으로 논의하고 있다. Keith Thomson, *Before Darwin*(New Haven, Conn.: Yale University Press, 2005).

10 1859년 11월 15일, 찰스 다윈이 존 러벅에게 보낸 편지. Francis Darwin,

The Life and Letters of Charles Darwin, Vol. 2, p.8.

11 Ernst Mayr, *Toward a New Philosophy of Biology*(Cambridge, Mass.: Harvard University Press, 1988).

12 Ernst Mayr, "Species Concepts and Definitions," in *The Species Problem*(Washington, D. C.: American Association for the Advancement of Science Publication 50, 1957). 마이어는 여기서 종의 정의를 확장한다. "지리적으로나 생태적으로나 서로를 대신할 수 있는 개체군들, 그리고 서로 접촉할 때마다 중간 단계나 잡종 단계가 나오는 이웃한 개체군들, 또는 지리적 장벽이나 생태적 장벽 때문에 서로 접촉할 수 없는 경우에도 잠재적으로 중간 단계나 잡종 단계가 나올 가능성이 있는 개체군들의 무리가 종이다." 다음의 책도 참고하라. Ernst Mayr, *Evolution and the Diversity of Life*(Cambridge, Mass.: Harvard University Press, 1976).

13 Charles Darwin, *On the Origin of Species by Means of Natural Selection: or, The Preservation of Favoured Races in the Struggle for Life*(London: John Murray, 1859), p.63.

14 Charles Darwin, *Origin of Species*, p.84.

15 Richard Dawkins, *The Selfish Gene*(Oxford: Oxford University Press, 1976).

16 Percival W. Davis and Dean H. Kenyon, *Of Pandas and People* (Dallas, Tex.: Haughton, 1993).

17 Charles Darwin, *Origin of Species*, p.280.

18 진화론에서 단속 평형론이 패러다임의 전환을 이루는지의 여부는 다음의 책에서 간략하게 분석했다. Michael Shermer, *The Borderlands of Science*(New York: Oxford University Press, 2001). 스티븐 제이 굴드는 다음의 책에서 따로 300여 쪽에 걸쳐 단속 평형론에 대한 모든 비판들을 자세하게 요약하고 대응했다. Stephen Jay Gould, *The Structure of Evolutionary Theory*(Cambridge, Mass.: Harvard University Press, 2002).

19 Niles Eldredge and Stephen Jay Gould, "Punctuated Equilibria: An Alternative to Phyletic Gradualism," in T. J. M. Schopf(ed.), *Models in Paleobiology*(San Francisco: Freeman, 1972), p.205.

20 D. S. McKay et al., "Search for Past Life on Mars: Possible Relic

Biogenic Activity in Martian Meteorite ALH84001," *Science* 273 (1996), pp.924-930.

21 William Schopf, *Cradle of Life: The Discovery of Earth's Earliest Fossils*(Princeton, N. J.: Princeton University Press, 1999).

22 William Whewell, *Philosophy of the Inductive Sciences*, p.230. 그런데 얄궂은 점이 있다. 진화론은 아마 이제까지 나온 이론 가운데 가장 훌륭하게 귀납이 일치하는 이론으로 생각되는데도 불구하고, 휴얼이 진화론을 거부했다는 것이다. 휴얼은 다윈의 《종의 기원》이 케임브리지 대학교 트리니티 칼리지 도서관에 소장되는 것을 반대하기까지 했다.

23 2004년 12월 13일, 개인적으로 서신 교환한 기록.

24 이 세 논문은 모두 2002년 11월 22일자 《사이언스》에 실렸다. Jennifer A. Leonard et al., "Ancient DNA Evidence for Old World Origin of New World Dogs," pp.1613-1616; Peter Savolainen et al., "Genetic Evidence for an East Asian Origin of Domestic Dogs," pp.1610-1613; Brian Hare et al., "The Domestication of Social Cognition in Dogs," pp.1634-1636.

25 Richard Dawkins, *The Ancestor's Tale: A Pilgrimage to the Dawn of Evolution*(Boston: Houghton Mifflin, 2004).

26 Luigi Luca Cavalli-Sforza, P. Menozzi, and A. Piazza, *The History and Geography of Human Genes*(Princeton, N. J.: Princeton University Press, 1994).

27 Jack Horner, *Digging Dinosaurs*(New York: Harper & Row, 1988), p.168.

28 위의 책, p.129.

29 위의 책, pp.129-143.

2장 진화를 받아들이지 못하는 사람들

1 이 문단의 인용은 모두 《브라이언의 마지막 연설: 진화론에 대한 사상 최고의 강력한 반대 논증Bryan's Last Speech: The Most Powerful Argument against Evolution Ever Made》에서 발췌했다. 이 작은 책자(가격은 25센트)는 브라이언이 죽고 얼마 뒤에 간행되었는데, 《스켑틱》에 전문을 실었다

(*Skeptic* Vol. 4, No. 2 (1998), pp.88-100). 내 친구이자 동료인 클레이턴 드리스는 버지니아 주의 한 헌책방에서 그 책자를 찾아내서 내게 보내주었다. 스콥스 공판을 다룬 영화 〈신의 법정Inherit the Wind〉을 보면, 법정에서 브라이언이 감동적인 마지막 연설을 하던 중에 극적으로 쓰러져 독실한 추종자들을 하얗게 질리게 하고 진화론 편에 선 적들의 분통을 터지게 한다. 실제는 그보다는 약간 덜 신파적이었을 테지만, 실제 연설문은 그보다 훨씬 깊은 의미를 담고 있었다(영화에서 브라이언은 성경을 읊기만 한다).

2 나는 《왜 사람들은 이상한 것을 믿는가Why People Believe Weird Things》와 《우리는 어떤 식으로 믿는가How We Believe》에서 스콥스 공판을 간략하게 논의했다. 스콥스 공판의 전체 역사를 알려면 다음의 책을 보라. Edward J. Larson, *Summer for the Gods: The Scopes Trial and America's Continuing Debate over Science and Religion*(New York: Basic Books, 1997).

3 다음의 글에서 재인용했다. Stephen Jay Gould, "William Jennings Bryan's Last Campaign," *Natural History*(November 1987), pp.32-38.

4 J. V. Grabiner and P. D. Miller, "Effects of the Scopes Trial," *Science* 185(1974), pp.832-836.

5 V. L. Kellog, *Headquarters Nights*(Boston: The Atlantic Monthly Press, 1917). 미국이 참전하기 전에 켈로그는 벨기에 구제 계획에 동참했다. 덕분에 전문 과학자들과 접촉하여 독일 참모 본부에 접근할 수 있었고, 그들로부터 뒷날 책을 쓸 소재를 수집했다. 1987년에 굴드는 브라이언이 진화론으로부터 돌아서게 된 사정을 탁월하게 재구성했다(위의 주석 3번의 글을 참고하라).

6 다음의 글에서 인용했다. T. C. Riniolo, "The Attorney and the Shrink: Clarence Darrow, Sigmund Freud, and the Leopold and Loeb Trial," *Skeptic* Vol. 9, No. 3(2002), pp.44-48.

7 대로의 변호는 그로부터 몇 십 년 뒤 부모를 살해한 메넨데스 형제의 변호를 맡은 레슬리 에이브럼스가 썼던 변론을 떠올리게 했다. 그녀는 형제가 부모에게 학대를 받은 희생자라고 주장하면서 소년들의 부모 살인죄를 벗게 하려고 애썼다.

8 역사학자 리처드 호프스태터Richard Hofstadter는 브라이언의 이 말을 "아

마 미국 정당 정치의 역사상 가장 힘 있는 연설일 것"이라고 했다.

9 Thomas H. Huxley, "The Origin of Species"(review), *Westminster Review* 17(1860), pp.541-570. Ernst Mayr, *Toward a New Philosophy of Biology*(Cambridge, Mass.: Harvard University Press, 1988), p.161. Stephen Jay Gould, *The Structure of Evolutionary Theory*(Cambridge, Mass.: Harvard University Press, 2002). Richard Dawkins, *A Devil's Chaplain*(New York: Houghton Mifflin, 2003), p.78.

10 다음의 글에서 재인용했다. R. Bailey, "Origin of the Specious," *Reason*(July 1997).

11 세 시간에 걸친 퍼시의 보고는 2000년 5월 10일에 있었다. 다음의 글에서 인용했다. D. Wald, "Intelligent Design Meets Congressional Designers," *Skeptic* Vol. 8, No. 2(2002), pp.16-17.

12 특히 인간 행동에 진화론을 적용할 때 거부감을 느끼는 자유주의적 입장에 대한 전체적인 논의는 다음의 책을 참고하라. Steven Pinker, *The Blank Slate: The Modern Denial of Human Nature*(New York: Viking, 2002).

13 진화론 부정론자들이 홀로코스트 부정론자들이 사용하는 것과 유사한 수사학과 논쟁 기술을 사용한다는 점에서, 진화론 부정론은 홀로코스트 부정론의 도플갱어이다. 전체 논의를 보려면 다음의 책들을 참고하라. Michael Shermer, *Denying History*(Berkeley: University of California Press, 2000). Massimo Pigliucci, *Denying Evolution*(Sunderland, Mass.: Sinauer, 2002).

14 유진 스콧과 국립 과학 교육 센터는 논란을 저어하여 교사들이 침묵한 수백 가지 사례들을 추적한다(www.ncse.org).

3장 세상을 만든 설계자를 찾아서

1 Michael Shermer and Frank Sulloway, "Religion and Belief in God: An Empirical Study," in *press* 2006. 코네티컷 주 페어필드의 서베이 샘플링사로부터 입수한 10,000개의 설문지 가운데 우리가 받은 응답지는 총 1,002개였다. 응답자의 평균나이는 42.2세였다(SD=15.9). 상관 값과 의미 값들은 다음과 같다. 종교적 분위기에 자람($r=0.39$, $N=985$, $t=13.23$, $p <$

<0.0001), 부모의 신앙심($r=0.29$, $N=984$, $t=9.63$, $p<0.0001$), 낮은 교육 수준($r=-0.21$, $N=977$, $t=-6.67$, $p<0.0001$), 성별(여성이 남성보다 더 종교적임, $r=0.15$, $N=980$, $t=4.90$, $p<0.0001$), 대가족 출신($r=0.12$, $N=878$, $p<0.001$), 부모와의 갈등($r=-0.09$, $N=959$, $t=-2.66$, $p<0.01$), 나이($r=-0.06$, $N=976$, $t=-1.80$, $p<0.08$).

2 S. A. Vyse, *Believing in Magic: The Psychology of Superstition*(New York: Oxford University Press, 1997), pp.84-85.

3 아서 클라크의 법칙은 온라인에서도 쉽게 찾아 볼 수 있다(http://en.wikipedia.org/wiki/Clarke' s_three_laws). 클라크의 제1법칙은 이렇다. "이름은 높지만 나이는 많은 어느 과학자가 무엇이 가능하다고 말하면 그 말은 거의 확실히 옳다. 그러나 그가 무엇이 불가능하다고 말하면 잘못된 말일 가능성이 아주 높다." 클라크의 제2법칙은 이렇다. "가능한 것의 한계를 발견하는 유일한 방도는 그 한계들을 지나쳐 불가능한 것으로 뻗어 있는 작은 길을 가 보는 것이다." 클라크의 제1법칙은 1962년의 책 《미래의 모습Profiles of the Future》에 실린 에세이 〈예언의 위험: 상상의 실패Hazards of Prophecy: The Failure of Imagination〉에서 처음 발표되었다. 제2법칙은 원래 제1법칙에서 파생된 것이었는데, 나중에 클라크가 《미래의 모습》의 1973년 개정판에서 제3법칙을 제시한 뒤에 '클라크의 제2법칙'이 되었다. 책에서 클라크는 이렇게 말했다. "뉴턴에게는 세 법칙들로 충분했기 때문에, 나는 겸손한 마음으로 제3법칙까지만 제시하기로 마음먹었다."

4 《사이언티픽 아메리칸》(2002년 1월, p.33)에 실은 칼럼 〈셔머의 마지막 법칙Shermer' s Last Law〉에서 이 법칙을 처음으로 제시했다. 자기 이름을 따서 법칙의 이름을 짓는 게 좋다고 생각진 않는데, 그래서 어느 훌륭한 책이 경고한 것처럼, 마지막은 처음이 될 것이고 처음은 마지막이 될 것이다[《마태복음》 20장 16절의 "이와 같이 나중 된 자가 먼저 되고 먼저 된 자가 나중 될 것이다"를 염두에 둔 말인 것 같다—옮긴이].

5 우주 탐사선 보이저 호의 속력과 거리는 다음의 웹 페이지에서 볼 수 있다. http://voyager.jpl.nasa.gov/mission/interstellar.html.

6 Ray Kurzweil, *The Age of Spiritual Machines: When Computers Exceed Human Intelligence*(New York: Penguin, 1999), *The Singularity Is Near: When Human Transcend Biology*(New York: Viking, 2005).

7 어쩌다가 우리 자신이 우주를 여행하는 최초의 종이 될 경우가 아니라면 그렇다는 것인데, 코페르니쿠스의 원리(우리는 특별하지 않다는 것)의 예측에 따르면 이는 가망성이 없다.

8 Langdon Gilkey, *Creationism on Trial: Evolution and God at Little Rock*(Minneapolis, Minn.: Winston Press, 1985).

9 Langdon Gilkey, *Maker of Heaven and Earth: A Study of the Christian Doctrine of Creation*(New York: Doubleday, 1965). 나는 지적 설계론이 왜 형편없는 신학인지를 논한 마이클 맥고의 통찰력 있는 에세이에 고마움을 느낀다. Michael McGough, "Bad Science, Bad Theology," *Los Angeles Times*, August 15, 2005, p.C12.

10 다음의 책에서 인용했다. S. J. Grenz and R. E. Olson, *20th Century Theology: God and the World in a Transitional Age*(Exeter, U. K.: Paternoster Press, 1993), p.124.

11 다음의 책에서 인용했다. G. H. Smith, *Atheism: The Case against God* (Buffalo, N. Y.: Prometheus, 1989), p.34.

4장 지적 설계론자들을 잠재우는 열 가지 논증

1 John Stuart Mill, *On Liberty*(London: Longman, Roberts & Green, 1859). 이 책이 출간된 해는 다윈의 《종의 기원》이 출간되었던 바로 그 묘한 해였다.

2 두 번째로 얻을 수 있는 이점은, 회의주의자들이 진짜 신자들이나 관망하는 자들과 논쟁할 때 쓸 수 있도록 지성의 화력을 지원해 준다는 것이다. 세 번째 이점으로는, 회의주의자들과 과학자들이 뿔 달린 사람, 앙심을 품은 사람, 무정한 사람들이 아니라, 생각이 깊고 재치 있고 붙임성 있는 사람들임을 두 집단에게 똑똑히 보여 줄 수 있다는 것이다. 말인즉슨, 호빈드와의 논쟁을 끝낸 뒤, 기독교 신자들이 내게 여러 개의 쪽지를 주었는데, 그들의 반응을 보고 나는 최소한 회의주의자들과 과학자들이 악마를 숭배하는 자들이 아니라는 걸 그들이 확신하게 되었다는 결론을 내렸다. 받았던 쪽지 가운데 두 개를 여기에 소개한다.

저는 창조를 믿는 사람입니다. 하지만 당신이 할 말을 함으로써 보여 주었던 전문가 의식을 존중한다는 말을 당신께 들려주고 싶습니다. 저는 오늘 밤 여기 자리한 일부 창조론자들을 대신해 당신께 사과드리고픈 심정입니다. 제가 당신과 뜻이 같다고는 말 못하겠습니다. 그러나 오늘 당신 반대편에서는 보여 주지 못했던 전문가다운 발표를 당신이 보여 주신 것에 대해 고마움을 전하고 싶습니다.

회의주의자들이 사탄 숭배자로 인식된다고 내가 과장하는 것은 아닐까 하는 생각이 들지도 모르겠다. 논쟁이 끝난 뒤 내가 받은 한 쪽지—글쓴이는 "어느 거듭난 복음주의 기독교 신자"였다—는 이런 두려움을 거듭해서 드러내고 있었다. "정말이지 저는 당신이 어떤 영적인 세계에 맞서 싸우고 있으며, 사탄이 무슨 수를 써서든 당신이 아무 진실도 보지 못하게 눈을 가리려 들 것이라는 점을 말해 주고 싶습니다. 전 단지 이게 가능하다는 점을 당신이 고려하기를 부탁드립니다! 당신을 위해 기도하겠습니다!" 그런 논쟁 자리에서 내가 흔히 받는 물음이 있다. "당신은 왜 신앙을 포기했습니까?" 순수한 호기심에서 나온 물음이지만, 바탕에 깔린 어떤 생각이 종종 목소리에 담겨 있고 눈에 드러나 있다. "저한테는 그런 일이 있을 수 없을 겁니다. 안 그런가요?" 실제로 그럴 수 있다고 내가 대답을 하면, 말하자면 인생의 가장 무거운 물음들에 대한 답을 찾아 나설 때 지적으로 정직한 사람이라면 누구에게나 일어날 수 있는 일이라고 대답하면, 가끔 나는 내가 처음부터 잘못된 신앙을 갖고 있었다는 비난을 듣기도 한다. "당신은 결코 진정으로 기독교 신자인 적이 없었소." 참 편한 말이다. 달리 말할 여지를 남겨 놓지 않으니 말이다. 그러나 7년 동안 나의 불굴의 복음주의 신앙을 참아 내느라 시달렸던 내 형제들과 비-기독교 친구들에게 그런 말을 해 보라. 그때 내 감정은 정말 진실했다.

3 David Hume, *An Enquiry Concerning Human Understanding* (Chicago: University of Chicago Press, 1952). 1758년에 처음 출간되었다.

4 Herbert Spencer, *Essays Scientific, Political and Speculative*(London: Williams & Norgate, 1891).

5 나는 진화론 부정론자들이 아닌 홀로코스트 부정론자들을 연구하다가 화석의 오류를 발견하게 되었다. 홀로코스트 부정론자들은 〈쇼아Shoah〉[1985년 프랑스의 클로드 란즈만Claude Lanzmann이 찍은 홀로코스트를 다룬 아홉 시간짜리 다큐멘터리 영화—옮긴이]의 중심 생각들이 진실임을 보여 줄 "하나

의 증거만" 내놓으라고 요구한다. 예를 들어 그들은 이렇게 묻는다. 아우슈비츠-비르케나우 수용소의 크레마 2기의 가스실 지붕 어디에 치클론 B 독가스 환을 투입했던 구멍들이 있는가? 그들은 이렇게 주장한다. "구멍이 없으면, 홀로코스트도 없다." 홀로코스트 부정론자들이 입는 티셔츠에 새겨 넣기까지 한 표어이다. 그동안 우리는 이 구멍들을 찾아냈지만, 여기서 오류는 홀로코스트가 한 조각의 데이터로 증명될 수 있는 단일 사건이라고 가정한다는 데 있다. 홀로코스트란 수천 곳에서 일어난 수천 가지 사건들이었으며, 수천 가지 역사적 사실들을 통해 증명된다(재구성된다). 마찬가지로 진화 또한 수많은 과학 분야에서 나온 수천 조각의 데이터를 통해 증명되는 어떤 과정이며 역사적 귀결이다. 바로 이 데이터를 모으면 생명의 역사를 풍부하게 그려 낼 수 있다. 내가 쓴 다음의 책을 보라. *Denying History*(Berkeley: University of California Press, 2000).

6 Donald R. Prothero, "The Fossils Say Yes," *Natural History* (November 2005), pp.52-56.

7 Isaac Newton(Robert Maynard Hutchins, ed., Andrew Motte, trans.), *Mathematical Principles of Natural Philosophy*(Chicago: University of Chicago Press, 1952), p.273. 처음 출간된 해는 1789년이다.

8 나이얼 섕크스Niall Shanks의 책 《신, 악마, 다윈God, the Devil, and Darwin》(New York: Oxford University Press, 2004)에 쓴 서문에서 리처드 도킨스는 두 명의 과학자가 나누는 기발한 허구적 대화를 통해 이 점을 신랄하게 설명했다. "어떤 어려운 문제와 씨름하는 두 명의 과학자가 나누는 대화를 상상해 보자. 두 과학자를 호지킨A. L. Hodgkin과 헉슬리A. F. Huxley라고 해 보자. 이 두 사람은 실제로는 신경 자극을 설명하는 뛰어난 모델을 제시한 공로로 노벨상을 받은 인물들이다." 도킨스는 이렇게 시작한다.

"헉슬리, 내 말대로 이건 대단히 어려운 문제야. 신경 자극이 어떻게 전달되는지 도무지 알 수가 없어. 자네는 아는가?"
"아니, 호지킨, 나도 알 수가 없어. 게다가 이 미분 방정식들은 끔찍할 정도로 풀기가 어려워. 우리 그냥 포기하고, 신경 자극이 신경 에너지에 의해 전달된다고 말해 버리는 게 어때?"
"멋진 생각일세, 헉슬리. 이제 《네이처》 지에 보낼 서간 논문을 쓰자고. 한 줄이면 될 거야. 그러고 나면 좀 더 쉬운 문제에 매달릴 수 있겠지."

9 지적 설계 창조론자들이 쓴 책들과, 지적 설계론을 비판하는 책들의 포괄적인 목록은 참고문헌을 보라.

10 Stephen Hawking, "Quantum Cosmology," in *Stephen Hawking and Roger Penrose, The Nature of Space and Time*(Princeton, N. J.: Princeton University Press, 1996), pp.89-90.

11 John D. Barrow and Frank Tipler, *The Anthropic Cosmological Principle*(Oxford: Oxford University Press, 1988), p.vii.

12 Martin Rees, *Just Six Numbers: The Deep Forces That Shape the Universe*(New York: Basic Books, 2000).

13 Michael Denton, *Nature's Destiny: How the Laws of Biology Reveal Purpose in the Universe*(New York: Free Press, 1998).

14 John Barrow and John Webb, "Inconstant Constants," *Scientific American*(June 2005), pp.57-63.

15 Raphael Bousso and Joseph Polchinski, "The String Theory Landscape," *Scientific American*(September 2004).

16 Victor Stenger, *The Unconscious Quantum: Metaphysics in Modern Physics and Cosmology*(Buffalo, N. Y.: Prometheus, 1995). Victor Stenger, "Is the Universe Fine-Tuned for Us?" in Matt Young and Taner Edis(eds.), *Why Intelligent Design Fails: A Scientific Critique of the New Creationism*(New Brunswick, N. J.: Rutgers University Press, 2004).

17 다음을 보라. Andrei Linde, *Particle Physics and Inflationary Cosmology*(New York: Academic Press, 1990); Quentin Smith, "A Natural Explanation of the Existence and Laws of Our Universe," *Australasian Journal of Philosophy* No. 68(1990), pp.22-43; Lee Smolin, *The Life of the Cosmos*(Oxford: Oxford University Press, 1997); Alan Guth, *The Inflationary Universe: The Quest for a New Theory of Cosmic Origins*(Cambridge: Perseus Books, 1997). 이 분야를 멋지게 요약한 글을 보려면 다음의 책을 보라. James Gardner, *Biocosm*(Maui, Hawaii: Inner Ocean Publishing, 2003).

18 Stephen Hawking, "The Future of Theoretical Physics and Cosmology: Stephen Hawking 60th Birthday Symposium," Lecture at the Centre for Mathematical Sciences, Cambridge, United

Kingdom, January 11, 2002.

19 Stephen C. Meyer, "Word Games: DNA, Design, and Intelligence," *Touchstone* Vol. 12, No. 4(1999), pp.44-50.

20 볼테르의 글은 다음의 책에서 인용했다. B. R. Redman(ed.), *The Portable Voltaire*(New York: Penguin, 1985).

21 William Dembski, *No Free Lunch: Why Specified Complexity Cannot Be Purchased Without Intelligence*(Lanham, Md.: Rowman & Littlefield, 2002).

22 William Dembski, *The Design Inference:Eliminating Chance through Small Probabilities*(New York: Cambridge University Press, 1998).

23 William Dembski, "The Intelligent Design Movement," *Cosmic Pursuit*, 1998.

24 Charles Darwin, *On the Origin of Species by Means of Natural Selection:* or, *The Preservation of Favoured Races in the Struggle for Life*(London: John Murray, 1859), p.154.

25 Michael Behe, *Darwin's Black Box: The Biochemical Challenge to Evolution*(New York: Free Press, 1996), p.39.

26 위의 책, pp.232-233.

27 Michael Behe, "Molecular Machines: Experimental Support for the Design Inference," 1994년 영국 케임브리지 대학교에서 열린 C. S. 루이스 학회 여름 모임에 제출된 논문. 다음의 웹 페이지에서도 볼 수 있다. http://www.arn.org/docs/behe/mb_mm92496.htm

28 Robert Pennock, *Tower of Babel: The Evidence against the New Creationsim*(Cambridge, Mass.: MIT Press, 1999).

29 Jerry Coyne, "God in the Details," *Nature*, No. 383(1996), pp.227-228.

30 Charles Darwin, *On the Various Contrivances by Which British and Foreign Orchids Are Fertilized by Insects, and on the Good Effects of Intercrossing*(London: John Murray, 1862), p.348.

31 Stephen Jay Gould and Elizabeth Vrba, "Exaptation: A Missing Term in the Science of From," *Paleobiology* No. 8(1982), pp.4-15.

32 R. O. Prum and A. H. Brush, "Which Came First, the Feather or the

Bird: A Long-Cherished View of How and Why Feathers Evolved Has Now Been Overturned," *Scientific American*(March 2003), pp.84-93.

33 Kevin Padian and L. M. Chiappe, "The Origin of Birds and Their Flight," *Scientific American*(February 1998), pp.38-47.

34 K. P. Dial, "Wing-Assisted Incline Running and the Evolution of Flight," *Science*, No. 299(2003), pp.402-404; P. Burgers and L. M. Chiappe, "The Wing of Archaeopteryx as a Primary Thrust Generator," *Nature*, No. 399(1999), pp.60-62; P. Burgers and Kevin Padian, "Why Thrust and Ground Effect Are More Important Than Lift in the Evolution of Sustained Flight," in J. Gauthier and L. F. Gall(eds.), *New Perspectives on the Origin and Evolution of Birds: Proceedings of the International Symposium in Honor of John H. Ostrum*(New Haven, Conn.: Peabody Museum of Natural History, 2001), pp.351-361.

35 Alan Gishlick, "Evolutionary Paths to Irreducible Systems: The Avian Flight Apparatus," in Young and Edis(eds.), *Why Intelligent Design Fails*, pp.58-71.

36 A. J. Spormann, "Gliding Motility in Bacteria: Insights from Studies of Myxococcus Xanthus," *Microbiology and Molecular Biology Reviews* No. 63(1999), pp.621-641.

37 S. I. Aizawa, "Bacterial Flagella and Type-III Secretion Systems," *FEMS Microbiology Letters* No. 202(2001), pp.157-164.

38 Ian Musgrave, "Evolution of the Bacterial Flagellus," in Young and Edis(eds.), *Why Intelligent Design Fails*, pp.72-84.

39 Dembski, *No Free Lunch*, pp.159-160.

40 위의 책, pp.212, 223.

41 위의 책, pp.166-173.

42 Lynn Margulis and Dorion Sagan, *Acquiring Genomes: A Theory of the Origins of Species*(New York: Basic Books, 2002)

43 Richard Dawkins, "Weaving a Genetic Rainbow: How Evolution Increases Information in the Genome," *Skeptic* Vol. 7, No. 2(2000), pp.64-69.

44 이런 점은 다음의 책에서 잘 해명되었다. Kenneth Miller, *Finding Darwin's God*(New York: Perennial, 2000).

45 Sean Carroll, "The Origins of Form," *Natural History*(November 2005), pp.58-63; Sean Carroll, *Endless Forms Most Beautiful: The New Science of Evo Devo*(New York: W. W. Norton, 2005).

46 그 사례들을 보려면 다음의 책을 참고하라. Douglas Futuyma, *Evolution*(Sunderland, Mass.: Sinauer, 2005).

47 Douglas Futuyma, "On Darwin's Shoulders," *Natural History* (November 2005), pp.64-68.

48 Henry Morris, *The Troubled Waters of Evolution*(San Diego, Calif.: Creation Life, 1972), p.110.

49 Peter Atkins, *The Second Law: Energy,* Chaos and Form(New York: W. H. Freeman, 1994).

50 Stuart Kauffman, *The Origins of Order: Self-Organization and Selection in Evolution*(Oxford: Oxford University Press, 1993).

51 Richard Hardison, *Upon the Shoulders of Giants*(Baltimore, Md.: University Press of America, 1985). 하디슨과는 별개로 거의 같은 시기에 리처드 도킨스도 똑같은 컴퓨터 실험을 수행한 이야기는 유명하다. 도킨스는 그 실험을 《눈 먼 시계공》에서 보고하고 있다. 다만 다른 점이라면, 하디슨과는 다른 문구인 "Methinks it is like a weasel"을 사용했다는 것이다. 두 사람은 서로의 프로그램을 전혀 알지 못했다. 도킨스는 1984년에 프로그램을 작성했다. 도킨스가 하디슨의 연구를 알았을 공산은 전혀 없다. 왜냐하면 어떤 문헌 형식으로도 발표되지 않았으며, 우리 과 학생들 외엔 아무도 접할 수 없었기 때문이다. 하디슨 또한 도킨스의 프로그램을 몰랐다. 그러다가 도킨스가 하디슨의 프로그램 이야기를 읽고 내게 문의를 했다. 나는 어떻게 해서 이런 우연의 일치가 생겼는지 설명했고, 도킨스는 이렇게 답장을 보냈다.

궁금했던 것을 명확히 해명해 줘서 고맙습니다. 그래요, 우연의 일치란 아주 재미있는 것이죠. 그러나 그다지 놀랍지는 않습니다. 초상현상을 폭로할 때 좋은 교훈으로 삼을 만한 것을 당신이 찾아낸 것입니다. 통계적 비확률을 근거로 한 논증과 마주쳤을 때, 일단 (다윈의 생각에서) 차근차근 누적되는 선택의 지극한 중요성을 파악하면, 자연스럽게 그 유명한 원숭이들로 생각이 미치게 됩니다. 그런 논증을 각색할 때마다 종종 이용해 먹던 그 원숭이들 말입니다. 의심가들에게 그 점을 납득시키려면 분명 해 볼 만한 모의 실험이었습니다. 간단한 베이직 프로그램만으로 쉽게 해 볼 수 있죠. 하디슨과 제가 1984년인가 1985년에 거의 똑같은 시기에 했던 게 바로 그것입니다. 겉으로 드러난 면면을 보면, 저 성가신 원숭이들은 늘 셰익스피어를 타이핑했더군요. 셰익스피어의 가장 유명한 희곡이 바로 《햄릿》이고, 《햄릿》에서 가장 유명한 문구가 'To Be or Not To Be' 죠. 아마 저라도 그것을 택했을 것입니다. 다만 저는 햄릿과 폴로니우스가 우연히 구름에서 나타난 닮음꼴들을 두고 나눴던 대화로 시작하는 게 깔끔하다고 생각했습니다. "Methinks it is like a Weasel(내 눈에는 족제비 같은데)."

도킨스가 《스켑틱》(Vol. 9, No. 4)에 실은 답장을 읽고 하디슨이 내게 이렇게 편지를 보냈다.

덧붙여 말하자면, TOBEORNOTTOBE를 전적으로 제가 생각해낸 거라고는 생각지 않습니다. 희극배우인 밥 뉴하트Bob Newhart가 아주 멋진 풍자를 하나 했습니다. 무한한 수의 원숭이들이 무한한 수의 타자기를 치고 있다고 생각해 본 그는 원숭이들 어깨를 넘겨다보고 무슨 의미 있는 일이라도 일어나는지 살필 무한한 수의 '조사관' 도 필요할 것임을 깨닫고, 뉴하트 자신이 조사관 중 한 명의 역할을 맡죠. 그렇게 따분한 하루를 더 보냈는데도 아무것도 발견하지 못했습니다. "듬드듬드듬……따분해……오……이봐, 찰리, 여기 뭐가 있는 것 같은데. 어디 보자. 음. 'To Be Or Not To Be, that is the acxrotphoeic(죽느냐 사느냐 그것이 악스로트포에익이다)' 이라고 써졌는데.'" 저는 그냥 '생존 경쟁' 이 가진 선택적 본성을 학생들이 이해하는 데 도움이 될 방도로 밥의 우스개가 쓸모 있을 것이라 생각했을 뿐입니다. 보시다시피 제가 한 일은 전혀 별 것이 아닙니다.

52 Jonathan Wells, *Icons of Evolution: Science or Myth? Why Much of What We Teach About Evolution Is Wrong*(Washington, D. C.: Regnery, 2000).

53 Stephen Jay Gould, "Abscheulich!(Atrocious!)," *Natural History* (March 2000).

54 Isaac Asimov, foreword to D. Goldsmith(ed.), *Scientists Confront Velikovsky*(Ithaca, N.Y.: Cornell University Press, 1977), pp.7-15. 임

마누엘 벨리코프스키는 자신의 책《충돌하는 세계들Worlds in Collisions》에서 행성의 역사에 대한 급진적인 이론을 제시했다. 그 이론에 따르면, 행성들은 흔들흔들 태양계를 돌면서 당구공처럼 서로 충돌한다. 이 모든 일이 고대 인류 역사에 있었으며, 전 세계 신화들 속에 기록되어 있다고 주장했는데, 이것들이 벨리코프스키에게 1차적인 데이터 출처가 되었다.

5장 과학은 왜 공격을 받는가

1 Michael Shermer, "The Chaos of History," *Nonlinear Science Today* Vol. 2, No. 4(1993), pp.1-13; "Exorcising LaPlace' s Demon: Chaos and Antichaos, History and Metahistory," *History and Theory* Vol. 34, No. 1(1995), pp.59-83; "Chaos Theory," in D. R. Woolf(ed.), *The Encyclopedia of Historiography*(New York: Garland Publishing, 1996); "The Crooked Timber of History: History Is Complex and Often Chaotic. Can We Use This to Better Understand the Past?" *Complexity* Vol. 2, No. 6(July-August 1997), pp.23-29.

2 Michael Shermer, *Denying History*(Berkeley: University of California Press, 2000).

3 Lynn Margulis, M. F. Dolan, and R. Guerrero, "The Chimeric Eukaryote: Origin of the Nucleus from the Karyomastigonts in Amitochondriate Protists," *Proceedings of the National Academy of Sciences* No. 97(2002), pp.6954-6959. Lynn Margulis and Dorion Sagan, *Microcosmos: Four Billion Years of Microbial Evolution* (Berkeley: University of California Press, 1997). Lynn Margulis, *Symbiotic Planet: A New Look at Evolution*(New York: Basic Books, 1998). Lynn Margulis and Dorion Sagan, *Acquiring Genomes: A Theory of the Origins of Species*(New York: Basic Books, 2002).

4 Michael Shermer, *Why People Believe Weird Things*(New York: W. H. Freeman, 1997), pp.18-19.

5 R. Overton, "Memorandum Opinion of United States District Judge William R. Overton in McLean v. Arkansas, 5 January 1982," in Langdon Gilkey(ed.), *Creationism on Trial*(New York: Harper &

Row, 1985), pp.280-283.

6 법정 조언자 의견서는 간결하고(27쪽) 훌륭하게 자료 조사가 된(32개의 긴 각주) 의견서로, 나는 다음의 책에서 이 의견서를 상세히 논의했다. *Why People Believe Weird Things*, pp.154-172.

7 Stephen Jay Gould, "Knight Takes Bishop," *Natural History*(May 1986).

8 이 공판을 다룬 자세한 이야기는 다음을 참고하라. Burt Humburg and Ed Brayton, "Dover Decision—Design Denied: Report on Kitzmiller et al v. Dover Area School District," *Skeptic* Vol. 12, No. 2(2006), pp.23-29. 법정기록과 관련 자료는 국립 과학 교육센터 웹 페이지(http://www.ncseweb.org)에서 찾을 수 있다.

6장 신앙에 쐐기를 박으려는 의도

1 William Dembski, *The Design Revolution: Answering the Toughest Questions about Intelligent Design*(Downers Grove, III.: InterVarsity Press, 2004), p.41.

2 다음의 글에서 인용했다. Steve Bene, "Science Test," *Church & State* (July-August 2000).

3 William Dembski, "Signs of Intelligence: A Primer on the Discernment of Intelligent Design," *Touchstone*(1999), p.84.

4 다음의 글에서 인용했다. Steve Benen, "Science Test," *Church & State* (July-August 2000).

5 다음의 글에서 인용했다. Jay Grelen, "Witnesses for the Prosecution," *World*(November 30, 1996).

6 쐐기 논증 3단계. 이에 대한 포괄적인 논의와 쐐기 관련 자료를 보고 싶으면 다음을 보라. Barbara Forrest and Paul R. Gross, *Creationism's Trojan Horse: The Wedge of Intelligent Design*(New York: Oxford University Press, 2004).

7 Phillip Johnson, *The Wedge of Truth: Splitting the Foundations of Naturalism*(Downers Grove, III.: InterVarsity Press, 2000).

8 William Dembski, "Intelligent Design's Contribution to the Debate over Evolution: A Reply to Henry Morris," 2005. 온라인에서도 이 글을 볼 수 있다. http://www.designinference.com/documents/2005.02.Reply_to_Henry_Morris.htm.

9 Dembski, *Design Revolution*, p.319.

10 폴 넬슨의 말은 온라인에서도 읽을 수 있다. http://www.uncommondescent.com/index.php/archives/49#more-49.

11 다음의 글에서 인용했다. "By Design: A Whitworth Professor Takes a Controversial Stand to Show That Life Was No Accident. Stephen C. Meyer Profile," *Whitworth Today, Whitworth College,* Winter 1995.

12 Jodi Wilgoren, "Politicized Scholars Put Evolution on the Defensive," *New York Times*, August 21, 2005. 디스커버리 연구소뿐이 아니다. 버지니아 주에서는 리버티 대학교가 앤서스 인 제네시스Answers in Genesis라고 부르는 켄터키 주의 한 단체와 함께 크리에이션 메가 컨퍼런스Creation Mega Conference를 후원했다. 이들은 어린지구 창조론을 가르치려고 2003년에 900만 달러를 모았다. 다음을 참고하라. "Major Grants Increase Programs, Nearly Double Discovery Budget," *Discovery Institute Journal*(1999).

13 John Schwartz, "Smithsonian to Screen a Movie That Makes a Case against Evolution," *New York Times*, May 28, 2005.

14 Christof Schönborn, "Finding Design in Nature," *New York Times*, July 7, 2005.

15 Bruce Chapman, "Ideas Whose Time Is Coming," *Discovery Institute Journal*(Summer 1996).

16 Wilgoren, "Politicized Scholars Put Evolution on the Defensive," *New York Times*, August 21, 2005.

7장 과학과 종교는 공존할 수 있는가

1 Francis Darwin(ed.), *The Life and Letters of Charles Darwin*, 3 vols. (London: John Murray, 1887), Vol. 2, p.105.

2 위의 책, Vol. 1, pp.280-281.

3 Janet Browne, *Charles Darwin: A Biography*(New York: Knopf, 1995), p.503. 다음의 책에 나오는 심도 있는 논의도 참고하라. Adrian Desmond and James Moore, *Darwin*(New York: Warner Books, 1991), p.387.

4 J. Fordyee에게 보낸 편지. 다음의 글에 실려 있다. Gavin De Beer, "Further Unpublished Letters of Charles Darwin," *Annals of Science* 14(1958), p.88.

5 1880년 10월 13일, 찰스 다윈이 에드워드 에이블링에게 보낸 편지. 다음의 책에서 인용했다. Desmond and Moore, *Darwin*, p.645. 다음의 글도 보라. Stephen Jay Gould, "A Darwinian Gentleman at Marx' s Funeral," *Natural History*(September 1999).

6 과학과 종교를 서로 충돌하는 세계로 보는 시각의 시발점은 늦은 19세기에 출간된 두 권의 영향력 있는 책이었다. 이 책들이 바로 과학과 종교의 관계에 대한 20세기의 시각을 결정했다. 1874년에 존 윌리엄 드레이퍼John William Draper가 쓴 《종교와 과학의 충돌의 역사History of the Conflict between Religion and Science》와 1896년에 앤드루 딕슨 화이트Andre Dickson White가 쓴 《기독교계에서의 과학과 신학의 전쟁사A History of the Warfare of Science with Theology in Christendom》가 그것이다. 드레이퍼와 화이트 모두 전쟁이라 칭했던 역사를, 지구가 공 모양임을 처음으로 발견한 것, 갈릴레이의 이단 재판, 1860년 진화론을 놓고 벌어진 헉슬리 대 윌버포스 논쟁 같은 굵직한 사건들을 통해 단순화해서 제시했다. 과학사학자들이 찾아낸 이 모든 사건들은 두 사람의 생각과는 달리 훨씬 미묘한 역사를 가지고 있다.

7 종교와 과학, 신앙과 이성의 관계에 대한 교황 요한 바오로 2세의 결정적인 진술은 다음의 두 회칙에 실려 있다. *Truth Cannot Contradict Truth* (1996), *Fides et Ratio*(1998).

8 Stephen Jay Gould, "Nonoverlapping Magisteria," *Natural History* (March 1997). 다음의 책에서 더욱 자세하게 논의하고 있다. Stephen Jay Gould, *Rocks of Ages: Science and Religion in the Fullness of Life* (New York: Ballantine Books, 1999).

9 Karl Popper, *The Logic of Scientific Discovery*(New York: Basic Books, 1959), pp.40-41.

10 R. Sloan, E. Bagiella, T. Powell, *The Lancet* Vol. 353(2000), pp.664-

667. Michael Shermer, "Flying Carpets and Scientific Prayer," *Scientific American*(November 2004), p.35.

11 John Paul II, *Truth Cannot Contradict Truth. Message to the Pontifical Academy of Sciences*, 1996.

8장 왜 종교인들은 진화를 받아들여야 하는가

1 Edward J. Larson and Larry Witham, "Scientists Are Still Keeping the Faith," *Nature* Vol. 386(April 3, 1997), p.435. 과학자 1,600명을 대상으로 한 조사는 라이스 대학교의 엘레인 하워드 에클런드Elaine Howard Ecklund가 수행했다. 다음을 참고하라. Lea Plante, "Spirituality Soars among Scientists," *Science and Theology News*(October 2005), pp.7-8.

2 만일 누가 과학의 성과를 완전히 인정하면서도 개인적으로는 과학이 기술한 자연의 힘들이 바로 신이 이 세계와 거주자들을 창조한 방법이었다고 믿는다면, 나로선 애써 반대할 이유가 없다고 본다.

3 지미 카터 전 대통령의 성명서는 2004년 1월 30일에 카터 센터에서 발표되었고, 그 뒤 널리 언론에서 보도했다. 다음 웹 사이트를 참고하라. http://www.cnn.com/2004/EDUCATION/01/30/georgia.evolution/.

4 John Paul II, "Message to the Pontifical Academy of Sciences," *The Quarterly Review of Biology* Vol. 72, No. 4(December 1997), pp.381-383.

5 Pew Research Center for People & Press. 온라인에서 그 데이터를 볼 수 있다. http://peoplepress.org/reports/display.php3?ReportID=254. 이 조사 결과들은 2005년 7월 7일부터 17일까지 전국의 18세 이상 성인 2,000명을 표본 조사한 것으로 프린스턴 조사 연구소Princeton Survey Research Associates International의 지휘를 받아 수행한 전화 인터뷰를 기초로 했다.

해리스 여론 조사 데이터도 온라인에서 볼 수 있다. http://www.harrisinteractive.com/harris_poll/index.asp?PID=581. 해리스 여론 조사는 2005년 6월 17일부터 21일까지 미국 전역의 18세 이상 성인 1,000명에게 전화로 수행했다.

6 Charles Darwin, *The Descent of Man, and Selection in Relation to*

Sex(London: John Murray, 1871), Vol. 1, pp.71-72.

7 T. H. Huxley, *Evolution and Ethics*(New York: D. Appleton and Co., 1894).

8 David M. Buss, *The Dangerous Passion: Why Jealousy Is as Necessary as Love and Sex*(New York: Free Press, 2002). David P. Barash and Judith E. Lipton, *The Myth of Monogamy: Fidelity and Infidelity in Animals and People*(New York: W. H. Freeman, 2001).

9 Paul Ekman, *Telling Lies: Clues to Deceit in the Marketplace, Marriage, and Politics*(New York: W. W. Norton, 1992); Paul Ekman, *Emotions Revealed: Recognizing Faces and Feelings to Improve Communication and Emotional Life*(New York: Times Books, 2003).

10 Adam Smith(R. H. Campbell and A. S. Skinner, gen. eds., W. B. Todd textual ed.), *An Inquiry into the Nature and Causes of the Wealth of Nations*, 2 vols.(Oxford: Clarendon Press, 1976), p.14. 처음 출간된 해는 1776년이다.

11 위의 책, p.423.

12 Charles Darwin, *On the Origin of Species by Means of Natural Selection: or, The Preservation of Favoured Races in the Struggle for Life*(London: John Murray, 1859), p.84. 자연선택과 보이지 않는 손은 두드러지게 대응된다. 비록 다윈은 직접 스미스를 언급하지는 않았으나, 1825년 10월 의학을 공부하기 위해 에든버러 대학교에 들어갔을 때, 데이비드 흄, 에드워드 기번Edward Gibbon, 애덤 스미스 같은 위대한 계몽주의 사상가들의 책을 읽었다. 10년 뒤, 5년간의 비글호 세계 일주 항해를 마치고 귀국했을 때, 다윈은 이 책들을 다시 보며 자기가 수집했던 새로운 데이터의 관점에서 그 책들의 이론적 함의를 다시 궁리했다. 다윈의 자연선택 이론이 스미스의 보이지 않는 손 이론을 본받았다는 데 다윈학자들은 대부분 의견을 함께 한다. 이 둘 사이의 연관성에 대해서 상당한 문헌이 있다. 예를 들어 다음을 참고하라. Toni Vogel Carey, "The Invisible Hand of Natural Selection, and Vice Versa," *Biology & Philosophy* Vol. 13, No. 3(July 1998), pp.427-442; Michael T. Ghiselin, *The Economy of Nature and the Evolution of Sex*(Berkeley: University of California Press, 1974); Stephen Jay Gould, "Darwin's Middle

Road," in *The Panda's Thumb*(New York: W. W. Norton, 1980), pp.59-68; Stephen Jay Gould, "Darwin and Paley Meet the Invisible Hand," in *Eight Little Piggies*(New York: W. W. Norton, 1993), pp.138-152; Elias L. Khalil, "Evolutionary Biology and Evolutionary Economics," *Journal of Interdisciplinary Economics* Vol. 8, No. 4 (1997), pp.221-244; Silvan S. Schweber, "Darwin and the Political Economists: Divergence of Character," *Journal of the History of Biology* Vol. 13(1980), pp.195-289.

9장 진화론에서 해결되지 않은 진짜 문제들

1 찰스 다윈의 일지에서 인용함. 다음을 참고하라. R. D. Keynes(ed.), *Charles Darwin's Beagle Diary*(Cambridge, U.K.: Cambridge University Press, 1988), p.353. 나는 잠수용 튜브를 걸치고 만을 헤엄쳐 다닐 수 있었다. 그러다가 파도 밑에서 나는 수 미터 물속을 뚫고 들어와 먹잇감을 낚아채는 파랑발부비새들의 놀라운 능력을 목격했다.

2 그 회의는 후원 기관인 산프란시스코 드 키토 대학교 공동 설립자인 카를로스 몬투파르Carlos Montufar의 발상에서 나온 것이었다. 《스켑틱》 구독자이기도 한 그는 나를 초대해 진화론-창조론 논쟁에 대해서 얘기해 줄 것을 요청했다. 5일간 열린 그 회의(6월 8일~12일)를 주최한 곳은, 갈라파고스 예술 과학 학술 연구소(GAIAS)—허름한 집과 상점들 옆에 자리한 첨단 건물이었다—였다. 산프란시스코 드 키토 대학교가 운영하는 GAIAS는 미국 국립 과학 재단(진화생물학 쪽 대학원생들의 참가 비용을 지불했다), 마이크로소프트(GAIAS를 위해 컴퓨터와 인터넷 기술을 제공했다), 유네스코, OCP 에콰도르 S. A.(석유 기업으로서 추가적인 자금을 지원했다)로부터 지원을 받았다.

3 도널드 럼스펠드의 말은 다음의 글에서 인용했다. Hart Seely, "The Poetry of D. H. Rumsfeld," *Slate.com*, April 2, 2003. 온라인으로도 볼 수 있다. http://slate.msn.com/id/2081042. 럼스펠드가 그런 말을 생각해 낸 출처를 상세히 설명한 《뉴요커》 기사도 참고하라. "럼스펠드는 탄도 미사일 위원회에서 일을 하면서 정보부 분석가들이 주어진 주제가 무엇이든—여기에는 그들이 모르는 주제도 해당된다—모든 범위의 물음들에 매달

리지 않는다고 확신하게 되었다. 럼스펠드는 내게 격언들이 적힌 문서 사본을 하나 주었다. 탄도 미사일 위협을 평가하는 과정에서 수집했던 격언들이었다. 그리 정확하게 기억하지는 못하지만 그는 이렇게 말했다. '여기엔 우스갯소리도 있습니다.' 그중 하나는 이것이었다. '알고 있는 것, 모른다고 알고 있는 것, 모른다는 걸 모르고 있는 것이 있다.' (당연히 이 금언은 '무명씨'의 말이다.) '저는 이 구문이 대단한 힘을 가지고 있다고 생각합니다.' 럼스펠드는 이렇게 말했다. '모른다는 걸 모르고 있는 것, 우리는 우리가 그것을 모른다는 것조차 모르고 있죠.'" Jeffrey Goldberg, "The Unknown: The C.I.A. and the Pantagon Take Another Look at Al Qaeda and Iraq," *The New Yorker*, February 10, 2003. 온라인에서도 이 글을 볼 수 있다. http://www.newyorker.com/fact/content/ articles/ 030210fa_fact.

4 Stephen Meyer, "The Origin of Biological Information and the Higher Taxonomic Categories," *Proceedings of the Biological Society of Washington*(June 2004). 다음의 글은 이 논문을 분석하고 발표된 경위를 분석하고 있다. Robert Weitzel, "The Intelligent Design of a Peer-Reviewed Article," *Skeptic* Vol. 11, No. 4(2005), pp.44-48.

에필로그: 왜 과학이 중요한가

1 Richard Feynman, *Surely You' re Joking, Mr. Feynman*(New York: W. W. Norton, 1985), p.339.

2 세이건의 말은 〈코스모스〉 DVD판에서 인용했다. 여는 말은 DVD 1, scene1에서, 이어지는 말은 DVD 13, scene 11에서 인용했다. 다큐멘터리 시리즈를 책으로 엮은 것도 참고하라. Carl Sagan, *Cosmos*(New York: Random House, 1980), pp.4, 345.

3 세이건의 전기 작가 키 데이비슨은 사실상 세이건의 소설 《콘택트》가 "이제까지 쓰인 것 중에서 가장 종교적인 과학 소설 중 하나"라고 말했다. Keay Davidson, *Carl Sagan: A Life*(New York: Wiley, 1999), p.350. 소설의 주인공 엘리 애로웨이Ellie Arroway(영화에서는 조디 포스터가 엘리 역을 맡았다)가 파이—원둘레 길이를 지름으로 나눈 비—가 우주에 암호화된 숫자임을 발견하고는 이것이야말로 초-지능체가 우주를 설계했다는 증거라고

생각하게 된 대목을 살펴보자. "원은 우주가 목적을 가지고 만들어졌다고 말해 주고 있었다. 어느 은하계에 있든, 원둘레 길이를 원의 지름으로 나누어 충분히 세밀하게 살펴보면 기적이 모습을 드러낸다. 바로 또 하나의 원, 소수점에서 수 킬로미터 아래에 그려진 또 하나의 원을 발견하게 된다. 공간의 짜임새와 물질의 본성에는 위대한 예술 작품에서처럼 자그맣게 예술가의 서명이 적혀 있다. 터널 관리자와 건설자를 비롯해, 사람들, 신들, 악마들 위에 서 있는 지능, 우주보다 먼저 있는 어떤 지능이 있다." Carl Sagan, *Contact*(New York: Pocket Books, 1986), pp.430-431.

4 다음의 책에서 인용했다. Richard Dawkins, *Unweaving the Rainbow* (New York: Houghton Mifflin, 1998), p.40. 과학의 영적인 아름다움에 대해 도킨스가 쓴 에세이는 이 장르에서 고전에 속한다. 예를 들어 그는 이렇게 썼다. "과학은 시적이며, 마땅히 시적이어야 한다. 과학은 시인들에게서 배울 것이 많이 있고, 영감을 주는 과학적 활동에 훌륭한 시적 심상과 은유를 압축해 넣어야 한다." 이렇게 말한 도킨스는 계속해서 그 일을 해 나간다. 예를 들어 다음과 같은 우아한 문단을 보라. "질서 정연한 우주, 번다한 인간사에는 무심한 우주, 우리가 설명을 찾아낼 때까지 아직도 머나먼 길이 남았을지라도 그 안에 존재하는 모든 것들이 어떤 설명을 가지고 있는 우주, 이런 우주야말로 그때그때마다 변덕스럽게 마술로 꾸며진 우주보다 더 아름답고 더 경이로운 우주라고 나는 믿는다." 리처드 파인먼도 과학의 미학에 대해서 얘기했다. "당신을 위해 있는 아름다움은 나 또한 볼 수 있다. 그러나 다른 사람들에게는 쉬이 보이지 않는 더욱 깊은 아름다움을 나는 본다. 나는 꽃의 복잡한 상호 작용을 볼 수 있다. 꽃의 색은 빨갛다. 그 식물이 색을 가지고 있다고 해서 곤충들을 꾀기 위해 진화되었다는 뜻일까? 물음이 더 생긴다. 과연 곤충은 색을 볼 수 있을까? 곤충에게도 미적 감각이 있을까? 이렇게 물음은 계속 이어진다. 꽃을 연구한다고 해서 어찌 꽃의 아름다움을 훼손한다는 것인지 나는 모르겠다. 훼손하기는커녕 아름다움을 더해 줄 뿐인데." Richard Feynman, *What Do YOU Care What Other People Think?*(New York: Bantam Books, 1988).

감사의 말

이 책의 저자는 한 사람만 적히겠지만, 회의주의 학회, 《스켑틱》, 《사이언티픽 아메리칸》을 통해 구체적으로나 일반적으로나 내게 힘을 보태 준 사람들이 많이 있다. 미국의 유서 깊은 《사이언티픽 아메리칸》—150년이 넘었다—에서 일하는 나의 직속 편집자 메리에트 디크리스티나에게 감사를 표하고 싶다. 그녀는 독보적인 능력으로 다달이 내가 쓰는 칼럼을 가독성 있게 다듬어 주었다. 그리고 회의주의의 다양한 영역을 자유롭게 탐험할 수 있도록 해 주었으며, 《사이언티픽 아메리칸》 지면을 통해 일반적으로는 과학, 구체적으로는 진화론을 단호하게 변호해 준 존 레니에게도 감사의 마음을 전한다.

회의주의 학회와 《스켑틱》 지에서 나는 팻 린스에게 크나큰 덕을 입었다. 그녀는 과학과 회의주의의 편에 서서 끊임없는 노력을 기울였으며, 잡지를 발행하느라 무수한 시간을 보내는 동안 지칠 줄 모르는 활력을 불어넣어 주었으며, 순조롭게 진행되도록 애써 주었다. 특히 그녀가 베풀어 준 우정과 지지의 덕이 컸다. 학회와 잡지에서 다양한 역할로 지지를 해 준 탄자 스터만 부장과 새러 레더 과장, 《주니어 스켑틱》 지의 편집자이자 삽화가인 대니얼 록스턴, 웹디자이너이자 디렉터인 엠리스 밀러와 그의 동료인 로켓데이 아트의 윌리엄 불, 《주니어 스켑틱》 지의 마술사이자 과학 교육자인 밥 프리드호퍼, 비디오 예술가 브래드 데이비스, 사진작가 데이브 패턴, 선임 편집자 프랭크 밀, 선임 과학자 데이비드 나이디치, 버나드 레이킨드, 리엄 맥데이드, 토머스 맥도너, 예술가 스티븐 아스마, 제이슨 바우스, 장 폴 부케, 존 쿨터, 재닛 드레이어, 애덤 콜드웰, 편집 부주간 진 프리드먼, 그리고 새러 메릭, 캘리포니아 공과대학 강사진 다이앤 넛슨, 헤임 보테로, 마이클 길모어, 클리프 캐플런, 팀 캘러헌, 보니 캘러헌에게 감사의 마음을 전한다.

또한 나는 《스켑틱》 지의 임원진 리처드 어베인스, 데이비드 알렉산더, 고 스티브 앨런, 아서 벤저민, 로저 빙엄, 나폴레옹 샤뇽, K. C. 콜, 제레드 다이아몬드, 클레이턴 J. 드리스, 마크 에드워드, 조지 피시벡, 그렉 포브스, 고 스티븐 제이 굴드, 존 그리빈, 스티브 해리스, 윌리엄 자비스, 로렌스 크라우스, 제럴드 라루, 윌리엄 매코머스, 존 모슬리, 리처드 올슨, 도널드 프로시로, 제임스 랜디, 빈센트 새리치, 유진 스콧, 낸시 시걸, 엘리 슈네어, 제이 스튜어트 스넬슨, 프랭크 설로웨이, 줄리아 스위니, 캐럴 태브리스, 스튜어트 바이스에게도 감사를 표하고 싶다.

언제나처럼 나는 서류 업무를 늘 프로답게 처리해 준 대리인 카틴카 맷슨과 존 브록만에게 고마움을 전하고 싶다. 헨리 홀트/타임스 북스의 폴 골롭은 저술 계획을 감독해 주었다. 특히 내 편집자인 로빈 데니스의 노고에 감사를 드린다. 저술의 이모저모에 대한 그의 의견을 나는 내 의견보다 더 신뢰한다. 홀트 홍보부의 제시카 퍼거는 더욱 많은 사람들에게 다가가 과학과 비판적 사고를 진작시키는 원대한 임무를 변함없이 지원해 주었다. 이 점에 깊이 감사한다. 또한 원고를 꼼꼼하게 교열해 준 에밀리 드허프, 창의적으로 표지를 디자인해 준 리사 파이프, 우아하게 본문을 디자인해 준 빅토리아 하트먼, 편집 제조 과정을 이끌어 준 리타 퀸터스에게 고마움을 전한다.

캘리포니아 공과대학의 데이비드 볼티모어, 킵 손, 크리스토프 코흐, 수전 데이비스, 크리스 하코트, 라마누지 바수는 캘리포니아 공과대학의 '회의주의자 과학 강연 시리즈'를 꾸준히 지원해 주었다. 패서디나의 KPCC 89.3 FM 라디오의 래리 맨틀, 일사 세치올, 재키 오클러레이, 줄리아 포시, 린다 오세닌-기라드는 좋은 친구가 되어 주었고, 방송을 통해 과학과 비판적 사고를 진작시키는 데 소중한 지원을 해 주었다. 로버트 젭스, 존 무어스, 토머스 글로버, 로버트 엥먼, 게리 오르스트롬, 글렌 캠니는 특히 회의주의 학회를 지원해 주었다. 그들에게 특별한 고마움을 전한다.

마지막으로 내 가족이며 나의 전부인 킴과 데빈에게 고마운 마음을 전한다. 그리고 이 책에 있어서 누구보다도 프랭크 설로웨이에게 특별한 감사를 전한다. 그는 과학과 진화론에 대해서 내가 책에서 배울 수 있었던 것보다 더 많은 것을 가르쳐 주었다. 이 책의 헌정사에 설로웨이가 내게 미친 영향력이 반영되어 있다.

옮긴이의 글

내가 만약 다시 태어난다면
엄청난 당신보다는
덜 힘든 한 사람을 선택하겠습니다.
이해인, 〈다시 태어난다면〉 중에서

이 시를 읽으면서 '엄청난 당신'이라는 말을 유심히 본다. '엄청남'이란 게 어떤 느낌일까? 적어도 이번 생에서만큼은 거듭해서 '당신'에게로 되돌아가지 않으면 안 되게 하는 그 '엄청남'이란 게 대체 어떤 느낌일까? 종교적 경험이라 할 '엄청난 당신'에 대한 그 경험은 아직까지도 내겐 완전히 이해 못한 수수께끼로 남아 있다.

1917년 독일의 신학자 루돌프 오토는 《거룩함》이란 책에서 '누미노제'(누미노스)라는 개념을 처음으로 소개했다. 가장 근본적인 종교적 경험을 이르는 그 개념을 미르치아 엘리아데는 이렇게 설명한다. "그[오토]는 성스러운 것 앞에서의 두려운 감정, 경외감을 불러일으키는 신비, 압도적인 힘의 위력을 분출하는 장엄함을 발견한다. 즉 그는 존재의 완전한 충만성이 꽃피어나는 매혹적인 신비 앞에서의 경건한 두려움을 발견한다. 이 모든 경험을 오토는 누미노스라고 이름 붙였는데, 왜냐하면 그것은 신적인 힘의 일면이 계시된 곳에서 발하기 때문이다. 이 누미노스는 '전혀 다른' 어떤 것, 기본적 · 전체적으로 다른 어떤 것으로 나타난다. 즉 어떤 인간적인 것이나 우주의 현상도 그에 비할 수 있는 것은 없다. 이 신성한 것에 직면할 때 인간은 스스로 전혀 무가치함을 느끼고 자신이 하나의 피조물에 지나지 않는다는 것, 혹은 아브라함이 하느님에게 말한 바와 같이 '먼지나 티끌'과 같은 몸임을 통감한다."(《성과 속》, 한길사, 1998, 47~48쪽)

오래전에 이 '누미노스'라는 말을 처음 들었을 때, 머릿속에서 '홀림'이라는 말이 홀연히 떠올랐다. 나와는 다른 무엇을 만나 '나'를 잊어버리거나 잃어버리고 그 무엇에게 내 모든 것이 떠맡겨진 상태, 또는 그 무엇을 뜻하는 말로 다가왔던 '누미노스'는 '홀리다'라는 우리말에서 내가 느끼던 것과 딱 들어맞았던 것이다.

그런데 과학에도 이에 견줄 만한 경험이 있다. 흔히들 '놀람'의 경험에서 과학이 출발한다고 말하는데(보통 '경이驚異'라고 번역한다), 이 말은 옛 그리스 철학자 아리스토텔레스에게로 거슬러 올라간다고 알고 있다. 아리스토텔레스는 으뜸 원리와 원인을 찾는 학문의 목적이 쓸모가 아니라 앎임을 말하고, 앎을 향한 길의 출발점에 '놀람'(타우마제인)이라는 감정이 자리하고 있다고 지적했다. "처음이나 지금이나 사람들이 철학하게 된 까닭은 바로 놀람 때문이다."(《형이상학》, 982b 12) 그 시절의 '철학'이란, 말 그대로 '앎을 사랑하는 것'이고, 오늘날 무슨무슨 '학'이라고 말하는 것들(사람과 자연을 살피는 배움들, 심지어 '신학' 까지도)로 갈라지기 이전의 학문, 말하자면 미분화 상태의 학문이라고 해도 될 것 같다.

아마 이 '놀람' 이 두려움으로 이어지면 종교를 낳을 것이고, 호기심으로 이어지면 갖가지 학문을 낳는다고 말할 수도 있겠지만, 문맥을 보건대 아리스토텔레스가 말한 '놀람' 은 뒤쪽에 더 가까운 것 같다. 그러나 앞쪽의 가능성도 버릴 수는 없다. 먼저 기독교적 엄숙함에 견주어 옛 그리스의 신화나 종교가 어느 정도나 같고 다른지 살펴야 할 필요는 있겠으나, 일단 아리스토텔레스는 '놀람' 의 경험 또한 신화의 출발점이라고 보기 때문이다. "그래서 신화를 좋아하는 사람도 어떻게 보면 앎을 사랑하는 사람이다. 그 놀람에서 신화가 지어지기 때문이다."(982b 18)

과연 '홀림' 과 '놀람' 은 어떻게 다를까? '홀림' 의 경험은 '내가 아무것도 아님' 을 깨닫게 하고, 나를 압도하는 그 무엇과의 관계 속에서 '내가 있는 의미' 를 찾게 한다면, '놀람' 은 '내가 아무것도 모름' 을 깨닫게 하고, 나를 놀라게 하는 그 무엇에 '대해 알려는 의지' 를 이끌어 내며, 그 결과 종교와 과학(또는 학문 일반)이라는 사뭇 다른 길로 이어진다고 말할 수도 있다. 그런데 새끼들 모습만큼이나 과연 두 경험이 다르기만 할까 하는 의문도 든다. 따지고 보면 '나와는 다른 무엇을 만나 마음을 빼앗긴다' 는 점에서 서로 통하는 경험이 아니겠는가.

과학자들도 두 경험이 서로 통해 있음을 다양하게 말했다. 리처드 도킨스는 "과학 안에 시가 있다" 고 말했고(《무지개를 풀며》,

바다출판사, 2008, 45쪽), 칼 세이건은 소설 속 주인공 입을 빌어 이렇게 물음을 던지기도 했다. "……누미노스가 종교의 핵심이라고 한다면 그런〔누미노스가 무엇인지 그저 주입하기만 하는〕 관료화된 종교를 따르는 사람과 혼자서 과학을 연구하는 사람 중에서 과연 누가 더 종교적이겠어요?"(《콘택트 1》, 사이언스북스, 2007, 212쪽) 또 아인슈타인은 이렇게 말했다. "우리로서는 불가사의한 것, 우리의 이성으로는 그것의 가장 미개한 형상에만 다가갈 수 있는 가장 심오한 이성과 가장 찬란한 아름다움이 발현된 존재에 대한 앎, 이 앎과 느낌이 참된 종교심을 이룬다. 따라서 이런 의미에서만 나는 깊은 종교인에 속한다."(《안녕, 아인슈타인》, 사회평론, 2005, 516쪽) 그리고 셔머는 이 책에서 이렇게 말한다. "……이는〔빛의 빨강 치우침은〕 우주가 대폭발로 창조되었던 시점부터 계속해서 팽창하고 있다는 의미였다. 우주에 시작이 있었으며, 따라서 영원하지 않음을 보여 주는 최초의 경험적 증거였다. 이런 우주의 모습보다 더 경외심을 불러일으키는 것, 이보다 더 마음을 홀리게 하고 더 마술 같고 더 영적인 것이 무엇이 있을 수 있단 말인가?"

창조론과 이름만 바꾼 창조론인 지적 설계론이 신학적으로나 과학적으로 형편없는 주장이라는 셔머의 말을 따라가다 보면, 《성경》을 비롯한 종교 경전이 고정되고 닫힌 의미만 담고 있다는 폐쇄적인 믿음을 버리고, 종교의 본래적 의미, 또는 종교를 이루는 근본적인 경험으로 눈을 돌려 처음부터 다시 스스로 생각해 볼 것을 힘줘 말하는 게 느껴진다. 셔머의 말에 더해, 다음의 말에도 공감한다면, 과연 어느 쪽이 더 마음을 열어야 할지 분명해지지 않을까? 칼 세이건은 《콘택트》에서 파머 조스라는 신학자의 입을 빌어 다음과 같이 말했다. "……최근 몇 년 동안 나는 진리를 추구하는 신앙이라면, 또 신을 알고자 하는 신앙이라면, 우주와 조화를 이룰 용기를 가져야 한다는 생각을 해 왔소. 실제 우주 말이오. 광년으로 표현되는 공간, 모든 세계 말이오. 당신이 말하는 우주의 규모라든지 그것이 창조주와 공존할 수 있는 가능성 같은 것은 생각만 해도 숨이 탁 막힐 지경이오. 그건 주님을 작은 세계 하나에 국한시키는 것보다 훨씬 더 좋은 일이오. 난 지구를 신의 초록 발판으로 보는 생각을 좋아한 적이 없어요. 그건 너무 동화 같거든. 아이들이 물고 노는 고무젖꼭지 같단 말이오. 하지만 당신의 우주는 내가 믿는 신에게 충분한 공간과 시간을 제공하는 거요……." (《콘택트 2》, 288~289쪽)

같은 사람의 책을 이어 옮기게 되어 즐겁기도 했고, 앞서 미처 못 보고 넘어갔던 것들이 눈에 띄어 당혹스럽기도 했다. 몇 가지 용어를 바꾸고 문장도 손보았지만, 여전히 많이 모자라다는 느낌은 떨칠 수가 없다. 독자들의 너그러움에 기댈밖에. 다시 세 머 책 번역을 맡겨 준 바다출판사에 고마운 마음을 전한다.

류운

참고문헌

독자들을 위한 진화론-지적 설계론 논쟁 안내서

지적 설계 창조론자들의 저술 활동은 대단히 활발하다. 이 책에서 요약한 그들의 논증들은 지난 10년 동안 출판된 수많은 저술에서 찾아볼 수 있다. 가장 유명하고 널리 인용되는 책을 아래에 소개했다.

Michael Behe, *Darwin's Black Box: The Biochemical Challenge to Evolution*, New York: Free Press, 1996. (《다윈의 블랙박스》, 마이클 베히 지음, 강정식 외 옮김, 풀빛, 2001)

John Angus Campbell and Stephen C. Meyer, eds., *Darwinism, Design, and Public Education, East Lansing*: Michigan State University Press, 2003.

Percival William Davis and Dean Kenyon, *Of Pandas and People*, Dallas, Tex.: Haughton, 1993.

William Dembski, *The Design Inference: Eliminating Chance through Small Probabilities*, New York: Cambridge University Press, 1998.

William Dembski, *Intelligent Design: The Bridge between Science and Theology, Downers Grove*, III.: InterVarsity Press, 1999. (《지적 설계》, 윌리엄 뎀스키 지음, 서울대학교 창조과학 연구회 옮김, IVP, 2002)

William Dembski, *No Free Lunch: Why Specified Complexity Cannot Be Purchased without Intelligence*, New York: Rowman & Littlefield, 2002.

William Dembski, *The Design Revolution: Answering the Toughest Questions about Intelligent Design*, Downers Grove, III.:

InterVarsity Press, 2004.
Michael Denton, *Evolution: A Theory in Crisis*, Bethesda, Md.: Adler and Adler, 1985.
Phillip Johnson, *Darwin on Trial, Downers Grove*, III.: InterVarsity Press, 1991. (《심판대의 다윈: 지적 설계 논쟁》, 필립 E. 존슨 지음, 이수현, 이승엽 옮김, 까치글방, 2006)
Phillip Johnson, *Reason in the Balance: The Case against Naturalism in Science, Law,.and Education*, Downers Grove, III.: InterVarsity Press, 1995.
Phillip Johnson, *Defeating Darwinism by Opening Minds, Downers Grove*, III.: InterVarsity Press, 1997.
Phillip Johnson, *The Wedge of Truth: Splitting the Foundations of Naturalism, Downers Grove*, III.: InterVarsity Press, 2000.
Jonathan Wells, *Icons of Evolution: Science or Myth? Why Much of What We Teach about Evolution Is Wrong*, Washington, D.C.: Regnery, 2000.

지적 설계론 운동이 세상의 이목을 받으면서 몇 년 동안 과학자들과 학자들이 대응에 나서기 시작했다. 지적 설계론을 가장 뛰어나게 논박함은 물론, 그 운동의 배후에 감춰진 정치적이고 종교적인 의제들을 더욱 상세하게 폭로한 책들 몇 권을 여기에 소개했다.

Richard Dawkins, *A Devil's Chaplain: Reflections on Hope, Lies, Science, and Love*, Boston: Houghton Mifflin, 2003. (《악마의 사도: 도킨스가 들려주는 종교, 철학 그리고 과학 이야기》, 리처드 도킨스 지음, 이한음 옮김, 바다출판사, 2005)
Richard Dawkins, *The Ancestor's Tale: A Pilgrimage to the Dawn of Evolution*, Boston: Houghton Mifflin, 2004. (《조상 이야기—생명의 기원을 찾아서》, 리처드 도킨스 지음, 이한음 옮김, 까치글방, 2005)
Barbara Forrest and Paul Gross, *Creationism's Trojan Horse: The Wedge of Intelligent Design*, New York: Oxford University Press,

2004.
Kenneth Miller, *Finding Darwin's God*, New York: Perennial, 2000.
Robert Pennock, *Tower of Babel: The Evidence against the New Creationism*, Cambridge, Mass.: MIT Press, 1999.
Robert Pennock, ed. *Intelligent Design Creationism and Its Critics*, Cambridge, Mass.: MIT Press, 2001.
Mark Perakh, *Unintelligent Design*, Buffalo, N.Y.: Prometheus Books, 2004.
Massimo Pigliucci, *Denying Evolution*, Cambridge, Mass.: Sinauer, 2002.
Michael Ruse, *Darwin and Design: Does Evolution Have a Purpose?* Cambridge, Mass.: Harvard University Press, 2003.
Michael Ruse, *The Evolution–Creation Struggle*, Cambridge, Mass.: Harvard University Press, 2005.
Eugenie Scott, *Evolution vs. Creationism: An Introduction*, Berkeley: University of California Press, 2004.
Niall Shanks, *God, the Devil, and Darwin: A Critique of Intelligent Design Theory*, New York: Oxford University Press, 2004.
Matt Young and Taner Edis, eds., *Why Intelligent Design Fails: A Scientific Critique of the New Creationism*, New Brunswick, N.J.: Rutgers University Press, 2004.

인터넷에서 창조론과 진화론을 다루는 내용이 알찬 웹 사이트도 있다.

지적 설계론을 지지하는 웹 사이트

Access Research Network: http://www.arn.org
Design Inference Web Site: http://www.designinference. com
Discovery Institute, Center for Science and Culture: http://www.discovery.org/csc
Evolution vs. Design: http://www.evidence.info/design/
God and Science: http://www.godandscience.org/ evolution/

Intelligent Design and Evolution Awareness Club: http://www.ucsd.edu/~idea

Intelligent Design Network: http://www.intelligentdesign network.org

Origins.org: http://www.origins.org/menus/design.html

Uncommon Descent: William Dembski's weblog: http:// www.uncommondescent.com/

진화론을 지지하는 웹 사이트

Anti-Evolutionists: http://www.antievolution.org/people/

Biological Sciences Curriculum Study: http://www.bscs.org

Evolution Project: http://www.pbs.org/evolution

Evolution, Science and Society: http://www.evonet.sdsc.edu/evoscisociety

Institute for Biblical and Scientific Studies: http://bibleand-science.com

Institute on Religion in an Age of Science: http://www.iras.org

Metanexus Institute on Science and Religion: http://www.metanexus.org

National Center for Science Education: http://www.natcenscied.org

National Association of Biology Teachers: http://www.nabt.org

National Science Teachers Association: http://www.nsta.org

Skeptics Society: http://www.skeptic.com

Talk Design: http://www.talkdesign.org

Talk Origins forum: http://www.talkorigins.org

Talk Reason: http://www.talkreason.org

찾아보기

옮긴이 류운
서강대학교 철학과를 졸업하고, 같은 학교 대학원 철학과에서 석사 학위를 받았다. 현재는 번역가로 활동하고 있다. 옮긴 책으로는《화석은 말한다》《왜 사람들은 이상한 것을 믿는가》《대멸종》《세계관의 전쟁》《진화의 탄생》등이 있다.

왜 다윈이 중요한가

초판 1쇄 발행 2008년 8월 22일
개정판 1쇄 발행 2021년 8월 23일

지은이 마이클 셔머
옮긴이 류운

펴낸곳 (주)바다출판사
발행인 김인호
주소 서울시 마포구 어울마당로5길 17
전화 322-3675(편집), 322-3575(마케팅)
팩스 322-3858
이메일 badabooks@daum.net
홈페이지 www.badabooks.co.kr

ISBN 979-11-6689-039-0 03400